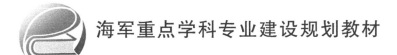

海军重点学科专业建设规划教材

U0168069

# 现场总线技术及应用

张文广　王朕　肖支才　秦亮　编著

北京航空航天大学出版社

# 内 容 简 介

目前在工业自动化应用技术领域,国际和国内市场占有率较高的现场总线技术以及实时工业以太网技术主要包括:CAN、PROFIBUS 和 PROFINET 等。本书从教学、科研和工程实际应用出发,理论联系实际,全面系统地介绍了现场总线技术、工业以太网及其应用。

全书共分为 7 章,主要内容包括:概述、数据通信基础、控制网络技术、串行通信接口技术、CAN 现场总线、PROFIBUS 现场总线和工业以太网,书中内容丰富,结构合理,理论与实践相结合。

本书既可作为高等院校机械电子工程(舰载机起降保障与指挥)、自动化、计算机应用、信息工程等专业本科生或研究生的教材和教学参考书,也可作为从事现场总线技术及应用的工程技术人员的参考用书。

**图书在版编目(CIP)数据**

现场总线技术及应用 / 张文广等编著.--北京 :
北京航空航天大学出版社,2021.4
ISBN 978 - 7 - 5124 - 3498 - 1

Ⅰ.①现… Ⅱ.①张… Ⅲ.①总线-技术 Ⅳ.
①TP336

中国版本图书馆 CIP 数据核字(2021)第 065572 号

**现场总线技术及应用**
张文广 王朕 肖支才 秦亮 编著
策划编辑 董瑞 责任编辑 杨昕
\*
北京航空航天大学出版社出版发行
北京市海淀区学院路 37 号(邮编 100191) http://www.buaapress.com.cn
发行部电话:(010)82317024 传真:(010)82328026
读者信箱:goodtextbook@126.com 邮购电话:(010)82316936
北京建宏印刷有限公司印装 各地书店经销
\*
开本:787×1 092 1/16 印张:17 字数:446 千字
2021 年 5 月第 1 版 2023 年 3 月第 2 次印刷 印数:1 001~1 500 册
ISBN 978 - 7 - 5124 - 3498 - 1 定价:49.00 元

# 前　言

测量与控制技术、通信网络技术、计算机技术、芯片技术的高度发展,使自动化领域中的设备制造、控制方式、系统集成、系统维护等方面发生了深刻的变革,并直接导致了现场总线这一新技术的产生和发展。现场总线技术是用于现场仪表与控制系统和控制室之间的一种全分散、全数字化、智能、双向、互连、多变量、多点、多站的串行通信技术,被誉为自动化领域的局域网,它是计算机技术、通信技术和控制技术的集成。

基于现场总线技术的现场总线控制系统(FCS)打破了传统控制系统的结构形式,它是继基地式仪表控制系统、电动气动单元组合仪表模拟控制系统、直接数字控制系统(DDC)、集散控制系统(DCS)之后的新一代智能控制系统,对自动化产品及控制系统的设计方法也产生了巨大冲击,为自动化系统的终端用户带来更大的实惠和方便。它把单个分散的测量控制设备变成网络节点,以现场总线控制网络为传输纽带,把每个网络节点连接成可以相互沟通信息、共同完成自控任务的网络系统和控制系统。

现场总线技术的关键是开放、全数字、串行通信。从结构上讲,现场总线具有基础性、灵活性和分散性等特点;从技术上讲,现场总线具有开放性、交互性、自治性和实用性等特点。现场总线的使用为工业自动化领域带来了革命性的变化,它的主要优点体现在节约了硬件数量,节省了安装和维护费用,提高了系统的控制精度和可靠性,提高了用户的自主选择权。

现场总线技术发展的初衷是建立开放的通信控制网络,使其通信协议趋于统一。但因众多原因,不同领域形成的现场总线有 100 多种,目前流行的现场总线就有 40 多种,它们在不同的领域发挥重要的作用。由于 Ethernet(以太网)技术和应用的发展,使得以太网技术逐渐从办公自动化走向工业自动化。近年来,工业以太网的兴起引起了自动控制领域对工业网的高度重视,并且在国际上形成了工业标准。因此,本书着重介绍 CAN 现场总线、PROFIBUS 现场总线以及工业以太网及其应用。

本书共分为 7 章。第 1 章,首先介绍现场总线的产生、定义、特点等基本概念;然后介绍现场总线的现状及发展趋势,重点讨论现场总线国际标准的制定过程和以现场总线为基础的工业网络系统;最后简要介绍几种流行的典型现场总线,为后续章节的学习奠定坚实的基础。第 2 章,首先介绍总线的基本概念、数据通信系统的组成及性能指标;然后重点讨论数据编码、数据传输方式、数据通信方式、信号传输模式以及差错控制等内容。第 3 章,首先介绍控制网络的概念、特点、传输介质、拓扑结构、介质访问控制方式;然后对 OSI 通信参考模型、网络互连概念、网络互连设备等内容进行讨论。第 4 章,首先介绍 RS - 232C,RS - 422A,RS - 485 串行通信接口的机械特性、电气特性及其应用;然后讨论 RS - 485 的半双工通信方式和全双工通信方式;最后简要介绍 Modbus 通信协议。第 5 章,首先讲述 CAN 总线的基本概念、分层结构、技术规范等内容;然后介绍常用的 CAN 通信控制器 SJA1000 的特点、内部结构、引脚说明及应用说明,并以 PCA82C250/251、TJA1050 为例介绍典型的 CAN 总线收发器;最后举例详细描述 CAN 总线应用节点硬件电路设计和软件设计的原理。第 6 章,首先介绍 PROFIBUS现场总线的发展过程、通信参考模型、系统组成以及总线访问控制,对 PROFIBUS 的通信协议进行重点描述;然后详细介绍 PROFIBUS - DP 的三个版本、用户层、设备功能及数据通信、GSD 文件以及系统工作过程,讨论 PROFIBUS 站点的开发与实现;最后简要介绍 PROFIBUS控制系统的集成技术。第 7 章,首先介绍以太网的产生、工业以太网的概念、工业以太网通信模型、实时以太网以及工业以太网的特色技术;然后描述以太网的物理层、数据链路层以及以太网的通信帧结构与工业数据封装,详细讨论 TCP/IP 协议族;最后介绍 PROFINET、Ether-Net/IP、HSE 等几种流行的工业以太网。

　　本书由张文广、王朕、肖支才和秦亮共同编写,张文广副教授负责统稿。第 1、3、5、6 章由张文广副教授编写,第 2 章由王朕副教授编写,第 4 章由肖支才副教授编写,第 7 章由秦亮副教授编写。史贤俊教授担任本书的主审,并提出了许多宝贵的意见,在此表示诚挚的谢意。

　　本书在编写过程中,参考、引用了许多专家、学者的论著,在此表示衷心感谢。另外,还要感谢海军航空大学岸防兵学院机关及 310 教研室对本书出版的大力支持。

　　鉴于作者水平有限,书中不妥或错误之处恳请读者批评指正。

编　者<br>2021 年 2 月

# 目　　录

# 第1章 概　述

计算机网络、通信与控制技术的发展,导致自动化系统的深刻变革。现场总线(Fieldbus)是 20 世纪 80 年代中后期随着计算机、通信、控制和模块化集成等技术发展而出现的一门新兴技术,代表自动化领域发展的最新阶段。现场总线是当今自动化技术发展的热点之一,被誉为自动化领域的计算机局域网。

本章首先介绍现场总线的产生、定义、特点等基本概念;然后介绍现场总线的现状及发展趋势,重点讨论现场总线国际标准的制定过程和以现场总线为基础的工业网络系统;最后简要介绍几种流行的典型现场总线,为后续章节的学习奠定坚实的基础。

## 1.1　现场总线的基本概念

### 1.1.1　现场总线的产生背景

在现代科学技术发展的过程中,发展最快、取得成果最多的是工业自动化技术及计算机技术。从 20 世纪 40 年代时简单的单表、单机控制,到今天大规模、高智能化的现场总线控制系统,工业自动化技术经历了翻天覆地的变化。下面通过最具代表性的过程工业(Process Industry)(也称流程工业)来介绍工业自动化技术的发展历程。

#### 1. 基地式气动仪表控制系统

20 世纪 50 年代以前,出现了 0.02~0.1 MPa 的标准气动信号体制,由于当时的生产规模不大,检测控制仪表尚处于发展的初级阶段,所采用的仅仅是安装在生产现场,只具备简单测控功能的基地式气动仪表,因此其信号仅在本仪表内起作用,一般不能传送给其他仪表或系统。除此之外,各测控点为封闭状态,不能与外界进行信息沟通。操作人员只能通过对现场的巡视,了解生产过程的状况。

基于基地式气动仪表的控制系统称为基地式气动仪表控制系统。

#### 2. 电动单元组合式模拟仪表控制系统

20 世纪 60 年代,随着生产规模的日益扩大,操作人员需要综合掌握多点的运行参数和信息,需要同时按多点的信息对生产过程进行操作控制。这个时期出现了 4~20 mA 的标准直流电流信号、1~5 V 标准直流电压信号体制,于是出现了模拟式电子仪表与电动单元组合的自动控制系统,即电动单元组合式模拟仪表控制系统。

生产现场的所有标准信号送往集中控制室,在大型的控制盘上连接。操作人员可以在控制室观测生产流程的状况,并可以把各单元仪表信号按需要组合,连接成不同的控制系统。

#### 3. 数字控制系统

由于模拟信号的传递需要一对一的物理连接,信号传递速度缓慢,提高计算速度和精度的花费和难度均较大,信号传输的抗干扰能力也较差,所以这时出现了直接数字控制系统(Direct Digital Control,DDC),人们开始寻求用数字信号取代模拟信号。在这些控制系统中也出现了多回路控制和 CRT 显示。由于当时计算机价格很高,因此人们希望用一台计算机取代尽可能多的控制室仪表,于是出现了集中式数字控制系统。该系统的优点是易于根据全局情况进行控制、计算和判断,在控制方式和控制时机的选择上可以统一调度和安排。不过其也有自身不能克服的缺点,该类系统对控制器本身要求很高,但由于当时计算机的可靠性和处理能力还较差,一旦计算机出现某种故障,就会造成所有相关回路瘫痪,给企业带来巨大的损失。

## 4. 集散控制系统

20 世纪 70 年代中后期,随着计算机价格的大幅度下降和可靠性的提高,出现了由多个计算机构成的集散控制系统(Distributed Control System,DCS),它是集 4C(Computer,Control,Communication,CRT)技术于一身的监控系统,主要用于大规模的连续过程控制系统中(如石化、电力等),其核心是通信,即数据公路。

DCS 的基本要点如下:

① 从上到下的树状大型系统,其中通信是关键。

② PID 在控制站中,控制站连接计算机与现场仪表、控制装置等设备。

③ 整个系统为树状拓扑和并行连线的链路结构,从控制站到现场设备之间有大量的信号电缆。

④ 信号系统为模拟信号、A/D、D/A 及带微处理器的智能仪表系统的混合。

⑤ 设备信号到 I/O 板一对一物理连接,然后由控制站挂接到局域网(LAN)。

⑥ 可以做成很完善的冗余系统。

⑦ DCS 是控制(工程师站)、操作(操作员站)、现场仪表(现场测控站)的 3 级结构。

DCS 在 20 世纪 80 年代和 90 年代占据着主导地位,其核心思想是集中管理、分散控制,即管理与控制相分离。上位机用于集中监视和管理功能,若干台下位机实现分布式控制,各上、下位机之间通过控制网络互连实现相互之间的信息交换和传递。这种分布式的体系结构克服了集中式控制系统中对控制器处理能力和可靠性要求高的缺陷。在 DCS 中,网络技术的发展和应用得到了很好的体现。

但是在 DCS 形成和发展的过程中,由于受利益的驱动和计算机系统早期存在的系统封闭性缺陷的影响,不同的 DCS 厂家采用各自专用的通信控制网络,各厂家的产品自成系统,不同厂家的设备不能互连,不具备互操作性和互换性,从而造成自动化过程中信息孤岛的出现。所以用户对网络控制系统提出了开放性、标准统一和降低成本的迫切要求。

## 5. PLC 控制系统

20 世纪 60 年代末至 70 年代初出现并得到迅猛发展的可编程控制器(Programmable Logic Controller,PLC)为工业自动化领域带来了深刻的变革,PLC 以其高可靠性、低价位迅速占领了中低端控制系统的市场。最初 PLC 控制系统是为了取代传统的继电器接触器控制系统而开发的,所以它最适合在以开关量为主的系统中使用。由于计算机技术和通信技术的飞速发展,使得大型 PLC 的功能极大地增强,以使它能完成 DCS 的功能。从开始简单的电气顺序控制系统到现在复杂的过程控制、运动控制系统,PLC 都扮演了非常重要且不可替换的角色,从而使其成为工业自动化领域的三大技术支柱(即 PLC、机器人、CAD/CAM)之一。

在高端应用领域,由 PLC 为主组成的 DCS 也成为控制系统的主角,传统的 DCS 与 PLC 相互融合,取长补短,在工业控制领域得到了广泛的应用。

大型 PLC 构成的过程控制系统的要点如下：

① 从上到下的结构，PLC 控制系统既可以作为独立的 DCS，也可以作为 DCS 的子系统。

② PID 置于控制站中，可实现连续多路 PID 控制等多种功能。

③ 既可用一台 PLC 为主站，多台同类型 PLC 为从站，也可用多台 PLC 为主站，多台同类型 PLC 为从站，构成大型 PLC 控制网络。

### 6. 现场总线控制系统

由于 3C(Computer,Control and Communication)技术的迅猛发展，使得解决自动化信息孤岛的问题成为可能，而采用开放的和标准化的解决方案，把不同厂家遵守同一协议规范的自动化设备连接成控制网络并组成系统，成为网络集成式控制系统的必由之路。到 20 世纪 80 年代后期，兼容数字与模拟通信的可寻址远程传感器数据公路(Highway Addressable Remote Transducer,HART)出现了，同期，现场总线控制系统(Fieldbus Control System,FCS)的开发研究也如火如荼地进行着；到了 90 年代，FCS 已经在工业自动化的许多场合得到了成功的应用。

FCS 属于网络化控制系统(Networked Control System,NCS)。这是继基地式气动仪表控制系统、电动单元组合式模拟仪表控制系统、集中式数字控制系统、集散式控制系统 DCS 后的新一代控制系统。现场总线技术(包括实时工业以太网技术)以其彻底的开放性、全数字化信号系统和高性能的通信系统给工业自动化领域带来了"革命性"的冲击，其核心是总线协议，基础是数字化智能现场设备，本质是信息处理现场化。

FCS 的要点如下：

① 它既可以在本质安全、危险区域、易变过程等过程控制系统中使用，也可以在机械制造业和楼宇控制系统中使用，应用范围非常广泛。

② 现场设备高度智能化，可提供全数字信号。

③ 使用一条总线即可连接所有的设备。

④ 系统通信是互联的、双向的、开放的，系统是多变量、多节点、串行的数字系统。

⑤ 控制功能完全分散。

FCS 突破了 DCS 从上到下的树状结构，在某种程度上可以说它把 DCS 和 PLC 结合起来，采用总线通信的拓扑结构，整个系统处在全开放、全数字、全分散的体制平台上。下面主要比较一下 FCS 和 DCS 的区别：

① FCS 是全开放的系统，其技术标准也是全开放的。FCS 的现场设备具有互操作性，装置互相兼容，因此用户可以选择不同厂商、不同品牌的产品，达到最佳的系统集成。DCS 系统是封闭的，各厂家的产品互不兼容。

② FCS 的信号传输实现了全数字化，其通信可以从最底层的传感器和执行器直到最高层，为企业的制造执行层(Manufacturing Execution System,MES)和资源规划层(Enterprise Resource Planning,ERP)提供强有力的支持。更重要的是，它还可以对现场装置进行远程诊断、维护和组态。DCS 的通信功能受到很大限制，虽然它也可以连接到 Internet，但它连不到底层，并且它提供的信息量也是有限的，不能对现场设备进行远程操作。

③ FCS 的结构为全分散式，它废弃了 DCS 中的 I/O 单元和控制站，把控制功能下放到现场设备，实现了彻底的分散，系统扩展也变得十分容易。DCS 的分散只是到控制器一级，它强调控制器的功能，数据公路更是其关键，系统不容易进行扩展。

④ FCS 为全数字化，控制系统精度高，可以达到 ±0.1%。而 DCS 的信号系统是二进制或模拟式的，必须有 A/D、D/A 环节，所以其控制精度为 ±0.5%。

⑤ 由于 FCS 可以将 PID 闭环功能置于现场的变送器或执行器中,再加上数字通信,因此缩短了采样和控制周期,目前其可以从 DCS 的 2~5 次/秒,提高到 10~20 次/秒,从而改善了调节性能。

⑥ 由于 FCS 省去了大量的硬件设备、电缆和电缆安装辅助设备,因此节约了大量的安装和调试费用,所以它的造价要远低于 DCS。

目前,在工业过程控制系统中,主要有 DCS、PLC 和 FCS 三大控制系统。每种控制系统都有其各自的特点和长处,目前,在中小型项目中使用的控制系统比较单一和明确,但在大型工程项目中,使用最多的是 DCS、PLC 和 FCS 的混合系统。

就目前技术水平和应用情况来看,这三种系统的应用场合可简单总结如下:在中小型的单机控制系统中,PLC 控制系统是首选;在大中型、设备分布范围较大的制造业自动化中,现场总线控制系统是首选;在可靠性和安全性要求较高的过程控制系统中,DCS 和 FCS 的结合是首选,其中关键之处仍选用可靠性高的 DCS,在其底层和外围系统中选用 FCS。

## 1.1.2　现场总线的定义

现场总线(Fieldbus)是当今自动化领域技术发展的热点之一,被誉为自动化领域的计算机局域网。它是 20 世纪 80 年代中后期随着计算机、通信、控制和模块化集成等技术发展而出现的一门新兴技术,代表自动化领域发展的最新阶段。目前,流行的现场总线有 40 多种,在不同领域发挥着重要的作用。

那么,什么是现场总线呢? 关于现场总线的定义有多种。

现场总线原本是指现场设备之间公用的信号传输线,后又被定义为应用在生产现场,在测量控制设备之间实现双向、串行、多节点数字通信的技术。

国际电工委员会(IEC)在 IEC 61158 现场总线国际标准中对现场总线作了定义,定义描述为:安装在制造或过程区域的现场装置与控制室内的自动控制装置之间的数字式、串行、多点通信的数据总线称为现场总线。

在该定义中,第一点提到了它的主要使用场合,即制造业自动化、批量流程控制、过程控制等领域,当然楼宇自动化等领域也是它得心应手的应用场合;第二点提到了系统中的主要角色是现场的自动装置和控制室内的自动控制装置,这里的现场设备或装置肯定是智能的,否则不可能完成这么复杂的通信和控制任务,而控制室中的自动控制装置,更要完成对所有分散站点的管理和控制任务;第三点提到它是一种数据总线技术,即一种通信协议,而且该通信是数字式的(非模拟式的)、串行的(可以进行长距离的千米级通信,以适应工业现场的实际需求)、多点的(真正的分散控制)。这三点一起描述了现场总线技术中最实质性的方面。

有了现场总线技术以后,人们常把基于现场总线的全数字式的控制系统称为现场总线控制系统。FCS 是工业自动控制中的一种计算机局域网络,它以具有高度智能化的现场仪表和设备为基础,在现场实现彻底的分散,并以这些现场分散的测量点、控制设备点作为网络节点,将这些点以总线的形式连接起来,形成一个现场总线网络。一般来说,FCS 由控制部分(主站)、测量部分(从站)、软件(组态、管理等)以及网络的连接及集成设备组成。

## 1.1.3　现场总线的特点

现场总线的特点主要体现在两个方面:一是在体系结构上成功实现了串行连接,它一举克服了并行连接的许多不足;二是在技术上成功解决了开放竞争和设备兼容两大难题,实现了现场设备的高度智能化、互换性和控制系统的分散化。

## 1. 现场总线的结构特点

传统模拟控制系统在设备之间采用一对一的连线,测量变送器、控制器、执行器、开关、电机之间均为一对一物理连接。而在现场总线系统中,各现场设备分别作为总线上的一个网络节点,设备之间采用网络式连接是现场总线系统在结构上最显著的特征之一。在由两根普通导线制成的双绞线上,挂接着几个、十几个自控设备。总线在传输多个设备的多种信号(如运行参数值、设备状态、故障、调校与维护信息等)的同时,还可为总线上的设备提供直流工作电源。现场总线系统不再需要传统 DCS 系统中的模拟/数字、数字/模拟转换卡件。这样就为简化系统结构,节约硬件设备,节约连接电缆,节省各种安装、维护费用创造了条件。

在现场总线系统中,由于设备增强了数字计算能力,有条件将各种控制计算功能模块、输入/输出功能模块置入到现场设备之中。借助现场设备所具备的通信能力,直接在现场完成测量变送仪表与阀门等执行机构之间的信号传送,实现了彻底分散在现场的全分布式控制。

现场总线控制系统与传统模拟控制系统结构的比较如图 1.1 所示。

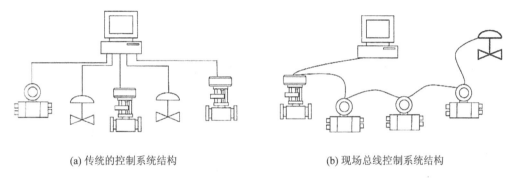

(a) 传统的控制系统结构　　　　　　　　　(b) 现场总线控制系统结构

**图 1.1　现场总线控制系统与传统模拟控制系统结构的比较**

## 2. 现场总线系统的技术特点

现场总线是控制系统运行的动脉、通信的枢纽,故应关注系统的开放性、互可操作性、通信的实时性以及对环境的适应性等问题。

**(1) 系统的开放性**

系统的开放性体现在通信协议公开,不同制造商提供的设备之间可实现网络互连与信息交换。这里的开放是指对相关规范的一致与公开,强调对标准的共识与遵从。一个开放系统,是指它可以与世界上任一制造商提供的遵守相同标准的其他设备或系统相互连通。用户可按自己的需要和考虑,把来自不同供应商的产品组成适合自己控制应用需要的系统。现场总线系统应该成为自动化领域的开放互连系统。

**(2) 互可操作性与互用性**

这里的互可操作性,是指网络中互连的设备之间可实现数据信息传送与交换。如 A 设备可以接收 B 设备的数据,也可以控制 C 设备的动作与所处状态。而互用性则意味着对不同生产厂家的性能类似的设备可以相互替换。

**(3) 通信的实时性与确定性**

现场总线系统的基本任务是实现测量控制,但有些测控任务是有严格的时序和实时性要求的。达不到实时性要求或因时间同步等问题影响了网络节点间的动作时序,有时会造成灾难性的后果。这就要求现场总线系统能提供相应的通信机制，提供时间发布与时间管理功能，满足控制系统的实时性要求。现场总线系统中的媒体访问控制机制、通信模式、网络管理与调度方式等都会影响通信的实时性、有效性与确定性。

**（4）现场设备的智能与功能自治性**

这里的智能主要体现在现场设备的数字计算与数字通信能力上。而功能自治性则是指将传感测量、补偿计算、工程量处理、控制计算等功能块分散嵌入到现场设备中，借助位于现场的设备即可完成自动控制的基本功能，构成全分布式控制系统，并具备随时诊断设备工作状态的能力。

**（5）对现场环境的适应性**

现场总线系统工作在生产现场，应具有对现场环境的适应性。工作在不同环境下的现场总线系统，对其环境适应性有不同要求。在不同的高温、严寒、粉尘环境下，能保持正常工作状态，具备抗震动、抗电磁干扰的能力；在易燃易爆环境下，能保证本质安全，有能力支持总线供电等。这是现场总线控制网络区别于普通计算机网络的重要方面。采用防雨、防潮、防电磁干扰的壳体封装，采用工作温度范围更宽的电子器件，采用屏蔽电缆或光缆作为传输介质，实现总线供电，满足本质安全防爆要求等都是现场总线系统所采取的提高环境适应性的措施。

## 3. 现场总线系统的优点

由于现场总线的以上特点，使得控制系统的设计、安装、投运和检修维护，都体现出优越性。

**（1）节省硬件数量与投资**

在现场总线系统中，由于智能现场设备能直接执行多参数测量、控制、报警、累积计算等多种功能，因而可减少变送器的数量，不再需要单独的调节器、计算单元等，不再需要 DCS 系统的信号调理、转换等功能单元，从而也省去了它们之间的复杂接线，节省了一大笔硬件投资，减少了控制室的占地面积。

**（2）节省安装费用**

现场总线系统在一对双绞线或一条电缆上通常可挂接多个设备，因而系统的连线非常简单。与传统连接方式相比，所需电缆、端子、槽盒、桥架的用量大大减少，连线设计与接头校对的工作量也大大减少。当需要增加现场控制设备时，无需增设新的电缆，可就近连接在原有的电缆上，既节省了投资，也减少了设计、安装的工作量。据有关典型试验工程的测算资料，可节省安装费用 60% 以上。

**（3）节省维护开销**

由于现场控制设备具有自诊断与简单故障处理的能力，并通过数字通信将相关的诊断维护信息送往控制室，因此用户可以查询所有设备的运行、诊断维护信息，以便早期分析故障原因并快速排除，缩短了维护停工时间。同时由于系统结构简化，连线简单而减少了维护工作量。

**（4）用户具有系统集成主动权**

用户可以自由选择不同厂商所提供的设备来集成系统；不会因系统集成中不兼容的协议、接口而一筹莫展；使系统集成过程中的主动权牢牢掌握在用户手中。

**（5）提高了系统的准确性与可靠性**

由于现场总线设备的智能化、数字化，其与模拟信号相比，从根本上提高了测量与控制的精确度，减少了传送误差。同时，由于系统的结构简化，设备与连线减少，现场仪表内部功能加强,因此减少了信号的往返传输,提高了系统的工作可靠性。此外,由于设备标准化、功能模块化,使系统具有设计简单、易于重构等优点。

在现场总线系统中,由于网络成为各组成部件之间的信息传递通道,因此网络成为控制系统不可缺少的组成部分之一。而网络通信中数据包的传输延迟,通信系统的瞬时错误和数据包丢失,发送与到达次序的不一致等,都会破坏传统控制系统原本具有的确定性,使控制系统的分析和综合变得更复杂,使控制系统的性能受到负面影响。如何使控制网络满足控制系统对通信实时性、确定性的要求,是现场总线系统在设计和运行中应该关注的重要问题。

# 1.2 现场总线的现状与发展趋势

## 1.2.1 IEC 61158 标准

近年来,欧洲、北美、亚洲的许多国家都投入巨额资金与人力,研究开发现场总线技术,出现了百花齐放、兴盛发展的态势。据说,世界上已出现各式各样的现场总线 100 多种,其中宣称为开放型总线的就有 40 多种。因为现场总线代表了工业自动化的未来,谁占领了这个制高点谁就能在即将到来的工业控制革命中取得胜利,现场总线标准的竞争达到了白热化的地步,出现了各种以推广现场总线技术为目的的组织,如现场总线基金会(Fieldbus Foundation)、PROFIBUS 协会、LonMark 协会、工业以太网协会 IEA(Industrial Ethernet Association)、工业自动化开放网络联盟 IAONA(Industrial Automation Open Network Alliance)等,并形成了各式各样的企业、国家、地区及国际现场总线标准。

国际标准化组织 ISO(International Organization for Standardization)、国际电工委员会 IEC(International Electrotechnical Commission)等都卷入了现场总线标准的制定。最早成为国际标准的是 CAN 总线,它是控制器局域网络(Controller Area Network,CAN)的简称,是由以研发和生产汽车电子产品著称的德国 BOSCH 公司开发的,并最终成为国际标准 ISO 11898,是国际上应用最广泛的现场总线之一。

IEC/TC65(国际电工委员会中负责工业测量和控制的第 65 标准化技术委员会)下的负责测量和控制系统数据通信国际标准化工作的 SC65C/WG6(第 65 分委员会 C 组的第 6 工作组),应该是最先开始现场总线标准化工作的组织。它于 1984 年就开始着手总线标准的制定,初衷是致力于推出世界上单一的现场总线标准。但由于行业、地域发展历史和商业利益的驱使,以及种种经济、社会的复杂原因,总线标准的制定工作并非一帆风顺。该标准号为 IEC 现场总线国际标准——IEC 61158,其标题是"用于测量和控制的数字数据通信——用于工业控制系统的现场总线"。IEC 现场总线物理层标准 IEC 61158 - 2 诞生于 1993 年,从数据链路层开始,标准的制定一直处于混乱状态。1999 年 3 月产生了 IEC 61158 的第一个版本,同年 12 月又通过了 8 种类型现场总线的 IEC 61158 第 2 版标准。

IEC 在 2000 年 1 月 4 日公布的现场总线类型如下:

① Type 1 IEC 技术报告(即 FF 的 H1);

② Type 2 ControlNet(美国 Rockwell 公司支持);

③ Type 3 PROFIBUS(德国 Siemens 公司支持);

④ Type 4 P - NET(丹麦 Process Data 公司支持);

⑤ Type 5 FF HSE(High Speed Ethernet)(即原 FF 的 H2,Fisher - Rosemount 公司支持);

⑥ Type 6　SwiftNet(美国 Boeing 公司支持);

⑦ Type 7　WorldFIP(法国 Alstom 公司支持);

⑧ Type 8　InterBus(德国 Phoenix Contact 公司支持)。

现场总线技术发展非常迅速,IEC/SC65/MT9 维护工作组在 2000 年年底又对以上 8 种现场总线的细节内容做了调整和补充,最显著的变化就是增加了两种类型作为 IEC 61158,它们是 Type 9 FF FMS(美国 Fisher-Rosemount 公司支持)和 Type 10 PROFINET(德国 Siemens 公司支持)。2003 年 4 月,以上 10 种类型的现场总线成为 IEC 61158 的第 3 版标准。

多年以来,关于现场总线的问题争论不休,所以现场总线开始向工业以太网发展。目前,以太网技术,特别是实时以太网已经被工业自动化系统接受。为了规范实时工业以太网(Real Time Ethernet,RTE),2003 年 5 月,IEC/SC65C 专门成立了 WG11 实时以太网工作组,负责制定 IEC 61784-2"基于 ISO/IEC 8802.3 的实时应用系统中工业通信网络行规"国际标准。该标准包括 11 种实时以太网行规集,IEC 公共可用规范 PAS(Publicly Available Specification)发布。这些实时以太网规范进入 IEC 61158 后,形成了其最新的第 4 版,于 2007 年 7 月出版。

IEC 61158 标准第 4 版由多部分组成,其主要内容以及开放系统互连参考模型 OSI(Open System Interconnection)对应的层号见表 1.1。进入第 4 版的现场总线类型见表 1.2。

表 1.2 中,Type 3 PROFIBUS 和 Type 10 PROFINET 是国际 PROFIBUS 组织支持的现场总线,背后是 Siemens 公司,它们是工业自动化领域生产占有率最高的现场总线。FF 是 IEC 61158 中的主要力量,被定义为 Type 1、Type 5、Type 9,它在过程控制应用领域占有重要的地位。Type 2 CIP(Common Industry Protocol)包括 DeviceNet、ControlNet 现场总线和 EtherNet/IP 实时以太网,它们都是 Allen-Bradley 公司开发的总线技术,ControlNet 属于控制层的现场总线技术,DeviceNet 属于设备级的现场总线技术,也得到较广泛的应用。Type 6 SwiftNet 现场总线由于市场推广应用很不理想,在第 4 版标准中被撤销。Type 14 EPA(Ethernet for Plant Automation)是由浙江大学、浙江中控技术有限公司、中科院沈阳自动化所等单位联合制定的用于工厂自动化的实时以太网通信标准,2005 年 12 月正式进入 IEC 61158 第 4 版标准,成为 IEC 61158-314/414/514/614 规范。这标志着我国实时以太网紧跟上了技术发展的步伐,但能否在市场中占据一席之地,还要看以后的推广应用情况。InterBus 属于 IEC 61158 的子集 Type 8,占有一定的市场份额,在实时工业以太网层面,它加入到了 PROFINET 的行列中。

表 1.1　IEC 61158 第 4 版

| 第 4 版标准 | 标准的内容 | OSI 层号 |
|---|---|---|
| IEC/TR 61158-1 | 总论与导则 | |
| IEC 61158-2 | 物理层服务定义和协议规范 | 1 |
| IEC 61158-300 | 链路层服务定义 | 2 |
| IEC 61158-400 | 链路层协议规范 | 2 |
| IEC 61158-500 | 应用层服务定义 | 7 |
| IEC 61158-600 | 应用层协议规范 | 7 |

表 1.2　IEC 61158 第 4 版现场总线类型

| 类　型 | 现场总线名称 | 支持的公司 |
|---|---|---|
| Type 1 | TS 61158 现场总线 | 美国 Fisher - Rosemount |
| Type 2 | CIP 现场总线 | 美国 Rockwell |
| Type 3 | PROFIBUS 现场总线 | 德国 Siemens |
| Type 4 | P - NET 现场总线 | 丹麦 Process Data |
| Type 5 | FF HSE 高速以太网 | 美国 Fisher - Rosemount |
| Type 6 | SwiftNet(被撤销) | 美国 Boeing |
| Type 7 | WorldFIP 现场总线 | 法国 Alstom |
| Type 8 | InterBus 现场总线 | 德国 Phoenix Contact |
| Type 9 | FF H1 现场总线 | 美国 Fisher - Rosemount |
| Type 10 | PROFINET 实时以太网 | 德国 Siemens |
| Type 11 | TC - Net 实时以太网 | 日本东芝 |
| Type 12 | EtherCAT 实时以太网 | 德国 BECKHOFF |
| Type 13 | Ethernet PowerLink 实时以太网 | 欧洲开放网络联合会的 IAONA |
| Type 14 | EPA 实时以太网 | 中国浙大中控 |
| Type 15 | Modbus RTPS 实时以太网 | 法国施耐德 |
| Type 16 | SERCOS Ⅰ、Ⅱ 现场总线 | 德国 SERCOS 协会 |
| Type 17 | VNET/IP 实时以太网 | 日本横河 |
| Type 18 | CC - Link 现场总线 | 日本三菱 |
| Type 19 | SERCOS Ⅲ 实时以太网 | 德国 SERCOS 协会 |
| Type 20 | HART 现场总线 | 美国 Fisher - Rosemount |

　　除了上述的现场总线标准外，还有其他一些非常重要的现场总线，如 CAN、LonWorks 等，它们或是属于其他国际标准，或是得到了广泛应用。CAN 总线称为控制器局域网现场总线，属于国际标准 ISO 11898，并在汽车内部电子系统中得到了广泛应用，它代表着汽车电子控制网络的主流发展趋势。LonWorks 总线是一种基于嵌入式神经元芯片的现场总线技术，在楼宇自动化领域占有绝对的市场优势，它被多个国际标准组织认证为各自的行业标准。相反，一些进入 IEC 61158 标准的现场总线应用得并不理想，所以在这个竞争残酷的环境中，进入了 IEC 61158 标准的总线不一定就能很好地生存下去。

　　IEC 61158 现场总线标准是迄今为止制定时间最长，国际上投票次数最多，意见分歧最大的国际标准之一。第 4 版 IEC 61158 标准代表了现场总线技术和实时以太网技术的最新发展。

## 1.2.2　配套标准 IEC 61784

　　IEC 61158 系列标准是概念性的技术规范，它不涉及现场总线的具体实现。为了使设计人员、实现者和用户能够方便地进行产品设计、应用选型比较和实现工程系统的选择，IEC/SC65C 制定了和其配套的 IEC 61784 标准，该标准由以下部分组成：

① IEC 61784 - 1　用于连续和离散制造的工业控制系统现场总线行规集;

② IEC 61784 - 2　基于 ISO/IEC 8802.3 实时应用的通信网络附加行规;

③ IEC 61784 - 3　工业网络中功能安全通信行规;

④ IEC 61784 - 4　工业网络中信息安全通信行规;

⑤ IEC 61784 - 5　工业控制系统中通信网络安装行规。

IEC 61784 的名字是"工业控制系统中与现场总线有关的连续和分散制造业用行规(Profile)集"。不同的现场总线,使用的通信协议也不同,国际电工技术委员会(IEC)把它们按 IEC 61158 中相对应的标准分类定义,所以说 IEC 61784 是一个"通信行规分类集(Communication Profile Family,CPF)"。它叙述了一个特定现场总线系统通信所使用的某个子集。在该标准中,展示了不同的现场总线所属的通信行规族以及它们所对应的 IEC 61158 的总线类型。IEC 61784 - 1 规定的现场总线行规集见表 1.3,IEC 61784 - 2 规定的实时以太网行规集见表 1.4,其中 CPF 10～CPF 16 为新增的 7 种实时以太网。

表 1.3　IEC 61784 - 1 现场总线的 CPF

| 通信行规族 CPF | 技术名 | 在 IEC 61158 中的对应类型 |
|---|---|---|
| CPF 1 | FOUNDATION Fieldbus (FF) | 1,9 |
| CPF 2 | CIP | 2 |
| CPF 3 | PROFIBUS | 3 |
| CPF 4 | P - NET | 4 |
| CPF 5 | World FIP | 7 |
| CPF 6 | InterBus | 8 |
| CPF 8 | CC - Link | 18 |
| CPF 9 | HART | 20 |
| CPF 16 | SERCOS Ⅰ 和 Ⅱ | 16 |

表 1.4　IEC 61784 - 2 实时以太网的 CPF

| 通信行规族 CPF | 技术名 | IEC/PAS 号 | 在 IEC 61158 中的对应类型 |
|---|---|---|---|
| CPF 2 | EtherNet/IP | IEC/PAS 62413 | 5 |
| CPF 3 | PROFINET | IEC/PAS 62411 | 10 |
| CPF 4 | P - NET | IEC/PAS 62412 | 4 |
| CPF 6 | InterBus | | |
| CPF 10 | VNET/IP | IEC/PAS 62405 | 17 |
| CPF 11 | TC - Net | IEC/PAS 62406 | 11 |
| CPF 12 | EtherCAT | IEC/PAS 62407 | 12 |
| CPF 13 | Ethernet Powerlink | IEC/PAS 62408 | 13 |
| CPF 14 | EPA | IEC/PAS 62409 | 14 |
| CPF 15 | MODBUS - RTPS | IEC/PAS 62030 | 15 |
| CPF 16 | SERCOS - Ⅲ | IEC/PAS 62410 | 19 |

## 1.2.3　IEC 62026

除了 IEC 61158 这个现场总线的标准外,IEC 的 TC17B 制定了另一个非常重要的标准 IEC 62026。它是关于"低压开关装置和控制装置用控制电路装置和开关元件(Control circuit devices and switching elements for low-voltage switchgear and controlgear)"的现场总线标准,其中汇集了多种 I/O 设备级的现场总线。它的各部分如下:

第一部分　通用要求(General Requirements)。

第二部分　执行器、传感器接口(Actuator Sensor Interface),即 AS-i 总线。这是一种位式总线(Bitbus),它只有 OSI 模型的第一、二层。它只采用主-从方式通信,数据量很小(仅4 位),有可能是最简单的总线。虽然是最简单的总线,但在应用上一点也不落后,发展非常快。

第三部分　DeviceNet。这是一种基于 CAN 的总线。

第四部分　LonTalk。LonTalk 是 LonWorks(Local Operating NetWorks)总线的通信协议。这是一种拥有 OSI 全部七层协议的总线。这种总线在构成网络时特别方便。在现场总线中,它是少数面向网络结构的总线,而大多数现场总线都是面向段式(Segment)结构的。

第五部分　智能分散系统(Smart Distributed System),即 SDS 总线。这也是一种基于 CAN 的总线。

第六部分　串行多路控制总线(Serial Multiplexed Control Bus),即 Seriples 或 SMCB 总线。

第七部分　InterBus。InterBus 是由 InterBus-S Club 支持的现场总线,采用环形拓扑结构,介质访问和通信采用主-从方式,数据量为 16 位。在 IEC 61158 中已被列为第 8 种现场总线,这里指的是 InterBus 中只有一、二层的 Sensor 级总线——InterBus Sensor Loop。

## 1.2.4　现场总线的现状

国际电工技术委员会/国际标准协会(IEC/ISA)自 1984 年起着手现场总线标准的制定工作,但统一的标准至今仍未完成。同时,世界上许多公司也推出了自己的现场总线技术。但存在差异的标准和协议太多,会增加复杂性并且给实践带来不便,影响开放性和可互操作性。因而在最近几年里开始标准统一工作,减少现场总线协议的数量,以达到单一标准协议的目的。各种协议标准合并的目的是达到国际上统一的总线标准,以实现各家产品的可互操作性。

**(1) 多种总线共存**

现场总线国际标准 IEC 61158 中采用了 8 种协议类型,以及其他一些现场总线。每种总线都有其产生的背景和应用领域。总线是为了满足自动化发展的需求而产生的,由于不同领域的自动化需求各有其特点,因此在某个领域中产生的总线技术一般对这一特定领域的满足度高一些,应用多一些,适用性好一些。随着时间的推移,占市场 80% 左右的总线将只有 6~7 种,而且其应用领域比较明确,如 FF、PROFIBUS-PA 适用于冶金、石油、化工和医药等流程行业的过程控制,PROFIBUS-DP、DeviceNet 适用于加工制造业,LonWorks、PROFIBUS-FMS、DeviceNet 适用于楼宇、交通运输和农业。但这种划分又不是绝对的,相互之间又互有渗透。

**(2) 每种总线各有其应用领域**

每种总线都力图拓展其应用领域,以扩张其势力范围。在一定应用领域中已取得良好业绩的总线,往往会根据需要进一步向其他领域发展。如 PROFIBUS 在 DP 的基础上又开发出

PA,以适用于流程工业。

**(3) 每种总线各有其国际组织**

大多数总线都成立了相应的国际组织,力图在制造商和用户中创造影响,以取得更多方面的支持,同时也想显示出其技术是开放的。如 WorldFIP 国际用户组织、FF 基金会、PROFIBUS 国际用户组织、P-NET 国际用户组织及 ControlNet 国际用户组织等。

**(4) 每种总线均有其支持背景**

每种总线都以一个或几个大型跨国公司为背景,公司的利益与总线的发展息息相关,如 PROFIBUS 以 Siemens 公司为主要支持,ControlNet 以 Rockwell 公司为主要背景,WorldFIP 以 Alstom 公司为主要后台。

**(5) 设备制造商参加多个总线组织**

大多数设备制造商参加了不止一个总线组织,有些甚至参加了 2～4 个总线组织。原因很简单,装置始终是要挂在系统上的。

**(6) 多种总线已作为国家和地区标准**

每种总线大多将自己作为国家或地区标准,以加强自己的竞争地位。现在的情况是:P-NET 已成为丹麦标准,PROFIBUS 已成为德国标准,WorldFIP 已成为法国标准。上述 3 种总线于 1994 年成为并列的欧洲标准 EN 50170,其他总线也都形成了各组织的技术规范。

**(7) 协调共存**

在激烈的竞争中出现了协调共存的前景。这种现象在欧洲标准制定时就出现过,欧洲标准 EN 50170 在制定时,将德国、法国、丹麦 3 个标准并列于一卷之中,形成了欧洲的多总线的标准体系,后又将 ControlNet 和 FF 加入欧洲标准的体系。各重要企业,除了力推自己的总线产品之外,也都力图开发接口技术,将自己的总线产品与其他总线相连接,如施耐德公司开发的设备能与多种总线相连接。在国际标准中,也出现了协调共存的局面。

**(8) 工业以太网引入工业领域**

工业以太网的引入成为新的热点。工业以太网的使用在工业自动化和过程控制市场上正迅速增长,几乎所有远程 I/O 接口技术的供应商均提供一个支持 TCP/IP 协议的以太网接口,如 Siemens、Rockwell、GE Fanuc 等,他们销售各自的 PLC 产品,但同时提供与远程 I/O 和基于 PC 的控制系统相连接的接口。从美国 VDC 公司调查结果也可以看出,在今后 3 年,以太网的市场占有率将达到 20% 以上。FF 现场总线正在开发高速以太网,这无疑大大提高了以太网在工业领域的地位。

## 1.2.5　现场总线技术的发展趋势

现场总线技术已成为工业自动化领域广为关注的焦点。国际上现场总线的研究、开发,使测控系统冲破了长期封闭系统的禁锢,走上开放发展的征程,这对我国现场总线控制系统的发展是个极好的机会,也是一次严峻的挑战。现场总线技术是控制、计算机、通信技术的交叉与集成,涉及的内容十分广泛,我国应不失时机地抓好现场总线技术与产品的研究与开发。

自动化系统的网络化是发展的大趋势,现场总线技术受计算机网络技术的影响是十分深刻的。现在网络技术日新月异,发展十分迅猛,一些具有重大影响的网络新技术必将进一步融合到现场总线技术之中,这些具有发展前景的现场总线技术有:

① 智能仪表与网络设备开发的软硬件技术。

② 组态技术,包括网络拓扑管理软件、网络数据操作与传输。

③ 网络管理技术,包括网络管理软件、网络数据操作与传输。

④ 人机接口、软件技术。

⑤ 现场总线系统集成技术。

现场总线属于尚在发展的技术,我国在这一技术领域刚刚起步。了解国际上该项技术的现状与发展动向,对我国相关行业的发展,对自动化技术、设备的更新,无疑具有重要的意义。

总体而言,自动化系统与设备将朝着现场总线体系结构的方向前进,这一发展趋势是肯定的。既然是总线,就要向着趋于开放统一的方向发展,成为大家都遵守的标准规范。但由于这一技术所涉及的应用领域十分广泛,几乎覆盖了所有连续、离散工业领域,如过程自动化、制造加工自动化、楼宇自动化、家庭自动化等,众多领域,需求各异,一个现场总线体系下可能不只容纳单一的标准。另外,从以上介绍也可以看出,几大技术均具有自己的特点,已在不同应用领域形成了自己的优势,加上商业利益的驱使,它们都正在十分激烈的市场竞争中求得发展。

有理由认为,在未来 10 年内,可能出现几大总线标准共存,甚至在一个现场总线系统内,几种总线标准的设备同路由网关互连实现信息共享。

# 1.3 以现场总线为基础的工业网络系统

## 1.3.1 工业网络系统的基本组成

在介绍工业网络之前,简单回顾一下计算机网络的基本概念。

计算机网络是指用通信手段将空间上分散的、具有自治功能的多个计算机系统相互连接进行通信,实现资源共享和协同工作的系统。由这个定义可知,计算机网络是由许多计算机系统按一定的网络拓扑互连而成的。这些计算机系统要通过一定的通信介质如电缆、光纤、无线电和配套的软硬件才能实现互连,互连的结果是完成数据交换,目的是实现信息资源的共享,实现不同计算机系统间的相互操作以完成工作协同和应用集成。一般来说,计算机网络由用户设备、网络软件和网络硬件三部分组成。用户设备是指用户用来联网的主机、终端和服务器等设备;网络软件是指通信协议、操作系统和用户程序等;网络硬件是指物理线路、传输设备和交换设备等。

工业网络和计算机网络相似,它是指应用于工业领域的计算机网络。具体来说,工业网络是在一个企业范围内将信号检测、数据传送、处理、存储、计算、控制等设备或系统连接在一起,以实现企业内部的资源共享、信息管理、过程控制、经营决策,并能够访问企业外部资源和提供有限的外部访问,使得企业的生产、管理和经营能够高效率地协调运作,从而实行企业集成管理和控制的一种网络环境。

工业网络是一种应用,也是一种技术,它涉及局域网、广域网、现场总线以及网络互联等技术,是计算机技术、信息技术和控制技术在工业企业管理和控制中的有机统一。工业网络具有确定性、集成性、安全性、限制性、可靠性和实时性的特点。

图 1.2 所示为工业网络系统的层次结构示意图。

按网络连接结构,一般将企业的网络系统划分为三层,它以底层控制网(Infranet,Infrastructure Internet)为基础,中间为企业的内部网(Intranet,Internal Internet),通过它延伸到外部世界的互联网(Internet),形成 Internet - Intranet - Infranet 的网络结构。如果按网络的功能结构，一般又将工业网络系统划分为以下三层：企业资源规划层 ERP（Enterprise Resource Planning）、制造执行层 MES（Manufacturing Execution System）以及现场控制层 FCS（Fieldbus Control System）。通过各层之间的网络连接与信息交换，构成完整的企业网络系统。

随着互联网技术的发展和普及，工业网络系统的结构层次趋于扁平化，同时对功能层次的划分也更为简化。下层为现场总线所处的现场控制层 FCS，最上层为企业资源规划层 ERP，而将传统概念上的监控、计划、管理、调度等多项控制功能交错的部分，都包罗在中间的制造执行层 MES 中。

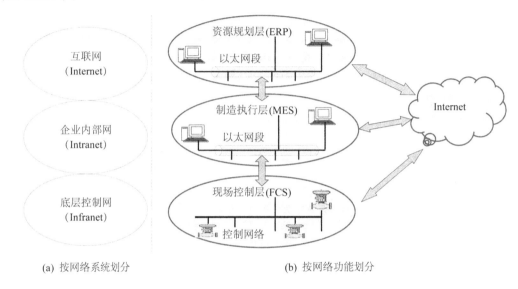

(a) 按网络系统划分　　　　　　　　　(b) 按网络功能划分

**图 1.2　工业网络系统的层次结构示意图**

由于 ERP 与 MES 功能层大多采用以太网技术构成信息网络，网络节点多为各种计算机及外设，所以它们之间的网络集成、它们与外界互联网之间的信息交互得到了较好解决，其信息集成相对比较容易。

工业控制网络不同于普通的计算机网络，它是一种特殊的，用于工业自动化领域去完成自动控制任务的计算机网络。PROFIBUS、LonWorks 等现场总线网段与工厂现场设备连接，构成现场控制层 FCS，它是工业网络的基础。目前，现场控制层所采用的控制网络种类繁多，本层网络内部的通信一致性很差，有形形色色的现场总线，再加上 DCS、PLC 等。控制网络从通信协议到网络节点类型都与数据网络存在较大差异。这些使得控制网络之间、控制网络与外部互联网之间实现信息交换的难度较大，实现互连和互操作存在较多障碍。因此，需要从通信一致性、数据交换技术等方面入手，改善控制网络的数据集成与交换能力。

## 1.3.2　现场总线系统在工业网络中的位置和作用

现场总线系统属于工业网络中控制网络的范畴，在工业网络的功能层次结构中处于底层的位置，所以它是构成整个工业网络的基础。在现代工业企业的管理中，生产过程的控制参数、设备运行的实时信息都已成为企业管理数据中最重要的组成部分，更完善、更合理和更全面的工业企业管理已离不开这些底层数据的参与。从图 1.2 所示的工业网络系统的层次结构中可以看出，ERP 属于广域网的层次，它采用以太网技术实现；MES 属于局域网层次，它一般也采用以太网或其他专用网络技术实现；现场总线则采用开放的、符合国际标准的控制网络技术实现。

现场总线系统在工业网络中的作用主要是为自动化系统传递数字信息，借助现场总线把控制设备连接成控制系统。它所传递的数字信息主要包括生产运行参数的测量值、控制量、阀门的工作位置、开关状态、报警状态、设备的资源与维护信息、系统组态、参数修改、零点量程调校信息等。它们是工业信息的重要组成部分。

工业的管理控制一体化系统需要控制信息的参与，生产的优化调度需要实现装置间的数据交换，需要集成不同装置的生产数据。这些都要求在现场控制层内部，在 FCS 与 MES、ERP 各层之间，能实现数据传输与信息共享。现场总线系统在实施生产过程控制、为工业网络提供传输、集成生产数据方面，发挥着重要作用。

### 1.3.3　现场总线系统与上层网络的连接

由于现场总线系统所处的特殊环境及所承担的实时控制任务，现场总线技术是普通局域网、以太网技术所难以取代的，因而它至今依然保持着在现场控制层的地位和作用。但是它需要与上层的信息网络、与外界的互联网实现信息交换，以拓宽控制网络的作用范围，实现工业的管理控制一体化。

目前，控制网络与上层网络的连接方式一般有以下三种：

① 采用专用网关完成不同通信协议的转换，把控制网段（即现场总线网段）或 DCS 连接到以太网上。图 1.3 所示为通过网关连接控制网段与上层网络的示意图。

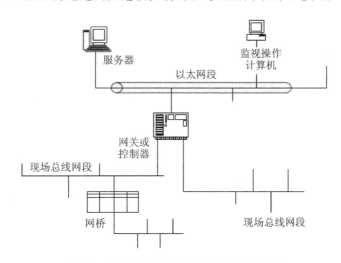

**图 1.3　通过网关连接控制网段与上层网络**

② 将现场总线网卡和以太网卡都置于工业 PC 的 PCI 插槽内，在 PC 内完成数据交换。图 1.4 所示为采用现场总线的 PCI 卡实现控制网段与上层网络的连接。

③ 将 WEB 服务器直接置于 PLC 或现场控制设备内，借助 WEB 服务器和通用浏览工具，实现数据信息的动态交互。这是近年来互联网技术直接应用于现场设备的结果，但它需要有一直延伸到生产底层的以太网支持。正是因为控制设备内嵌 WEB 服务器，使控制网络的设备有条件直接通向互联网，与外界直接沟通信息。

现场总线系统与上层信息网络的连接，使互联网信息共享的范围延伸到设备层，同时也拓宽了测量控制系统的视野与工作范围,为实现跨地区的远程控制与远程故障诊断创造了条件。例如,人们可以在千里之外查询生产现场的运行状态;可以方便地实现偏远地段生产设备的无人值守;可以远程诊断生产过程或设备的故障;可以在办公室查看并操作家中的各类电器;等等。

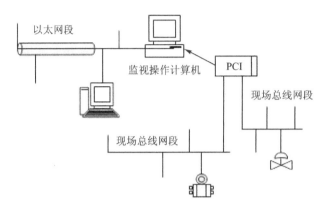

图 1.4 采用 PCI 卡连接控制网段与上层网络

# 1.4 典型现场总线简介

目前,国际上影响较大的现场总线有 40 多种,比较流行的主要有 CAN、PROFIBUS、FF、DeviceNet、LonWorks、CC - Link 等现场总线。

## 1.4.1 CAN

CAN 是控制器局域网(Controller Area Network)的简称,最早由德国 BOSCH 公司提出,用于汽车内部测量与执行部件之间的数据通信。其总线规范现已被 ISO 国际标准组织制定为国际标准 ISO 11898,得到了摩托罗拉(Motorola)、英特尔(Intel)、飞利浦(Philips)、Siemens、NEC 等公司的支持,已广泛应用在离散控制领域。

CAN 协议也是建立在国际标准组织的开放系统互连模型基础上,不过,其模型结构只有 2 层,包括 OSI 的物理层和数据链路层,但一些组织还制定了 CAN 的高层协议,即应用层协议,比如 DeviceNet、CANOpen 协议。CAN 的信号传输介质为双绞线,传输速率最高可达 1 Mb/s(此时通信距离最长为 40 m);直接传输距离最远可达 10 km(速率 5 kb/s 以下),挂接设备最多可达 110 个。

CAN 的信号传输采用短帧结构,每一帧的有效字节数为 8 个,因而传输时间短,受干扰的概率低。当节点严重错误时,其具有的自动关闭功能可以自动切断该节点与总线的联系,使总线上的其他节点及其通信不受影响,因此具有较强的抗干扰能力。

CAN 支持多主方式工作,网络上任何节点均可在任意时刻主动向其他节点发送信息,支持点对点、一点对多点和全局广播方式接收/发送数据。它采用总线仲裁技术,当出现几个节点同时在网络上传输信息时,优先级高的节点可继续传输数据,而优先级低的节点则主动停止发送,从而避免了总线冲突。

现已有多家公司开发生产了符合 CAN 协议的通信芯片,如 Philips 公司的 82C200 和 SJA1000,Intel 公司的 82527 等。还有插在 PC 上的 CAN 总线适配器,其具有接口简单、编程方便、开发系统价格低等优点。

## 1.4.2 PROFIBUS

PROFIBUS 是作为德国国家标准 DIN 19245 和欧洲标准 EN 50170 的现场总线,ISO/OSI 模型也是它的参考模型。由 PROFIBUS-DP、PROFIBUS-FMS、PROFIBUS-PA 组成了 PROFIBUS 系列。

PROFIBUS-DP 型用于分散外设间的高速传输,适合于加工自动化领域的应用;PROFIBUS-FMS 型为现场信息规范,适用于纺织、楼宇自动化、可编程控制器、低压开关等一般自动化;而 PROFIBUS-PA 型则是用于过程自动化的总线类型,它遵从 IEC 1158-2 标准。该项技术是由 Siemens 公司为主的十几家德国公司、研究所共同推出的。它采用了 OSI 模型的物理层、数据链路层,由这两部分形成了其标准第一部分的子集,PROFIBUS-DP 型隐去了第 3～7 层,而增加了直接数据连接拟合作为用户接口;PROFIBUS-FMS 型只隐去第 3～6 层,采用了应用层,作为标准的第二部分;PROFIBUS-PA 型的标准目前还处于制定过程之中,其传输技术遵从 IEC 1158-2(H1)标准,可实现总线供电与本质安全防爆。

PROFIBUS 支持主-从系统、纯主站系统、多主多从混合系统等几种传输方式。主站具有对总线的控制权,可主动发送信息。

对多主站系统来说,主站之间采用令牌方式传递信息,得到令牌的站点可在一个事先规定的时间内拥有总线控制权,并事先规定好令牌在各主站中循环一周的最长时间。按 PROFIBUS 的通信规范,令牌在主站之间按地址编号顺序,沿上行方向进行传递。主站在得到控制权时,可以按主-从方式向从站发送或索取信息,实现点对点通信。主站可采取对所有站点广播(不要求应答),或有选择地向一组站点广播。

PROFIBUS 的传输速率为 9.6 kb/s～12 Mb/s,最大传输距离在 9.6 kb/s 时为 1 200 m,在 1.5 Mb/s 时为 200 m,可用中继器延长至 10 km。其传输介质可以是双绞线,也可以是光缆,最多可挂接 127 个站点。

PROFIBUS 与以太网相结合,产生了 PROFINET 技术,取代了 PROFIBUS-FMS 的位置。1997 年 7 月在北京成立了我国的 PROFIBUS 专业委员会(CPO),挂靠在中国机电一体化技术和应用协会。我国现在采用的 PROFIBUS 现场总线标准为 JB/T 10308.3—2005《测量和控制数字数据通信工业 控制系统用现场总线 类型 3:PROFIBUS 规范》。

## 1.4.3 基金会现场总线

基金会现场总线(Foundation Fieldbus,FF)是在过程自动化领域得到广泛支持并具有良好发展前景的技术。其前身是以美国 Fisher-Rousemount 公司为首,联合 Foxboro、横河、ABB、Siemens 等 80 家公司制定的 ISP 协议,以及以 Honeywell 公司为首,联合欧洲等地的 150 家公司制定的 WorldFIP 协议。屈于用户的压力,这两大集团于 1994 年 9 月合并,成立了现场总线基金会,致力于开发出国际上统一的现场总线协议。它以 ISO/OSI 开发系统互连模型为基础,取其物理层、数据链路层、应用层为 FF 通信模型的相应层次,并在应用层上增加了用户层。

基金会现场总线分低速 H1 和高速 H2 两种通信速率。H1 的传输速率为 31.25 kb/s,通信距离可达 1 900 m(可加中继器延长),可支持总线供电,支持本质安全防爆环境。H2 的传输速率为 1 Mb/s 和 2.5 Mb/s 两种,其通信距离为 750 m 和 500 m。物理传输介质可支持双绞线、光缆和无线发射,协议符合 IEC 1158 - 2 标准。

基金会现场总线物理媒介的传输信号采用曼彻斯特编码,每位发送数据的中心位置或是正跳变,或是负跳变。正跳变代表 0,负跳变代表 1,从而使串行数据位流中具有足够的定位信息,也可根据数据的中心位置精确定位。

## 1.4.4　DeviceNet

DeviceNet 是一种低成本的通信连接,它将工业设备连接到网络,从而免去了昂贵的硬接线。DeviceNet 又是一种简单的网络解决方案,在提供多供货商同类部件间的可互换性的同时,减少了配线和安装工业自动化设备的成本和时间。DeviceNet 的直接互连性不仅改善了设备间的通信,而且同时提供了相当重要的设备级诊断功能,这是通过硬接线——I/O 接口,很难实现的。

DeviceNet 是一个开放式网络标准,规范和协议都是开放的,厂商将设备连接到系统时,无需购买硬件、软件或许可权。任何人都能以较低的复制成本从开放式 DeviceNet 供货商协会(Open DeviceNet Vendor Association,ODVA)获得 DeviceNet 规范。任何制造 DeviceNet 产品的公司都可以加入 ODVA,并参与对 DeviceNet 规范进行增补的技术工作。

DeviceNet 规范的购买者将得到一份不受限制的、真正免费的开发 DeviceNet 产品的许可。寻求开发帮助的公司可以通过任何渠道购买使其工作简易化的样本源代码、开发工具包和各种开发服务。关键的硬件可以从世界上最大的半导体供货商那里获得。

在现代的控制系统中,不仅要求现场设备完成本地的控制、监视、诊断等任务,还要能通过网络与其他控制设备及 PLC 进行对等通信,因此现场设备多设计成内置智能式。基于这样的现状,美国 Rockwell Automation 公司于 1994 年推出了 DeviceNet 网络,实现了低成本、高性能的工业设备的网络互连。DeviceNet 具有如下特点:

① DeviceNet 基于 CAN 总线技术,它可连接开关、光电传感器、阀组、电动机起动器、过程传感器、变频调速设备、固态过载保护装置、条形码阅读器、I/O 和人机界面等。其传输速率为 125～500 kb/s,每个网络的最大节点数是 64 个,干线长度为 100～500 m。

② DeviceNet 使用的通信模式是生产者/客户(Producer/Consumer)。该模式允许网络上的所有节点同时存取同一源数据,网络通信效率更高;采用多信道广播信息发送方式,每个客户可在同一时间接收到生产者所发送的数据,网络利用率更高。“生产者/客户”模式与传统的“源/目的”通信模式相比,前者采用多信道广播式,网络节点同步化,网络效率高;后者采用应答式,如果要向多个设备传送信息,则需要对这些设备分别进行“呼”“应”通信,即使是同一信息,也需要制造多个信息包,这样不仅增加了网络的通信量,而且网络响应速度也受到了限制,难以满足高速的、对时间苛求的实时控制。

③ 设备可互换性。各个销售商所生产的符合 DeviceNet 网络和行规标准的简单装置(如按钮、电动机起动器、光电传感器、限位开关等)都可以互换,为用户提供灵活性和可选择性。

④ DeviceNet 网络上的设备可以随时连接或断开,但不会影响网上其他设备的运行,方便维护和减少维修费用,也便于系统的扩充和改造。

⑤ DeviceNet 网络上的设备安装比传统的 I/O 布线更加节省费用,尤其是当设备分布在几百米范围内时,更有利于降低布线安装成本。

⑥ 利用 RS Network for DeviceNet 软件可方便地对网络上的设备进行配置、测试和管理。网络上的设备以图形方式显示工作状态,一目了然。

现场总线技术具有网络化、系统化、开放性的特点,需要多个企业相互支持、相互补充来构成整个网络系统。为便于技术发展和企业之间的协调,统一宣传推广技术和产品,通常每一种现场总线都有一个组织来统一协调。DeviceNet 总线的组织机构是 ODVA。它是一个独立组织,管理 DeviceNet 技术规范,促进 DeviceNet 在全球的推广与应用。

ODVA 实行会员制,会员分供货商会员(Vendor Member)和分销商会员(Distributor Member)。ODVA 现有的供货商会员包括 ABB、Rockwell、Phoenix Contact、Omron、Hitachi、Cutler - Hammer 等几乎所有世界著名的电器和自动化元件生产商。

ODVA 的作用是帮助供货商会员向 DeviceNet 产品开发者提供技术培训、产品一致性试验工具和试验,支持成员单位对 DeviceNet 协议规范进行改进;出版符合 DeviceNet 协议规范的产品目录,组织研讨会和其他推广活动,帮助用户了解掌握 DeviceNet 技术;帮助分销商开展 DeviceNet 用户培训和 DeviceNet 专家认证培训,提供设计工具,解决 DeviceNet 系统问题。

DeviceNet 是一个比较年轻的,也是较晚进入中国的现场总线。但 DeviceNet 价格低、效率高,特别适用于制造业、工业控制、电力系统等行业的自动化,适合于制造系统的信息化。

2000 年 2 月,上海电器科学研究所与 ODVA 签署合作协议,共同筹建 ODVA China,目的是把 DeviceNet 这一先进技术引入中国,促进我国自动化和现场总线技术的发展。

2002 年 10 月 8 日,DeviceNet 现场总线被批准为国家标准。DeviceNet 中国国家标准编号为 GB/T 18858.3—2002,名称为《低压开关设备和控制设备 控制器——设备接口(CDI)第 3 部分:DeviceNet》。该标准于 2003 年 4 月 1 日开始实施。

## 1.4.5 LonWorks

LonWorks 是又一具有强劲实力的现场总线技术,它是由美国 Echelon 公司推出并与 Motorola、Toshiba(东芝)公司共同倡导,于 1990 年正式公布而形成的。它采用了 ISO/OSI 模型的全部 7 层通信协议,采用了面向对象的设计方法,通过网络变量把网络通信设计简化为参数设置,其通信速率从 300 b/s~1.5 Mb/s 不等,直接通信距离可达到 2 700 m(78 kb/s,双绞线),支持双绞线、同轴电缆、光纤、射频、红外线、电源线等多种通信介质,被誉为通用控制网络。

LonWorks 技术所采用的 LonTalk 协议被封装在称为 Neuron 的芯片中并得以实现。集成芯片中有 3 个 8 位 CPU:

第一个用于完成开放互连模型中第 1、2 层的功能,称为媒体访问控制处理器,实现介质访问的控制与处理。

第二个用于完成第 3~6 层的功能,称为网络处理器,进行网络变量的寻址、处理、背景诊断、函数路径选择、软件计量、网络管理,并负责网络通信控制、收发数据包等。

第三个是应用处理器,执行操作系统服务于用户代码。芯片中还具有存储信息缓冲区,以实现 CPU 之间的信息传递,并作为网络缓冲区和应用缓冲区。如 Motorola 公司生产的神经元集成芯片 MC143120E2 就包含了 2 KB RAM 和 2 KB E$^2$PROM。

LonWorks 技术的不断推广促成了神经元芯片的低成本,而芯片的低成本又反过来促进了 LonWorks 技术的推广应用,二者形成了良性循环。

另外,在开发智能通信接口、智能传感器方面,LonWorks 神经元芯片也具有独特的优势。

## 1.4.6　CC‐Link

1996 年 11 月,以三菱电机为主导的多家公司,以"多厂家设备环境、高性能、省配线"的理念,开发、公布和开放了现场总线 CC‐Link,第一次正式向市场推出了 CC‐Link 这一全新的多厂商、高性能、省配线的现场网络,并于 1997 年获得日本电机工业会(JEMA)颁发的杰出技术成就奖。

CC‐Link 是 Control & Communication Link(控制与通信链路系统)的简称,即在工控系统中,可以将控制和信息数据同时以 10 Mb/s 高速传输的现场网络。CC‐Link 具有性能卓越、应用广泛、使用简单、节省成本等优点。作为开发式现场总线,CC‐Link 是唯一起源于亚洲地区的总线系统,CC‐Link 的技术特点尤其适合亚洲人的思维习惯。

1998 年,汽车行业的马自达、五十铃、雅马哈、通用、铃木等也成为 CC‐Link 的用户,而且 CC‐Link 迅速进入中国市场。1999 年,销售业绩为 17 万个节点;2001 年达到了 72 万个节点,累计达到了 150 万个节点,其增长势头迅猛,在亚洲市场占有份额超过 15%(据美国工控专用调查机构 ABC 调查)。

为了使用户能更方便地选择和配置自己的 CC‐Link 系统,2000 年 11 月,CC‐Link 协会(CC‐Link Partner Association,CLPA)在日本成立。该协会主要负责 CC‐Link 在全球的普及和推进工作。为了全球化的推广能够统一进行,CLPA 在美国、欧洲、中国、新加坡、韩国等国家设立了众多驻点,负责在不同地区推广和支持 CC‐Link 用户和成员的工作。

CLPA 由 Woodhead、Contec、Digital、NEC、松下电工和三菱电机等 6 个常务理事会员发起。到 2002 年 3 月底,CLPA 在全球拥有 252 家会员公司,其中包括浙大中控、中科软大等几家中国的会员公司。

一般工业控制领域的网络分为 3 或 4 个层次,分别是管理层、控制层和部件层。部件层也可以再细分为设备层和传感器层。CC‐Link 是一个以设备层为主的网络,同时也可以覆盖较高层次的控制层和较低层次的传感器层。

一般情况下,CC‐Link 整个一层网络可由 1 个主站和 64 个子站组成,它采用总线方式通过屏蔽双绞线进行连接。网络中的主站由三菱电机 FX 系列以上的 PLC 或计算机担当,子站可以是远程 I/O 模块、特殊功能模块、带有 CPU 的 PLC 本地站、人机界面、变频器、伺服系统、机器人,以及各种测量仪表、阀门、数控系统等现场仪表设备。如果需要增强系统的可靠性,则可以采用主站和备用主站冗余备份的网络系统构成方式。

CC‐Link 具有高速的数据传输速度,最高可以达到 10 Mb/s,其数据传输速度随距离的增长而逐渐减慢。

CC‐Link 兼容的产品如下:

**(1) PLC、PCI 总线接口、cPCI 总线接口、VME 总线接口(主站/本地站)**

CC‐Link 拥有作为主站/本地站的总线类型,CC‐Link 系统可采用多种类型的控制器。

**(2) 输入/输出模块**

CC‐Link 有多种类型的开关量输入/输出、模拟量输入/输出模块,以及多种输入类型和输出类型。用户可以根据传感器等的类型选择模块。

**(3) 人机界面(HMI)**

HMI 可以监视 CC‐Link 的工作状态以及通过 CC‐Link 传送的数据,因此,用户可以很容易地知道系统的工作状态。

**（4）电磁阀**

许多厂家都提供能兼容 CC－Link 的电磁阀产品,用户可以选择适合系统的、性价比最高的电磁阀产品。

**（5）传感器和变送器**

有多种类型的传感器、变送器可以接入 CC－Link,用户可以方便地用 CC－Link 构造不同的系统。

**（6）指示器**

称重控制器可通过 CC－Link 测量重量。

**（7）温度控制器**

温度控制设备或室内温度等,可以通过 CC－Link 来设定和监视。

**（8）传输装置**

光耦合变送模块通过 CC－Link 用红外线建立控制器和移动工作台之间的通信。

**（9）条形码和 ID**

在生产过程中,需要产品携带数据进行加工,通过条形码或 ID 的方式在每个处理工位可以读取产品数据。CC－Link 具有高速读取条形码和 ID 数据的传送速度,因此,在制造业中,应用 CC－Link 是非常有效率的。

**（10）网间连接器**

CC－Link 的网间连接器产品将 CC－Link 与其他的网络连接起来。

**（11）驱动产品**

类似变频器、伺服器等驱动产品,可以方便地用 CC－Link 连接,通过 CC－Link 高速传送命令数据和监视数据。因此,CC－Link 在需要高速传送数据的控制系统中是非常有用的。

**（12）机器人**

在汽车制造生产线上,半导体生产线应用了大量的机器人。CC－Link 可以连接 64 个子站,机器人可以用 CC－Link 来控制。在这样的系统中,CC－Link 是最合适的网络。

**（13）电缆和终端电阻**

可选用多种型号的 CC－Link 的电缆,如一般电缆、机器人用电缆、光缆、带电源电缆、红外线射线类等。因此,用户可以为系统选择合适的电缆。

**（14）软　件**

配置组态软件可以对 CC－Link 进行编程和诊断,用户可以非常方便地建立系统。

**（15）其　他**

许多其他种类的 CC－Link 产品可以为用户设置、编程、安装、接线等提供方便,而且 CC－Link 的兼容产品数量和种类也在不断扩大中。

鉴于 CC－Link 的实际特点和功能,它适用于许多控制系统,同时其自身的功能也在不断完善和改进,可挂接现场设备的合作厂商也在不断增加,以便更有利于实际的生产现场。

总之,CC－Link 是一个技术先进、性能卓越、应用广泛、使用简单、成本较低的开发式现场总线,其技术发展和应用有着广阔的前景。

# 本章小结

测量与控制技术、通信网络技术、计算机技术、芯片技术的高度发展,使自动化领域中的设备制造、控制方式、系统集成、系统维护等方面发生了深刻的变革,并直接导致了现场总线这一新技术的产生和发展。时至今日,建立在现场总线基础上的现场总线控制系统,正在逐步取代传统的模拟仪表控制系统、直接数字控制系统和集散控制系统,并从根本上改变了传统控制系统的结构,对自动化产品及控制系统的设计方法也产生了巨大冲击,为自动化系统的终端用户带来更大的实惠和方便。

　　现场总线技术的关键是开放、全数字、串行通信。从结构上来讲,现场总线具有基础性、灵活性和分散性等特点;从技术上来讲,现场总线具有开放性、交互性、自治性和实用性等特点。现场总线的使用为工业自动化领域带来了革命性的变化,它的主要优点体现在节约了硬件数量,节省了安装和维护费用,提高了系统的控制精度和可靠性,提高了用户的自主选择权。

　　本章首先介绍现场总线的产生、定义、特点等基本概念;然后介绍现场总线的现状及发展趋势,重点讨论现场总线国际标准的制定过程和以现场总线为基础的工业网络系统;最后简要介绍几种流行的典型现场总线,为后续章节的学习奠定坚实的基础。

# 思考题

1. 现场总线产生的背景是什么?
2. 现场总线的定义是什么?
3. 简述现场总线的结构特点和技术特点。
4. 现场总线技术的使用带来了哪些好处?
5. IEC 发布的现场总线国际标准 61158 包括哪些种类?
6. 什么是工业网络? 工业网络是由哪些主要部分组成的?
7. 现场总线在工业网络中处于什么位置? 它的主要作用是什么?
8. 简述 CAN、PROFIBUS 等几种流行现场总线的特点。

# 第 2 章　数据通信基础

现场总线采用全数字信号进行数据通信,其任务是在通信设备之间以可靠、高效的手段传递信息。本章首先介绍总线的基本概念、数据通信系统的组成及性能指标;然后重点讨论数据编码、数据传输方式、数据通信方式、信号传输模式以及差错控制等内容。

## 2.1　基本概念

### 2.1.1　总　线

**(1) 总线与总线段**

总线(Bus)是网络上各节点共享的传输媒体,是信号传输的公共路径。

总线段(Bus Segment)则指通过总线连接在一起的一组设备,这一组设备的连接与操作方式遵循同一种技术规范。一个总线段上的所有节点能同时收到总线上的报文信号。可以通过总线段的相互连接把多个总线段连接成一个网络系统。

**(2) 总线协议(Bus Protocol)**

总线上的设备如何使用总线的一套规则称为"总线协议"。这是一套事先规定的、必须共同遵守的规约。

**(3) 总线操作**

总线上数据发送者与接收者之间的连接→数据传送→脱开这一操作序列称为一次总线操作。这里的连接(Connection)指在相同或不同设备内,通信对象之间的逻辑绑定(Binding)。连接完成之后通信报文的发送与接收过程,或者数据的读/写操作过程,称为数据传送。而脱开(Disconnect)则指完成一次或多次总线操作后,断开发送者与接收者之间的连接关系,放弃对总线的占有权。

**(4) 现场总线设备(Fieldbus Device)**

作为网络节点连接在现场总线上的物理实体。现场设备具有测量控制功能,也具有数据通信的能力。具有总线通信接口的传感器、变送器、电子控制单元、执行器等都属于现场设备。

**(5) 总线主设备(Bus Master)**

有能力在总线上发起通信的设备叫做总线主设备。或者说,总线的通信权由总线主设备掌管。

**(6) 总线从设备(Bus Slaver)**

不能在总线上主动发起通信,只能挂接在总线上,对总线信号进行接收查询的设备称为总线从设备。从设备有时也被称为基本设备。

在一条总线段上可能连接有多个主设备,这些主设备都有能力主动发起通信。但某一时刻,一条总线段上只能有一个主设备掌管其总线的通信权,即只能由一个主设备执行其主设备的功能。

**（7）总线仲裁（Bus Arbitration）**

由于总线是多个设备之间信号传输的公共路径，当有一个以上设备企图同时占用总线时就可能会发生冲突（Contention）。总线仲裁指对总线冲突的处理过程，根据某种裁决规则来确定下一个时刻具有总线占有权的设备。某一时刻只允许一个设备占用总线，等到它完成总线操作，释放总线占有权后，才允许其他设备占用总线。总线设备为获得总线占有权而等待仲裁的时间叫做访问等待时间（Access Latency）。设备占有总线的时间叫做总线占有期。

总线仲裁有集中仲裁与分布式仲裁两种。集中仲裁由一个仲裁单元完成。如果有两个以上主设备同时请求使用总线时，由特定的仲裁单元利用优先级方案进行仲裁。而分布式仲裁的仲裁过程是在各主设备中完成的。当某一主设备在总线上置起它的优先级代码时，开始一个仲裁周期。仲裁周期结束时，只有最高优先级仍置放在总线上。某一主设备检测到总线上的优先级和它自己的优先级相同时，就知道下一时刻的总线主设备是它自己。

有多种优先级方案可供选用。有的方案中允许高优先级的设备可以无限期地否决低优先级的设备而占有总线，而另一些方案则不允许某一主设备长时间霸占总线。

## 2.1.2　数据通信系统

通信的目的是为了彼此之间交换信息。信息可以认为是生物体或具有一定功能的机器通过感觉器官或相应设备同外界交换的内容的总称。信息总是与一定的形式相联系，这种形式可以是语音、图像、文字等。把信息从一个地方传送到另外一个地方的系统就是通信系统。

数据是任何描述物体概念、情况、形势的事实、数字、字母和符号。可以说，数据是传递信息的实体，而信息是数据的内容或解释。

为了获取信息和传递信息，发送机将人或机器产生的信息转换为适合在通信信道上传输的电编码、电磁编码或光编码，这种在信道上传输的电/光编码叫做信号。信号可以是模拟信号或数字信号。

数据通信是指通信过程中承载信息的数据形式是数字的（不是模拟的），而以计算机控制系统为主体构成的网络通信系统就是数据通信系统。数据通信是现场总线系统的基本功能。数据通信过程，是两个或多个节点之间借助传输媒体以二进制形式进行信息交换的过程。将数据准确、及时地传送到正确的目的地，是数据通信系统的基本任务。

图 2.1 所示为数据通信系统的基本构成。虚线框内为一个单向数据通信系统。数据通信系统实际上是一个硬软件的结合体，其硬件由数据信息的发送设备、接收设备、传输介质组成。由数据信息形成的通信报文和通信协议是通信系统实现数据传输不可缺少的软件。

在数据通信系统中，具有通信信号发送电路的设备称为发送设备。发送设备的基本功能是将信息源和传输媒介匹配起来，即将信息源产生的消息信号经过编码，并变换为便于传送的信号形式，送往传输媒介。对于数据通信系统来说，发送设备的编码常常又可分为信道编码与信源编码两部分。信源编码是把连续消息变换为数字信号；而信道编码则是使数字信号与传输介质匹配，提高传输的可靠性或有效性。变换方式是多种多样的，调制是最常见的变换方式之一。发送设备还要包括为达到某些特殊要求所进行的各种处理，如多路复用、保密处理、纠错编码处理等。

具有通信信号接收电路的设备则称为接收设备。接收设备的基本功能是完成发送设备的反变换，即进行解调、译码、解密等。它的任务是从带有干扰的信号中正确恢复出原始信息来，对于多路复用信号，还包括解除多路复用，实现正确分路。

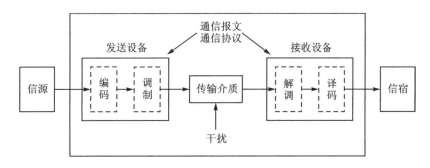

**图 2.1　数据通信系统的基本组成**

　　传输介质是指在两点或多点之间连接收发双方的物理通路,是发送设备与接收设备之间信号传递所经过的媒介,也称为传输媒体。数据通信系统可以采用无线传输媒体,如电磁波、红外线等,也可以采用双绞线、电缆、电力线、光缆等有线媒体。在媒体的传输过程中,必然会引入某些干扰,如噪声干扰、信号衰减等。传输媒体的特性对网络中数据通信的质量影响很大。

　　传输媒体的特性主要指:

① 物理特性:传输介质的物理结构。
② 传输特性:传输介质对通信信号传送所允许的传输速率、频率、容量等。
③ 连通特性:点对点或一对多点的连接方式。
④ 地域范围:传输介质对某种通信信号的最大传输距离。
⑤ 抗干扰性:传输介质防止噪声与电磁干扰对通信信号影响的能力。

　　报文与通信协议都属于通信系统中的软件。一般把需要传送的信息,包括文本、命令、参数值、图片、声音等称为报文。它们是数字化的信息。这些信息或是原始数据,或是测控参数值,或是经计算机处理后的结果,还可能是某些指令或标志。

　　要理解各通信实体之间传送的二进制码的含义,还需要有一套事先规定、共同遵守的规约。通信设备之间用于控制数据通信与理解通信数据意义的一组规则,称为通信协议。协议定义了通信的内容、通信何时进行以及通信如何进行等。协议的关键要素是语法、语义和时序。

　　语法是指通信中数据的结构、格式及数据表达的顺序。语义是指通信数据位流中每个部分的含义,收发双方正是根据语义来理解通信数据的意义。时序包括两方面的特性:一是数据发送时间的先后次序;二是数据的发送速率。收发双方往往需要以某种方式校对时钟周期,并协调数据处理的快慢。

　　一个完整的通信协议所包含的内容十分丰富,它规定了用于控制信息通信的各方面的规则。在通信设备或产品的形成过程中,还需要有依据通信协议所制定的各项标准或行规,如国际标准化组织的 ISO 标准、IEC 标准等。

# 2.2　通信系统的性能指标

　　通信系统的任务是传递信息,因而信息传输的有效性和可靠性是通信系统最主要的质量指标。有效性是指传输信息的能力,而可靠性是指接收信息的可靠程度。通信有效性实际上反映了通信系统资源的利用率。通信过程中用于传输有用报文的时间比例越高越有效。同样,真正要传输的数据位在所传输的报文中占有的比例越高说明其有效性越好。

## 2.2.1 有效性指标

### (1) 数据传输速率

数据传输速率指单位时间内传送的数据量,它是衡量数字通信系统有效性的指标之一。传输速率越高,其数据通信的有效性越好。单位时间内所传输的数据位数,称为数据的位传输速率 $S_b$,可由下式求得:

$$S_b = \frac{1}{T} \log_2 n$$

式中:$T$ 为数据信号周期,即为发送一位代码所需要的最小单位时间;$n$ 为信号的有效状态。

数据信号周期 $T$ 越小,数据的传输速率越高。$n$ 为信号的有效状态,例如在计算机网络的数据通信过程中,信号只包含两种数据状态,即 $n = 2$,这时的 $S_b = 1/T$。

1) 比特率

比特(bit)是数据信号的最小单位,通常简写为小写"b"。通信系统中的字符或者字节(Byte,通常简写为"B")一般由多个二进制位即多个比特来表示。例如一个字节通常是 8 位,即 1 Byte=8 bits。

通信系统每秒传输数据的位数被定义为比特率(bit rate),记作 bit/s 或 b/s,也写作 bps。传输 1 个数据位即 1 比特所需要的时间称为比特时间(bit time)。工业数据通信中常用的数据传输速率为 9 600 b/s、31.25 kb/s、500 kb/s、1 Mb/s、2.5 Mb/s、10 Mb/s 以及 100 Mb/s 等。

2) 波特率

一个与比特率相近的名词是波特率。波特(Baud)是指信号的一个变化波形。把每秒传输的信号波的个数称为波特率(Baud rate),也可以说成每秒传送的码元数,单位为波特,记作 Baud 或 B。

这里,码元是指时间轴上的一个信号编码单元。在数据通信中常常用时间间隔相同的符号来表示一个二进制数字,这样的时间间隔内的信号称为(二进制)码元。而这个间隔被称为码元长度。值得注意的是,当码元的离散状态大于 2 个时(如 $M$ 大于 2),此时码元为 $M$ 进制码元。

比特率和波特率是有区别的,因为每一个信号可以包含一个,也可以包含多个二进制数据位。比特率和波特率之间的关系可以用下式表示,即

$$R_{bit} = R_{baud} \log_2 M$$

式中:$M$ 为信号的有效状态数,即码元数。当 $M = 2$ 时(二进制数表示信号波形,单比特信号),其比特率和波特率相等。当 $M = 4$(即每个信号由 2 个数据位组成)时,如果数据传输的比特率为 9 600 b/s,则意味着其波特率只有 4 800 Baud。所以,一般来说波特率小于比特率。

在讨论信道特性,特别是传输频带宽度时,通常采用波特率;在涉及系统实际的数据传送能力时,则使用比特率。

### (2) 吞吐量

吞吐量(Throughput)是表示数据通信系统有效性的又一指标,以单位时间内通信系统接收发送的比特数、字节数或帧数来表示。它描述了通信系统的数据交互能力。

### (3) 频带利用率

频带利用率是指单位频带内的传输速度。它是衡量数据传输系统有效性的重要指标。单

位为 b/(s·Hz),即每赫兹带宽所能实现的比特率。由于传输系统的带宽通常不同,因而通信系统的有效性仅仅看比特率是不够的,还要看其占用带宽的大小。真正衡量数据通信系统传输有效性的指标应该是单位频带内的传输速度,即每赫兹每秒的比特数。

**(4) 协议效率**

协议效率是衡量通信系统软件有效性的指标之一。协议效率指所传数据包中,有效数据位于整个数据包长度的比值。一般用百分比表示,它可用作对通信帧中附加量的量度。在通信参考模型的每个分层,都会有相应的层管理和协议控制的加码。从提高协议编码效率的角度来看,减少层次可以提高编码效率。不同的通信协议通常具有不同的协议效率。协议效率越高,其通信有效性越好。

**(5) 传输迟延**

传输迟延是指数据从链路或网段的发送端传送到接收端所需要的时间,也被称为传输时间。它也是影响数据通信系统有效性的指标之一。它包括把数据块从节点送上传输介质所用的发送时间、信号通过一定长度的介质所需要的传播时间,以及途经路由器交换机一类的网络设备时所需要的排队转发时间。发送时间等于数据块长度与数据传输速率之比。传播时间等于信号途经的信道长度与电磁波的传输速率之比。而转发时间则取决于网络设备的数据处理能力和转发时的排队等待状况。

**(6) 通信效率**

通信效率是指数据帧的传输时间与用于发送报文的所有时间之比。用于发送报文的所有时间除包括上述传输时间之外,还包括竞用总线或等待令牌的排队时间、用于发送维护信息等的时间之和。通信效率为1,就意味着所有时间都有效地用于传输数据帧。通信效率为0,就意味着总线被报文的碰撞、冲突所充斥。

## 2.2.2 可靠性指标

衡量数字通信系统可靠性的指标即数字通信中二进制码元出现传输出错的概率。在实际应用中,如果 $N$ 为传输的二进制码元总数,$N_e$ 为传输出错的码元数,则 $N_e$ 与 $N$ 的数值之比被认为是误码率的近似值,即

$$P_e \approx \frac{N_e}{N}$$

理论上,只有当 $N \to \infty$ 时,该比值才能趋近于误码率 $P_e$。

理解误码率定义须注意以下几个问题:

① 误码率应该是衡量数据传输系统正常工作状态下传输可靠性的参数。

② 对于一个实际的数据传输系统,不能笼统地说误码率越低越好,应根据实际传输的需要提出对误码率的要求。在数据传输速率确定后,对数据通信系统可靠性的要求越高,即希望的误码率数值越小,对数据传输系统设备的要求就越复杂,造价越高。

③ 在实际应用中经常采用的是平均误码率。通过对一种通信信道进行大量、重复地测试,得到该信道的平均误码率,或者得到某些特殊情况下的平均误码率。测试中传输的二进制码元数越大,其平均误码率的结果越接近于真正的误码率值。

计算机通信中一般要求其平均误码率低于 $10^{-9}$。需要采取特定的差错控制措施,才能满足计算机系统对数据通信的误码率要求。

通信系统的有效性与可靠性两者之间是相互联系、相互制约的。

## 2.2.3　通信信道的频率特性

不同频率的信号通过通信信道以后,其波形的幅度与相位会发生变化,可采用频率特性来描述通信信道的这种变化。频率特性分为幅频特性和相频特性。幅频特性指不同频率的信号在通过信道后,其输出信号幅值与输入信号的幅值之比,它表示了信号在通过信道的过程中受到的不同衰减;相频特性是指不同频率的信号通过信道后,其输出信号的相位与输入信号的相位之差。通信信号在通过实际信道后,其幅值和相位都会发生某些变化,导致波形失真,产生畸变。

实际传输线路存在电阻、电感、电容,由它们组成分布参数系统。由于电感、电容的阻抗随频率而变,使得它对信号的各次谐波的幅值衰减、相角变化都不尽相同。如果通信信号的频率在信道带宽的范围内,则传输的信号基本上不失真;否则,信号的失真将会比较严重。

信道的频率特性取决于传输介质的物理特性和中间通信设备的电气特性。

## 2.2.4　信号带宽与介质带宽

如果将通信系统中所传输的数字信号进行傅里叶变换,可以把矩形波信号分解成无穷多个频率、幅度、相位各不相同的正弦波。这就意味着传输数字信号相当于是在传送无数多个简单的正弦信号。信号中所含有的频率分量的集合称为频谱。信号频谱所占有的频率宽度称为信号带宽。

理论上,矩形波信号具有的频谱为无穷大,其频谱如图 2.2 所示。

发送端所发出的数字信号的所有频率分量都必须通过通信介质到达接收端,接收端才能再现该数字信号的原有波形。如果其中一部分频率分量在传输过程中被严重衰减,就会导致接收端所收到的信号发生变形。

以一定的幅度门限为界,将在接收端能收到的那部分主要信号的频谱从原来的无穷大频谱中划分出来,这部分信号集合所具有的频谱即为该信号的有效频谱。该有效频谱的频带宽度称为信号的有效带宽,如图 2.3 所示。

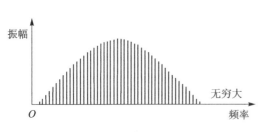

图 2.2　矩形波信号的频谱

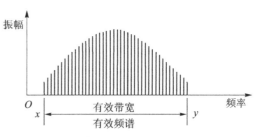

图 2.3　信号的有效频谱与有效带宽

信道带宽指信道允许通过的物理信号的频率范围,即允许通过的信号的最高与最低频率之差。信道带宽取决于传输介质的物理特性和信道中通信设备的电气特性。

介质带宽则指该传输介质所能通过的物理信号的频率范围。实际传输介质的带宽是有限的,它只能传输某些频率范围内的信号。一种介质只能传输信号有效带宽在介质带宽范围内的信号。如果介质带宽小于信号的有效带宽,则信号就可能产生失真而使接收端难以正确辨认。图 2.4 所示为因介质带宽不足导致的信号失真。

不同传输介质具有不同带宽,例如同轴电缆的带宽高于双绞线。信道带宽越高,其数据传

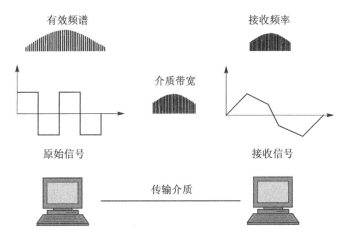

**图 2.4　介质带宽与信号畸变**

输能力越强。

　　信道容量指信道在单位时间内可能传送的最大比特数。当传输速率升高时,由于信号的有效带宽会随之增加,因而需要传输介质具有更大的介质带宽。所以,数据的传输速率应该在信道容量允许的范围之内。若实际传输速率超过信道容量,即使只超过一点,其传输也不能正确进行。因此传输介质的带宽会限制传输速率的增高。

　　依照奈奎斯特准则,一个带宽为 $W$ 的无噪声低通信道,其最高码元传输速率为 $2W$,而对于带通矩形特性的信道,其最高码元传输速率为 $W$。因而信道容量也被视为该信道允许的数据传输的最高速率。这里的带通矩形特性是指只允许带通上下限之间的频率信号通过,其他频率成分的信号不能通过。

## 2.2.5　信噪比对信道容量的影响

　　在有噪声存在的情况下,信道中传输出错的概率会更大,因而会降低信道容量。

　　噪声大小一般由信噪比来衡量。信噪比是指信号功率 $S$ 与噪声功率 $N$ 的比值。信噪比一般用 $10\lg\dfrac{S}{N}$ 来表示,单位为 dB。

　　信道容量 $C$ 与信道带宽 $W$、信噪比 $S/N$ 之间的香农(Shannon)计算公式为

$$C=W\log_2\left(1+\frac{S}{N}\right) \quad \text{b/s}$$

　　由香农公式可以看到,提高信噪比或增加信道带宽均可增加信道容量。例如介质带宽 $W$ 为 3 000 Hz,当信噪比为 10 dB($S/N=10$)时,其信道容量 $C=3\,000\log_2(1+10)=10\,380$ b/s。如果信噪比提高为 20 dB,即 $S/N=100$ 时,$C=3\,000\log_2(1+100)=19\,980$ b/s。可见,信道容量随信噪比的提高增加了许多。

　　增加带宽也可以提高信道容量,但另一方面,由于噪声功率 $N=Wn_0$($n_0$ 为噪声的单边功率谱密度),而随着带宽 $W$ 的增大噪声功率 $N$ 也会增大,导致信噪比降低,信道容量随之降低。所以增加带宽 $W$ 并不能无限制地使信道容量增大。

　　由香农公式还可以看到,在信道容量一定时,带宽与信噪比之间可以相互弥补,即提高信道带宽可使具有更低信噪比的信号得以通过,而传输信噪比较高的信号时,可适当放宽对信道带宽的要求。

# 2.3　数据编码

数据通信系统的任务是传送数据或指令等信息,这些数据通常以离散的二进制 0、1 序列的方式来表示,用 0、1 序列的不同组合来表达不同的信息内容。例如 2 位二进制码的 4 种不同组合 00、01、10、11,可用来分别表示某个控制电机处于断开、闭合、出错、不可用 4 种不同的工作状态。通过数据编码把一种数据组合与一个确定的内容联系起来,而这种对应关系的约定必须为通信各方认同和理解。还有一些已经得到普遍认同的编码,例如 4 位二进制码组合的二-十进制编码,即 BCD 码;电报通信中的莫尔斯码;计算机数据通信中广泛采用的编码 ASCII(American Standard Code for Information Interchange)码,即美国标准信息交换码,是一种 7 位编码,其 128 种不同组合分别对应一定的数字、字母、符号或特殊功能。

在工业数据通信系统中还有大量不经过任何编码而直接传输的二进制数据,如经 A/D 转换形成的温度、压力测量值,调节阀所处位置的百分数等。

在设备之间传递数据,就必须将数据按编码转换成适合于传输的物理信号,形成编码波形。码元 0、1 是传输数据的基本单位。在工业数据网络通信系统中所传输的大多为二元码,它的每一位只能在 1 或 0 两个状态中取一个。这每一位就是一个码元。

采用模拟信号的不同幅度、不同频率、不同相位来表达数据的 0、1 状态的,称为模拟数据编码。用高低电平的矩形脉冲信号来表达数据的 0、1 状态的,称为数字数据编码。

## 2.3.1　数字数据编码

数字数据编码有单极性码、双极性码、归零码(RZ)、非归零码(NRZ)、差分码、曼彻斯特编码(Manchester Encoding)、差分曼彻斯特编码(Differential Manchester Encoding)等。工业通信中常用的是非归零码和曼彻斯特编码。

单极性码:信号电平是单极性的,如逻辑 1 用高电平、逻辑 0 用低电平(常为零电平)的信号编码。

双极性码:信号电平有正、负两种极性。如逻辑 1 用正电平、逻辑 0 用负电平的信号编码。

归零码(RZ):在每一位二进制信息传输之后均返回零电平的编码。例如双极性归零码的逻辑 1 只在该码元时间中的某段(如码元时间的一半)维持高电平之后就回到零电平,其逻辑 0 只在该码元时间的一半维持负电平之后也回到零电平。

非归零码(NRZ):在整个码元时间内都维持其逻辑状态的相应电平的编码。这种编码的缺点是存在直流分量,而且无法确定一位的开始或结束,致使接收和发送之间不能保持同步,所以必须通过某种措施来保证发送和接收同步。这种编码的优点是能够比较有效地利用信道的带宽。

图 2.5 所示为单、双极性归零码和非归零码的典型波形图。

差分码:在各时钟周期的起点,采用信号电平的变化与否来代表数据"1"和"0"的状态。例如规定用时钟周期起点的信号的电平变化代表"1",不变化代表"0",按此规定形成的编码称为差分码。差分码按初始状态信号高、低分为高电平或低电平,有相位截然相反的两种波形。图 2.6 所示为 8 位数据 01100101 的数据波形及其差分码波形。当信号初始状态为低电平时,形成差分码波形 1;当信号初始状态为高电平时,形成差分码波形 2。

通过检查信号在每个周期起点处有无电平跳变来区分数据的 0、1 状态往往更可靠。即使

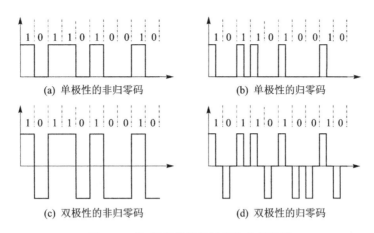

图 2.5　单、双极性的归零码和非归零码

作为通信传输介质的两条导线的连接关系颠倒了，对该编码信号的状态判别结果依然有效。

根据信息传输方式，还可分为平衡传输和非平衡传输。平衡传输是指无论"0"或"1"都是传输格式的一部分；而在非平衡传输中，只有"1"被传输，"0"则以在指定的时刻没有脉冲来表示。实际的传输过程往往是平衡/非平衡、归零/非归零、单极性/双极性等几种方式的结合。

曼彻斯特编码（Manchester Encoding）是在工业数据通信中最常用的一种基带信号编码，这种编码也叫相位编码。它具有内在的时钟信息，其特点是在每一个码元中间都产生一个跳变，这个跳变沿既可以作为时钟，也可以代表数字信号的取值。在曼彻斯特编码中，由高电平跳变至低电平表示"0"，由低电平跳变至高电平表示"1"。其变化规则很简单，即每个码元均用两个不同相位的电平信号表示，也就是一个周期的方波，但 0 码和 1 码的相位正好相反。所以它也称为曼彻斯特双相 L 码。

差分曼彻斯特编码（Differential Manchester Encoding）是曼彻斯特编码的一种变形。它既具有曼彻斯特编码在每个比特时间间隔中间信号一定会发生跳变的特点，也具有差分码用时钟周期起点电平变化与否代表逻辑"1"或"0"的特点。

图 2.7 所示为曼彻斯特编码与差分曼彻斯特编码的信号波形。在曼彻斯特编码中，每比特周期的中央存在一个跳变，该跳变不仅表示了数据，而且还提供了定时机制：由高电平跳变至低电平表示"0"，由低电平跳变至高电平表示"1"。在差分曼彻斯特编码中，比特中央位置的跳变仅用来提供定时关系，"0"和"1"的编码则由比特周期开始处有、无跳变来表示。这里，比特周期开始处存在跳变表示编码"0"，而没有跳变表示编码"1"。差分曼彻斯特编码的优势在于它应用了差分编码技术。

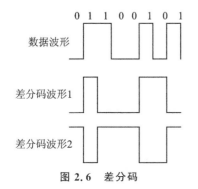

图 2.6　差分码

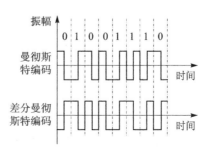

图 2.7　曼彻斯特编码与差分曼彻斯特编码的信号波形

曼彻斯特编码和差分曼彻斯特编码的优点如下：

① 同步：因为每个比特时间内存在预知的跳变，所以接收器可根据这个跳变来进行同步。因此，这类编码又称为自定时编码。

② 无直流成分：因为每个比特时间内都有跳变，所以编码不存在直流成分。

③ 差错检测：如果预期的跳变不存在，则可用于差错检测。线路上的噪声必须使预期跳变前后的信号都反相才会引起不可检测的差错。

从频谱分析理论知道，理想的方波信号包含从零到无限高的频率成分，由于传输线中不可避免地存在分布电容，故允许传输的带宽是有限的，所以要求波形完全不失真的传输是不可能的。为了与线路传输特性匹配，除很近的传输距离外，一般可用低通滤波器将图 2.7 中的矩形波整形为变换点比较圆滑的基带信号，而在接收端，则在每个码元的最大值（中心点）取样复原。

## 2.3.2 模拟数据编码

模拟数据编码采用模拟信号来表示数据的 0、1 状态。信号的幅度、频率、相位是描述模拟信号的参数，可以通过改变这三个参数，实现模拟数据编码。幅度键控（Amplitude - Shift Keying，ASK）、频移键控（Frequency - Shift Keying，FSK）、相移键控（Phase - Shift Keying，PSK）是模拟数据编码的三种编码方法。

公用电话通信信道是典型的模拟通信信道，它是专为传输语音信号设计的，只适用于传输音频（300～3 400 Hz）的模拟信号，无法直接传输数字信号，但可以通过调制和解调传送数字信号。模拟信道的数据传输结构如图 2.8 所示。

**图 2.8 模拟信道的数据传输结构**

在传输中，通常采用信道允许的频带范围内某一频率的正（余）弦信号作为载波，调制时根据数据的不同改变信号的特征。如载波信号为 $u(t) = u_m \sin(\omega t + \varphi)$，其信号特征包括振幅（$u_m$）、频率（$\omega$）和相角（$\varphi$）。

**(1) 幅度键控**

在幅度键控 ASK 中，载波信号的频率、相位不变，幅度随调制信号变化。比如两个二进制数值分别用两个不同振幅的载波信号表示。通常用有载波信号表示"1"，用无载波信号或载波信号振幅为零表示"0"，如图 2.9(a)所示，具体表示为

$$u(t) = \begin{cases} u_m \sin(\omega t + \varphi), & \text{二进制数"1"} \\ 0, & \text{二进制数"0"} \end{cases}$$

幅度键控容易实现，技术简单，但采用电信号传输时，抗电磁干扰能力较差，调制效率低。光纤介质常采用 ASK 编码方法。

**(2) 频移键控**

在频移键控 FSK 中，载波信号的频率随着调制信号而变化，而载波信号的幅度、相位不变。比如在二进制频移键控中，两个二进制数值分别用两个不同频率的载波信号表示，如图 2.9(b)所示，具体表示为

$$u(t) = \begin{cases} u_{\mathrm{m}} \sin(\omega_1 t + \varphi), & \text{二进制数 “1”} \\ u_{\mathrm{m}} \sin(\omega_2 t + \varphi), & \text{二进制数 “0”} \end{cases}$$

频移键控实现容易,技术简单,抗电磁干扰能力强,是最常用的调制方式。

**(3) 相移键控**

在相移键控 PSK 中,载波信号的相位随着调制信号而变化,而载波信号的幅度、频率不变。相移键控可分为绝对相移键控和相对相移键控两种,最简单的绝对相移键控为二相位 PSK,通常用相应的 $0°$ 和 $180°$ 来分别表示 0 或 1,如图 2.9(c) 所示,具体表示为

$$u(t) = \begin{cases} u_{\mathrm{m}} \sin(\omega t + \pi), & \text{二进制数 “1”} \\ u_{\mathrm{m}} \sin(\omega t + 0), & \text{二进制数 “0”} \end{cases}$$

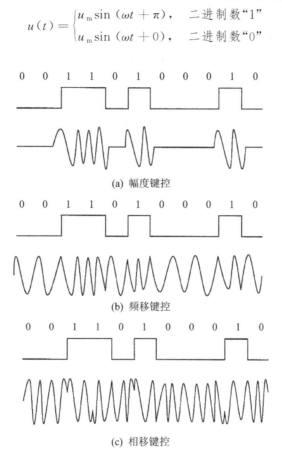

(a) 幅度键控

(b) 频移键控

(c) 相移键控

**图 2.9　模拟数据编码**

# 2.4　数据传输

数据传输方式是指数据代码的传输顺序和数据信号传输时的同步方式,数据代码的传输顺序问题也就是通信线路的排列问题。按排列方式可将数据传输分为串行传输和并行传输。为了保证数据发送端发出的信号被接收端准确无误地接收,两端必须保证同步,所以按同步方式又可将数据传输分为同步传输和异步传输。

## 2.4.1　数据传输方式

### 1. 串行传输和并行传输

串行传输(Serial Transmission)是指在数据传输时,数据流以串行方式逐位在一条信道上传输。每次只能发送一个数据位,发送方必须确定是先发送数据字节的高位还是低位。同样,接收方也必须知道所收到字节的第一个数据位应该处于字节的什么位置。串行传输具有成本低、容易实现、控制简单,以及在远距离传输中可靠性高等优点,适合远距离的数据通信,但需要在收发双方采取同步措施。在工业通信系统中,一般都采用串行传输。

并行传输(Parallel Transmission)是将数据以成组的方式在多条并行通道上同时传输。它可以同时传输一组数据位,每个数据位使用单独的一条导线,例如采用 8 条导线并行传输一个字节的 8 个数据位。除数据位之外,还需要一条"选通"线通知接收者接收该字节,接收方可对并行通道上各条导线的数据位信号并行取样。若采用并行传输进行字符通信,则不需要采取特别措施就可实现收发双方的字符同步。并行传输的通信速率高,但需要的数据线多,一般在近距离的设备之间进行数据输出时使用。最常见的例子是计算机和打印机等外围设备之间的通信,CPU、存储器模块与外围芯片之间的通信等。而在长距离通信时,由于其高成本问题和可靠性问题等就不会采用并行传输方式了。

串行传输在传输一个字符或字节的各数据位时是依顺序逐位传输的,而并行传输在传输一个字符或字节的各数据位时采用同时并行地传输。

### 2. 同步传输和异步传输

在数据通信系统中,各种处理工作总是在一定的时序脉冲控制下进行的。为保证信息传输端工作的协调一致和数据接收的正确性,数据通信系统中的同步问题就显得异常重要。

在并行通信中一般用"选通"信号来协调收发双方的工作。而在串行通信中,二进制代码是以数据位为单位按时间顺序逐位发送和接收的,接收端则按顺序逐位接收。因此接收端必须能正确地按位区分,才能正确恢复所传输的数据。串行通信中的发送者和接收者都需要使用时钟信号。通过时钟决定什么时候发送和读取每一位数据。所以同步传输是对串行传输而言的。

同步传输和异步传输是指通信处理中使用时钟信号的不同方式,即串行通信中使用的两种同步方式。它们的本质区别在于发送端和接收端的时钟是独立的,还是同步的。若是独立的,则为异步传输;若是同步的,则为同步传输。

#### (1) 异步传输

在异步传输中,每个通信节点都有自己的时钟信号。每个通信节点必须在时钟频率上保持一致,并且所有的时钟必须在一定误差范围内相吻合。异步传输是以字符为单位进行数据传输的,一次传送一个字符(可以是 5 位、8 位等)。没有数据发送时,线上为空闲状态,相当于数据"1"时的电平,在每个字符前要加上一个起始位,等同于数据"0",用来指明字符的开始;起始位传输过后,发送方就以一定的速率发送字符的各个位,接收方以同样的速率接收,在每个字符的后面还要加上一个终止码(可以是 1 位、1.5 位或 2 位),用来指明字符的结束,有时中间还具有奇偶校验位。例如 RS-232、RS-485 都采用异步传输方式。可见,在一个字符的传输过程中,收发双方基本保持同步,即异步传输使用的是字符同步方式。异步传输方式下的每一个字符的发送都是独立和随机的,它以不均匀的传输速率发送,字符间隔时间是任意的,所以这种方式被称为异步传输。

异步传输对时钟要求不高,实现简单、容易,但是每个字符都要有一定的附加位(比如起始位、停止位),增加了传输代码的额外开销,所以传输效率较低。异步传输示意图如图 2.10 所示。

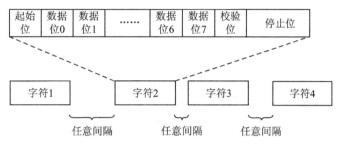

**图 2.10 异步传输字符格式及传输过程**

**(2) 同步传输**

在同步传输中,所有设备都使用一个共同的时钟,这个时钟可以是参与通信的那些设备或器件中的一台产生的,也可以是外部时钟信号源提供的。时钟可以有固定的频率,也可以间隔一个不规则的周期进行切换。所有传输的数据位都和这个时钟信号同步。

同步传输是以数据块(帧)为单位进行传输的,数据块的组成可以是字符块,也可以是位块。很明显同步传输的效率要比异步传输高。

在同步传输中,发送端和接收端的时钟必须同步。实现同步传输的方法有外同步法和自同步法两种。外同步法是指在发送数据前,发送端先向接收端发一串同步的时钟,接收端按照这一时钟频率调制接收时序,把接收时钟频率锁定在该同步频率上,然后按该频率接收数据,比如 I$^2$C 总线采用的就是外同步。自同步法是指从数据信号本身提取同步信号的方法,比如当数字信号采用曼彻斯特编码时,就可以使用码元中间的跳变信号作为同步信号。显然自同步法要比外同步法更具优势,所以现在一般采取自同步法,即从所接收的数据中提取时钟特征信号。

同步传输有两种方法:一种是面向位块的同步数据传输,另一种是面向字符块的同步数据传输。同步传输需要在每个数据块的前面加上一个起始标志指明数据块的开始,在数据块的后面加上一个标志指明数据块的结束,接收方根据起始标志和结束标志成块地接收数据。起始标志、数据块、结束标志合在一起称为帧(Frame),起始标志称为帧头,结束标志称为帧尾。所使用的帧头和帧尾都是特殊模式的位组合(如 01111110)或同步字符(SYN),并且通过位填充或字符填充技术来保证数据块中的数据不会与同步字符混淆,同步传输是基于帧同步的同步方式。面向字符的同步传输方式的最大缺点是:它和特定的字符编码集过于密切,不利于兼容,采用的字符填充方法实现起来非常麻烦。因此,现在的同步传输一般都采用面向位同步的方法。面向位同步的同步传输不依赖字符编码集,位填充方法实现起来容易,数据传输速率高,能实现各种较完善的控制功能,所以该方法得到了广泛的应用。同步传输中帧的格式如图 2.11 所示。

| 01111110 | 01111110 | 控制域 | 位数据块 | 校验域 | 01111110 |
|---|---|---|---|---|---|

同步位模式帧头（一个或多个）　　　　　　　　　　　　　　　　　帧尾

(a) 面向位的同步模式帧结构

| SYN | SYN | 控制域 | 字符块 | 校验域 | SYN |
|---|---|---|---|---|---|

同步字符模式帧头(一个或多个)　　　　　　　　　　　　　　　　　帧尾

(b) 面向字符的同步模式帧结构

**图 2.11　同步传输中帧的格式**

## 2.4.2　数据通信方式

按照信号传送方向与时间的关系,可以将数据通信方式分为三种:单工通信、半双工通信和双工通信,如图 2.12 所示。

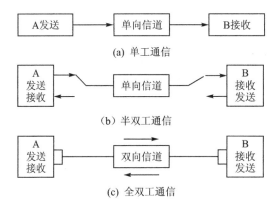

(a) 单工通信

(b) 半双工通信

(c) 全双工通信

**图 2.12　数据通信方式**

**(1) 单工通信**

在单工通信方式中,所传送的信息始终朝一个方向流动,而不允许朝相反的方向流动。在这种方式下,发送数据的一方只能发送数据,而接收数据的一方只能接收数据。计算机与键盘、计算机与打印机、无线电广播、电视等都属于单工通信。

**(2) 半双工通信**

在半双工通信中,数据信息可以沿信道双向传输,但在同一时刻只能沿一个方向传输。采用半双工通信的双方均可发送和接收信息,但在一方发送时,另一方只能接收,双方轮流发送和接收信息。对讲机就采用了这种通信方式。这种通信方式具有控制简单可靠、通信成本低、效率高等优点。在工业通信系统(比如现场总线系统)中,常采用半双工通信方式。

**(3) 全双工通信**

全双工通信是指在同一时刻,通信的双方既可以发送信息,也可以接收信息。它相当于把两个相反方向的单工通信方式组合在一起。全双工通信要求通信双方具有同时运作的发送和接收结构,且要求有两条性能对称的传输通道,所以控制相对复杂,价格较高,但它的通信效率也是最高的。这种方式常用于计算机与计算机之间的通信,比如 RS - 232、RS - 422 采用的就是全双工通信方式。

## 2.4.3　信号传输模式

信号的传输模式主要有基带传输、载波传输、频带传输以及异步转移模式。

**(1) 基带传输**

基带(Baseband)是数字数据转换为传输信号时其数据变化本身所具有的频带。基带传输是指在基本不改变数据信号频率的情况下,在数字通信中直接传送数据的基带信号,即按数据波的原样进行传输,不采用任何调制措施。

基带传输是目前广泛应用的最基本的数据传输方式,它具有速率高、误码率低等优点,且系统价格低廉,所以在计算机网络通信和工业网络通信中被广泛采用。大部分计算机局域网,包括控制局域网,都采用基带传输方式。信号传输按数据位流的基本形式,整个系统不用调制解调器。它可采用双绞线或同轴电缆作为传输介质,也可采用光缆作为传输介质。与宽带网相比,基带网的传输介质比较便宜,可以达到较高的数据传输速率(一般为 1~10 Mb/s),但其传输距离一般不超过 25 km,传输距离加长,传输质量会降低。基带网的线路工作方式一般为半双工方式或单工方式。

**(2) 载波传输**

载波传输采用数字信号对载波进行调制后进行传输。在载波传输中,发送设备要产生某个频率的信号作为基波来承载数据信号,这个基波被称为载波信号,基波频率就称为载波频率。按幅度键控、频移键控、相移键控等不同方式,依照要承载的数据改变载波信号的幅值、频率、相位,形成调制信号,载波信号承载数据后的信号传输过程称为载波传输。

**(3) 频带传输**

利用模拟信道传输信号的传输方式叫做频带传输。该传输方式中,在同一介质上可传输多个频带的信号。它适合于传输语音、图像等信息。利用电话信道传输数据就是典型的频带传输实例。电话通信信道具有网络成熟、覆盖范围广、造价低等优点,但其信道带宽较小,数据传输速率低、效率低。频带传输使用数据的模拟编码方法,传输过程中要使用调制解调技术。调制解调器(Modem)同时具有调制和解调的功能。过去家庭用户拨号上网就属于这一类通信。通过借助频带传输,可以将链路容量分解成两个或更多的信道,每个信道可以携带不同的信号,这就是宽带传输。宽带传输中的所有信道都可以同时发送信号。如广电有线电视系统(Community Antenna Television,CATV)、综合业务数字网(Integrated Services Digital Network,ISDN)等。

**(4) 异步转移模式**

异步转移模式(Asynchronous Transfer Mode,ATM)是一种新的传输与交换数字信息的技术,也是实现高速网络的主要技术,被规定为宽带综合业务数字网(B-ISDN)的传输模式。这里的转移包含传输与交换两方面的内容。ATM 是一种在用户接入、传输和交换级综合处理各种通信问题的技术。它支持多媒体通信,包括数据、语音和视频信号,按需分配频带,具有低延迟特性,速率可达 155 Mb/s~2.4 Gb/s,也有 25 Mb/s 和 50 Mb/s 的 ATM 技术。ATM 的基本数据传输单元是信元,它由 5 字节的信元头(报头)和 48 字节的用户数据(有效载荷)组成,长度为 53 字节。

# 2.5　差错控制

数据在通信线路上传输时,由于各种各样的干扰和噪声的影响,往往会使接收端不能收到

正确的数据,这就产生了差错,即误码。这些干扰源包括:

① 信道的电气特性引起信号幅度、频率、相位的衰减或畸变;

② 信号反射;

③ 相邻线路间的串扰;

④ 闪电、开关跳火、大功率电机的启停等。

产生误码是不可避免的,但要尽量减少误码带来的影响。为了提高通信系统的通信质量,提高数据的可靠程度,应该对通信中的传输错误进行检测和纠正,把差错控制在能允许的尽可能小的范围内。有效地检测并纠正差错也被称为差错控制。

## 2.5.1　传输差错的类型

数据通信中差错的类型一般按照单位数据域内发生差错的数据位个数及其分布,划分为单比特错误、多比特错误和突发错误三类。这里的单位数据域一般指一个字符、一个字节或一个数据包。

### (1) 单比特错误

在单位数据域内只有 1 个数据位出错的情况,称为单比特错误。如一个 8 位字节的数据 10010110 从 A 节点发送到 B 节点,到 B 节点后该字节变成 10010010,低位第 3 个数据位从 1 变为 0,其他位保持不变,则意味着该传输过程出现了单比特错误。

单比特错误是工业数据通信的过程中比较容易发生、也容易被检测和纠正的一类错误。

### (2) 多比特错误

在单个数据域内有 1 个以上不连续的数据位出错的情况,称为多比特错误。如上述那个 8 位字节的数据 10010110 从 A 节点发送到 B 节点,到 B 节点后发现该字节变成 10110111,低位第 1、第 6 个数据位从 0 变为 1,其他位保持不变,则意味着该传输过程出现了多比特错误。多比特错误也被称为离散错误。

### (3) 突发错误

在单位数据域内有 2 个或 2 个以上连续的数据位出错的情况,称为突发错误。如上述那个 8 位字节的数据 10010110 从 A 节点发送到 B 节点,到 B 节点后如果该字节变成 10101000,其低位第 2 至第 6 连续 5 个数据位发生改变,则意味着该传输过程出现了突发错误。发生错误的多个数据位是连续的,是区分突发错误与多比特错误的主要特征。

## 2.5.2　传输差错的检测

差错检测就是监视接收到的数据并判别是否发生了传输错误。让报文中包含能发现传输差错的冗余信息,接收端通过接收到的冗余信息的特征,判断报文在传输中是否出错的过程,称为差错检测。差错检测往往只能判断传输中是否出错,识别接收到的数据中是否有错误出现,而并不能确定哪个或哪些位出现了错误,也不能纠正传输中的差错。

差错检测中广泛采用冗余校验技术。在基本数据信息的基础上加上附加位,在接收端通过这些附加位的数据特征,校验判断是否发生了传输错误。数据通信中通常采用的冗余校验方法有奇偶校验、求和校验、纵向冗余校验(Longitudinal Redundancy Check,LRC)、循环冗余校验(Cyclic Redundancy Check,CRC)等。下面介绍常用的几种校验方法。

### 1. 奇偶校验

在奇偶校验中,一个单一的校验位(奇偶校验位)被加在每个单位数据域(如字符)上,使包括该校验位在内的各单位数据域中 1 的个数是偶数(偶校验),或者是奇数(奇校验)。在接收端采用同一种校验方式检查收到的数据和校验位,判断该传输过程是否出错。如果规定收发双方采用偶校验,则在接收端收到的包括校验位在内的各单位数据域中,如果出现的 1 的个数是偶数,就表明传输过程正确,数据可用;如果某个数据域中 1 的个数不是偶数,就表明出现了传输错误。

奇偶校验的方法简单,能检测出大量错误。它可以检测出所有单比特错误,但它也有可能漏掉许多错误。如果单位数据域中出现错误的比特数是偶数,在奇偶校验中则会判断传输过程没有出错。只有当出错的次数是奇数时,它才能检测出多比特错误和突发错误。

### 2. 求和校验

在发送端将数据分为 $k$ 段,每段均为等长的 $n$ 比特,将分段 1 与分段 2 做求和操作,再逐一与分段 3 至 $k$ 做求和操作,得到长度为 $n$ 比特的求和结果。将该结果取反后作为校验和放在数据块后面,与数据块一起发送到接收端。在接收端对接收到的,包括校验和在内的所有 $k+1$ 段数据求和,如果结果为零,则认为传输过程没有错误,所传数据正确;如果结果不为零,则表明发生了错误。

例如:一段二进制码"1010110110",求和得 0010+1011+0110=10011,再对"10011"求和得 0001+0011=0100。

再对"0100"取反为"1011",即为"1010110110"的校验码。

校验的时候,先求得和"0100",再与校验码"1011"相加为"1111",对"1111"取反 为"0",传输结果正确,反之传输结果错误。

求和校验能检测出 95% 的错误,但与奇偶校验方法相比,增加了计算量。

### 3. 循环冗余校验

循环冗余校验(Cyclic Redundancy Check,CRC)是将要发送的数据位序列当作一个多项式 $f(x)$ 的系数,$f(x)$ 的系数只有 1 与 0 两种形式。

在发送方用收发双方预先约定的生成多项式 $G(x)$ 去除,求得一个余数多项式。将余数多项式作为校验码加到数据多项式之后发送到接收端。在这里的除法中使用借位不减的模 2 减法,相当于异或运算。

接收端采用同样的生成多项式 $G(x)$ 去除接收到的带有校验码的数据多项式 $f'(x)$,如果传输无差错,则接收端除法运算 $f'(x)/G(x)$ 的结果,其余数为零。如果接收端除法运算的结果其余数不为零,则认为传输出现了差错。CRC 的检错能力强,容易实现,是目前应用最广的检错码编码方法之一。

CRC 工作原理如图 2.13 所示。

CRC 生成多项式 $G(x)$ 由协议规定,目前已有多种生成多项式列入国际标准中,例如:

CRC - 12 $\quad G(x)=x^{12}+x^{11}+x^3+x^2+x+1$

CRC - 16 $\quad G(x)=x^{16}+x^{15}+x^2+1$

CRC - CCITT $\quad G(x)=x^{16}+x^{12}+x^5+1$

CRC - 32 $\quad G(x)=x^{32}+x^{26}+x^{23}+x^{22}+x^{16}+x^{12}+x^{11}+x^{10}+x^8+$
$$x^7+x^5+x^4+x^2+x+1$$

生成多项式 $G(x)$ 的结构及检错效果是要经过严格的数学分析与实验后确定的。

CRC 的工作过程如下:

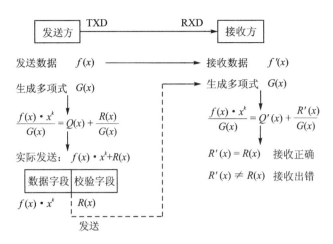

**图 2.13　CRC 的基本工作原理**

① 在发送端,将发送数据多项式 $f(x)$ 左移 $k$ 位得到 $f(x) \cdot x^k$,其中 $k$ 为生成多项式的最高幂值。例如 CRC - 12 生成多项式 $G(x)$ 的最高幂值为 12,则将发送数据多项式 $f(x)$ 左移 12 位,得到 $f(x) \cdot x^{12}$。

② 将 $f(x) \cdot x^k$ 除以生成多项式 $G(x)$,得到

$$\frac{f(x)x^k}{G(x)} = Q(x) + \frac{R(x)}{G(x)}$$

式中:$R(x)$ 为余数多项式。

③ 将 $f(x) \cdot x^k + R(x)$ 作为整体,从发送端通过通信信道传送到接收端。

④ 接收端对接收到的带有 CRC 校验码的数据多项式 $f'(x)$ 采用同样的除法运算,即 $\dfrac{f'(x)}{G(x)}$。

⑤ 根据上述除法得到的结果判断传输过程是否出错。如果通过除法得到的余数多项式不为零,则认为传输过程出现了差错;若余数多项式为零,则认为传输过程无差错。

下面举例说明 CRC 的校验过程。

① 设发送数据多项式 $f(x)$ 为 110011(6 比特)。

② 生成多项式 $G(x)$ 为 11001(5 比特,$k=4$)。

③ 将发送数据多项式左移 4 位得到 $f(x)x^k$,即乘积为 1100110000。

④ 将该乘积用生成多项式 $G(x)$ 去除,除法中采用模 2 减法(即不带借位的二进制减法运算),求得余数多项式为 1001。

$$
\begin{array}{r}
\phantom{G(x) \rightarrow 11001)}100001 \quad Q(x) \\
G(x) \rightarrow 11001\overline{)1100110000} \quad \leftarrow f(x)\,x^k \\
\underline{11001}\phantom{10000} \\
10000 \\
\underline{11001} \\
1001 \quad \leftarrow R(x)
\end{array}
$$

⑤ 将余数多项式加到 $f(x) \cdot x^k$ 中得 1100111001。

⑥ 如果在数据传输过程中没有发生传输错误,那么接收端接收到的带有 CRC 校验码的接收数据多项式 $f'(x)$ 一定能被相同的生成多项式 $G(x)$ 整除,即余数多项式为零。

$$
\begin{array}{r}
100001 \\
11001\overline{\smash{)}1100111001} \\
\underline{11001\phantom{00000}} \\
11001 \\
\underline{11001} \\
0
\end{array}
$$

如果除法运算得到的结果表明余数多项式不为零，就认为传输过程出现了差错。

在实际网络应用中，CRC 的校验码生成与校验过程可以用软件或硬件方法实现。目前很多大规模集成电路芯片内部就可以非常方便地实现标准 CRC 校验码的生成与校验功能。

CRC 校验的检错能力很强，它能检查出：

① 全部单比特错误；

② 全部离散的二位错；

③ 全部奇数个数的错；

④ 全部长度小于或等于 $k$ 位的突发错；

⑤ 能以 $1-\left(\dfrac{1}{2}\right)^{k-1}$ 的概率检查出长度为 $k+1$ 位的突发错。

## 2.5.3　传输差错的校正

传输差错的校正指在接收端发现并自动纠正传输错误的过程，也称为纠错。差错校正在功能上优于差错检测，但实现也较为复杂，成本较高。差错校正还需要让传输报文中携带足够的冗余信息。

最常用的两种差错校正方法是自动重传和前向差错纠正。

### 1. 自动重传

当系统检测到一个错误时，接收端自动地请求发送方重新发送传输该数据帧，用重新传输过来的数据替代出错的数据，这种差错校正方法称为自动重传。

采用自动重传的通信系统，其自动重传过程又分为停止等待和连续两种不同的工作方式。在停止等待方式中，发送方在发送完一个数据帧后，要等待接收方的应答帧的到来。如果应答帧表示上一帧已正确接收，则发送方就可以发送下一数据帧。如果应答帧表示上一帧传输出现错误，则系统自动重传上一次的数据帧。停止等待方式中等待应答的过程影响了系统的通信效率。连续自动重传就是为了克服这一缺点而提出的。

连续自动重传指发送方可以连续向接收方发送数据帧，接收方对接收的数据帧进行校验，然后向发送方发回应答帧。如果没有发送错误，通信就一直延续；如果应答帧表明发生了错误，则发送方将重发已经发出过的数据帧。

连续自动重传的重发方式有两种：拉回方式与选择重发方式。采用拉回方式时，如果发送方在连续发送了编号为 0～5 的数据帧后，从应答帧得知 2 号数据帧传输错误，那么发送将停止当前数据帧的发送，重发 2、3、4、5 号数据。拉回状态结束后，再接着发送 6 号数据帧。

选择重发方式与拉回方式的不同之处在于，如果在发送完编号为 5 的数据帧时，接收到编号为 2 的数据帧传输出错的应答帧，那么发送方在发送完编号为 5 的数据帧后，只重发出错的 2 号数据。选择重发完成后，接着发送编号为 6 的数据帧。显然，选择重发方式的效率将高于拉回方式。

自动重发所采用的技术比较简单,也是校正差错最有效的办法。但因出错确认和数据重发会加大通信量,严重时还会造成通信障碍,使其应用受到一定程度的限制。

## 2. 前向差错纠正

前向差错纠正的方法是在接收端检测和纠正差错,而不需要请求发送端重发。将一些额外的位按规定加入到通信序列中,这些额外的位按照某种方式进行编码,接收端通过检测这些额外的位,发现是否出错、哪一位出错,并纠正这些差错位。纠错码比检错码要复杂得多,而且需要更多的冗余位。前向差错纠正方法会因增加这些位而增加了通信开支,同时也因纠错的需要而增加了计算量。

尽管理论上可以纠正二进制数据的任何类型的错误,但纠正多比特错误和突发错误所需的冗余校验的位数相当多,因而大多数实际应用的纠错技术都只限于纠正 1~2 个比特的错误。下面以纠正单比特错误为例,简单介绍其纠错方法。

采用前向差错纠正方法纠正单比特错误,首先是要判断出是否出现传输错误,如果有错,是哪一位出错;然后把出错位纠正过来。要表明是否出现传输错误,哪一位出错,则需要增加冗余位。表明这些状态所需的冗余位个数显然与数据单元的长度有关。

比如,字符的 ASCII 码由 7 个数据位组成。对纠正单比特错误而言,其传输过程的状态则有,第 1 位出错、第 2 位出错、……、第 7 位出错,以及没有出错这 8 种状态。表明这 8 种状态需要 3 个冗余位。由这 3 个冗余位的 000 到 111 可以表明这 8 种状态。如果再考虑冗余位本身出错的情况,则还需要再增加冗余位。

设数据单元的长度为 $m$,为纠正单比特错误需要增加的冗余位数为 $r$,$r$ 个冗余位可以表示出 $2^r$ 个状态,满足下式的最小 $r$ 值即为应该采用的冗余位的位数。

$$2^r \geqslant m + r + 1$$

对上述 7 位的 ASCII 码而言,$m$ 值为 7,如果冗余位数 $r$ 取 3,代入上式计算时会发现不等式不成立,说明 3 个冗余位还不能表达出所有出错状态。当冗余位数 $r$ 取 4 时,代入上式计算,得到的不等式成立。说明 4 为满足上式的最小 $r$ 值,表明 7 位数据应该采用 4 个冗余位,即带纠错冗余位的 ASCII 码应该具有 11 位。

## 3. 海明码

### (1) 工作原理

通常在信息码元(即数据单元)的基础上增加一些冗余码元(即冗余位),冗余码元与信息码元之间存在一定的关系,传输时,将信息码元与冗余码元组成码组(即码字)一起传输。不同的码字长度影响了编码的差错检测能力。两个等长码字之间对应位不同的数目称为这两个码字的海明距离(简称码距)。对两个码字进行异或运算,其结果中"1"的个数就是海明距离。例如两个码字 10110、11010 的海明距离为 2。

一般来说,海明距离越大,编码的检错和纠错能力也越强,但所需要冗余的信息也越多。在一个有效编码集中,任意两个码字的海明距离的最小值称为该编码集的海明距离。有定理证明:如果需检测出 $d$ 个错误,则海明距离至少应为 $d+1$;如果要能纠正 $d$ 个错误,则编码集中的海明距离至少应为 $2d+1$。

海明码(Hamming Code)是一种简单实用的一位错纠错编码技术,可以在任意长度的数据单元上使用。它的码组长度 $n$、冗余校验位长度 $r$ 和码组中的最大数据位长度 $k$ 满足下列关系:

$$\begin{cases} n = 2^r - 1 \\ k = n - r \end{cases}$$

式中：$n$ 为码组位长度；$r$ 为冗余校验位长度；$k$ 为码组中的最大数据位长度。分析可知，冗余校验位长度越长，码组传输数据的效率越高。当数据长度不能满足上式的最大数据位长度值时，可以用固定的数据位填充。

在海明码的编码过程中，冗余码从左至右依次填充到 $2^j$ ($j=0, 1, \cdots, r-1$) 的位置上，码组中剩余位填充数据位，如图 2.14 所示。

$$\begin{array}{cccccccccccccccc} 2^0 & 2^1 & & 2^2 & & & & 2^3 & & & & & & & & 2^4 \\ P_1 & P_2 & * & P_3 & * & * & * & P_4 & * & * & * & * & * & * & * & P_5 \end{array}$$

**图 2.14　海明纠错码格式**

图 2.14 中，* 表示数据码，$P$ 表示冗余校验数据码。

如果冗余码的位数为 $r$，则存在这样一个 $2^r-1$ 行 $\times r$ 列的编码矩阵，矩阵元素等于 0 或 1，并且每一行的元素所组成的二进制编码等于行数的二进制编码。

对于海明纠错码，要求码组数据与这一矩阵相乘满足下列关系：

$$(P_1 P_2 * P_3 * * * P_4 * * \cdots) \begin{bmatrix} \overline{b_1} & \overline{b_2} & \cdots & \overline{b_{r-1}} & b_r \\ \overline{b_1} & \overline{b_2} & \cdots & b_{r-1} & \overline{b_r} \\ \vdots & \vdots & & \vdots & \vdots \\ b_1 & b_2 & \cdots & b_{r-1} & b_r \end{bmatrix} = (l_1 l_2 \cdots l_{r-1} l_r)$$

式中：* 和 $P$ 仍为数据码和校验码；$b=1$，$\overline{b}=0$；$l_1=l_2=\cdots=l_{r-1}=l_r=0$。根据这一关系可以计算出冗余校验码。这里矩阵的乘除运算与普通矩阵的乘除运算一样，加减运算为“异或”运算。

接收方收到数据后，将码组数据与发送方编码时用的编码矩阵相乘，若得到的行矩阵为零矩阵，则说明传输正确；否则传输有错，且出错位是这一行的元素所组成的二进制所对应的数据位。

**(2) 工作过程**

下面以数据(信息)1101 为例，给出海明码编码、译码及纠错的工作过程。

1) 编码过程

根据公式 $\begin{cases} n=2^r-1 \\ k=n-r \end{cases}$，可选择数据长 $k=4$，冗余码长 $r=3$，码组长 $n=7$。

由关系式

$$(P_1 \quad P_2 \quad 1 \quad P_3 \quad 1 \quad 0 \quad 1) \begin{bmatrix} 0 & 0 & 1 \\ 0 & 1 & 0 \\ 0 & 1 & 1 \\ 1 & 0 & 0 \\ 1 & 0 & 1 \\ 1 & 1 & 0 \\ 1 & 1 & 1 \end{bmatrix} = (0 \quad 0 \quad 0)$$

可以计算出：$P_1=1$，$P_2=0$，$P_3=0$。

所求的海明编码为(1 0 1 0 1 0 1)。

2）译码过程

假设接收方接收到的数据为（1 0 1 0 1 1 1），传输出错判断：

$$
(1 \quad 0 \quad 1 \quad 0 \quad 1 \quad 1 \quad 1)\begin{bmatrix} 0 & 0 & 1 \\ 0 & 1 & 0 \\ 0 & 1 & 1 \\ 1 & 0 & 0 \\ 1 & 0 & 1 \\ 1 & 1 & 0 \\ 1 & 1 & 1 \end{bmatrix} = (1 \quad 1 \quad 0)
$$

说明传输出错，$(1 \quad 1 \quad 0)_2 = 6$，可以进一步判断出第 6 位出错。

3）纠错过程

将接收到的编码左数第 6 位取反，恢复出正确数据。

$$(1 0 1 0 1 1 1) \rightarrow (1 0 1 0 1 0 1)$$

# 本章小结

工业通信网络中最常用的数据传输方式是串行通信，为了达到同步的目的，可以使用异步传输和同步传输技术，这两种方法在现场总线中都有使用。数据通信过程中，差错控制非常重要，最常用的检错码是 CRC 码，海明码是常用的纠错码，海明距离常用来表征通信的可靠性。

本章首先介绍总线的基本概念、数据通信系统的组成及性能指标；然后重点讨论数据编码、数据传输方式、数据通信方式、信号传输模式以及差错控制等内容。这些知识和概念包括波特率、比特率、NRZ 编码、曼彻斯特编码、CRC 校验、海明距离等，都是在学习 PROFIBUS、PROFINET 等现场总线技术时要用到的基本概念。对这些基本概念和知识的理解和掌握有助于对后续知识的学习。

# 思考题

1. 什么是数据通信系统？

2. 信息、数据、信号三者之间的关系是什么？

3. 解释比特率、波特率的概念以及它们之间的关系。

4. 什么是曼彻斯特编码？其有何特点？

5. 什么是串行传输和并行传输？

6. 什么是异步传输和同步传输？

7. 什么是单工通信、半双工通信和双工通信？

8. 数据在通信线路上传输时，为何会产生差错？

9. 简述循环冗余校验 CRC 的工作原理。

10. 已知 CRC 生成多项式 $G(x) = x^4 + x + 1$，设要传送的码字为 101101001，请求出校验码。

11. 什么是海明距离？

12. 简述海明码的工作原理。

# 第3章 控制网络技术

本章首先介绍控制网络的概念、特点、传输介质、拓扑结构、介质访问控制方式,然后对 OSI 通信参考模型、网络互连概念、网络互连设备等内容进行讨论,为学习现场总线通信模型和实时以太网的通信模型打下基础。

## 3.1 控制网络概述

### 3.1.1 控制网络与计算机网络

计算机网络是指由多台相互连接、可共享数据资源的计算机构成的集合,是采用传输线路将计算机连接起来的计算机群。网络中的单台计算机除了为本地终端用户提供有效的数据处理与计算能力之外,还能与网络上挂接的其他计算机彼此交换信息。具有独立功能的多台计算机,通过通信线路和网络互连设备相互连接在一起,在网络系统软件的支持下,所形成的实现资源共享和协同工作的系统,就是计算机网络。计算机网络节点的主要成员是各种类型计算机及其外设。

由现场总线把具备数字计算、处理与通信能力的自控设备连接组成的系统,称为控制网络。控制网络节点的主要成员是各种类型的自控设备。通过现场总线,把单个的控制设备连接成能够彼此交换信息的网络系统,连接成协同完成测量控制任务的控制系统。

计算机网络使计算机的功能与作用范围发生了神奇的变化,对社会的发展乃至人类的生活方式产生了重要影响。计算机网络由最初局域网内部的计算机互连,局域网与局域网之间的互连而逐步发展,导致 Internet 的出现。Internet 就是当今世界上最大的计算机网络的集合,是全球范围成千上万个网连接起来的互联网,已成为当今信息社会的重要基础设施,沟通世界的信息高速公路。

在通常意义上,计算机网络是指已在办公和通信等领域广为采用的,由包括 PC 在内的各种计算机及网络连接设备构成的系统,也被称为信息网络。计算机之间通过信息网络共享资源与数据信息,需要支持传送文档、报表、图形,以及信息量更大的音频、视频等多媒体数据。

计算机网络是以各式各样的计算机为网络节点而形成的系统。计算机网络的种类繁多、分类方法各异。按地域范围可分为广域网(Wide Area Network,WAN)、城域网(Metropolitan Area Network,MAN)、局域网(Local Area Network,LAN),三者的区别如表 3.1 所列。

广域网的跨越范围可从几十 km 到几百 km,其传输线造价较高。考虑信道上的传输衰减,其传输速率不能太高。提高传输速率要受到增加通信线路费用的限制。为提高传输线路的利用率,广域网通常采用多路复用技术,或采用通信卫星、微波通信技术等。

局域网的作用范围较小,一般在 10 km 以内。往往为某个单位或某个部门所有,用于连接单位内部的计算机资源,如一所学校或一幢办公楼,因而一般属于专用。局域网内部的传输速率较高,一般为 10 Mb/s、100 Mb/s,乃至 1 000 Mb/s。随着高速以太网技术的发展,局域网内部的传输速率还在不断提高。局域网具有多样化的传输介质,如同轴电缆、光缆、双绞线、电话线。

城域网的范围通常在一座城市的范围之内,其规模介于局域网与广域网之间,可看作一种大型局域网,但它属于为多用户提供数据、语音、图像等传输服务的公用网。采用与局域网相同的技术,传输速率在千兆位以上的高速以太网技术已经可以用于城域网。

表 3.1　局域网、城域网与广域网的区别

| 属性 \ 类型 | 局域网(LAN) | 城域网(MAN) | 广域网(WAN) |
|---|---|---|---|
| 英文名称 | Local Area Network | Metropolitan Area Network | Wide Area Network |
| 覆盖范围 | 10 km 以内 | 10~100 km | 几百到几千 km |
| 协议标准 | IEEE 802.3 | IEEE 802.6 | IMP |
| 结构特征 | 物理层 | 数据链路层 | 网络层 |
| 典型设备 | 集线器 | 交换机 | 路由器 |
| 终端组成 | 计算机 | 计算机或局域网 | 计算机、局域网、城域网 |
| 特点 | 连接范围窄、用户数少、配置简单 | 实质上是一个大型的局域网,传输速率高,技术先进、安全 | 主要提供面向通信的服务,覆盖范围广,通信距离远,技术复杂 |

控制网络属于一种特殊类型的计算机网络。控制网络技术与计算机网络技术有着千丝万缕的联系,也受到计算机网络,特别是互联网、局域网技术发展的影响,有些局域网技术可直接用于控制网络。但由于控制网络大多工作在生产现场,从节点的设备类型、传输信息的种类、网络所执行的任务、网络所处的工作环境等方面,控制网络都有别于由各式计算机所构成的信息网络。

## 3.1.2　控制网络的特点

控制网络一般为局域网,作用范围一般在几 km 之内。其将分布在生产装置周围的测控设备连接为功能各异的自动化系统。控制网络遍布在工厂的生产车间、装配流水线、温室、粮库、堤坝、各种交通管制系统、建筑、军工、消防、环境监测、楼宇家居等处,几乎涉及生产和生活的各个方面。

控制网络通常还与信息网络互连,构成远程监控系统,并成为互联网中网络与信息拓展的重要分支。

**(1) 控制网络的节点**

作为普通计算机网络节点的 PC 或其他种类的计算机、工作站,也可以成为控制网络的一员。但控制网络的节点大都是具有计算与通信能力的测量控制设备。它们可能具有嵌入式CPU,但功能比较单一,其计算或其他能力也许远不及普通 PC,也没有键盘、显示等人机交互接口,有的甚至不带 CPU、单片机,只带有简单的通信接口。具有通信能力的以下设备都可以成为控制网络的节点成员:

➤ 限位开关、感应开关等各类开关;
➤ 条形码阅读器;
➤ 光电传感器;
➤ 温度、压力、流量、物位等各种传感器、变送器;

- 可编程控制器 PLC；
- PID 等数字控制器；
- 各种数据采集装置；
- 作为监视操作设备的监控计算机、工作站及其外设；
- 各种调节阀；
- 马达控制设备；
- 变频器；
- 机器人；
- 作为控制网络连接设备的中继器、网桥、网关等。

受制造成本和传统因素的影响，作为控制网络节点的上述自控设备，其计算、处理能力等方面一般比不上普通计算机。

把这些单个分散的有通信能力的测量控制设备作为网络节点，连接成如图 3.1 所示的网络系统，使它们之间可以相互沟通信息，由它们共同完成自控任务，这就是控制网络。

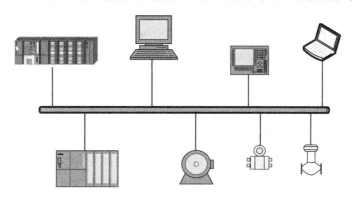

**图 3.1　组成控制网络的节点示例**

**（2）控制网络的任务与工作环境**

控制网络以具有通信能力的传感器、执行器、测控仪表作为网络节点，以现场总线作为通信介质，连接成开放式、数字化、多节点通信，完成测量控制任务的网络。控制网络要将现场运行的各种信息传送到远离现场的控制室，在把生产现场设备的运行参数、状态以及故障信息等送往控制室的同时，又将各种控制、维护、组态命令等送往位于现场的测量控制现场设备，起着现场级控制设备之间的数据联系与沟通作用。同时控制网络还在操作终端、上层管理网络的数据连接和信息共享中发挥作用。近年来随着互联网技术的发展，已经开始对现场设备提出了参数的网络浏览和远程监控的要求，甚至要求控制网络与信息网络连通，协同完成远程监控的任务。在有些应用场合，还需要借助网络传输介质为现场设备提供工作电源。

与工作在办公室的普通计算机网络不同，控制网络要面临工业生产的强电磁干扰，面临各种机械振动，面临严寒酷暑的野外工作环境，要求控制网络能适应这种恶劣的工作环境。另外，自控设备千差万别，实现控制网络的互连与互操作性往往十分困难，这也是控制网络必须要解决的问题。

控制网络肩负的特殊任务和工作环境，使它具有许多不同于普通计算机网络的特点。控制网络的数据传输量相对较小，传输速率相对较低，多为短帧传送。但它要求通信传输的实时性强，可靠性高。

网络的拓扑结构、传输介质的种类与特性、介质访问控制方式、信号传输方式、网络与系统管理等都是影响控制网络性能的重要因素。为使控制网络适应完成自控任务的需要，人们在开发控制网络技术时，注意力往往集中在满足控制的实时性要求，工业环境下的抗干扰、总线供电等控制网络的特定需求上。

**(3) 控制网络的实时性要求**

计算机网络普遍采用以太网技术，采用载波监听多路访问/冲突检测(Carrier Sense Multiple Access/Collision Detect，CSMA/CD)的媒体访问控制方式，一条总线上挂接的多个节点，采用平等竞争的方式争用总线。节点要求发送数据时，先监听总线是否空闲，如果空闲就发送数据，如果总线忙就只能以某种方式继续监听，等总线空闲后再发送数据。即便如此还是会出现几个节点同时发送而发生冲突的可能性，因而被称为非确定性(Nondeterministic)网络。由于计算机网络传输的文件、数据一般在时间上没有严格的要求，一次连接失败之后还可继续要求连接。因而这种非确定性不会造成严重的不良后果。

可以说，控制网络不同于普通数据网络的最大特点在于它必须满足对控制的实时性要求。实时控制对某些变量的数据往往要求准确定时刷新，控制作用必须在一定时限内完成，或者相关的控制动作一定要按事先规定的先后顺序完成。这种对动作时间有严格要求的系统称为实时系统。实时系统不仅要求测量控制作用满足时限性要求，而且要求系统动作在顺序逻辑上的正确性。否则会对生产过程造成破坏，甚至酿成灾难。

实时系统又可分为硬实时、软实时两类。硬实时系统要求实时任务必须在规定的时限内完成，否则会产生严重的后果。而在软实时系统中，实时任务在超过截止期后的一定时限内，仍可以执行处理。在计算机控制系统中，硬实时往往与系统时钟、中断处理、电子线路等硬件实现联系在一起，而软实时则往往与软件的程序循环、调用相关联。

由控制网络组成的实时系统一般为分布式实时系统，其实时任务通常是在不同节点上周期性执行的，往往要求通过任务的实时调度，使网络系统的通信具有确定性(Deterministic)。例如一个控制网络由几个 PLC 作为网络节点而构成，每个 PLC 连接着各自下属的电气开关或阀门，由这些 PLC 共同控制管理着一个生产装置不同部件的动作。这些电气开关或阀门的动作应该满足一定的时序与时限要求，而且这些电气开关或阀门的动作先后通常需要严格互锁，例如锅炉启动、停车中鼓风、引风机及其相关阀门的动作，就有严格的时序与互锁要求。对于此类分布式系统来说，其网络通信就应该满足实时控制的要求。

控制网络中传输信息的内容通常有生产装置运行参数的测量值、控制量、开关阀门的工作位置、报警状态、系统配置组态、参数修改、零点量程调校信息、设备资源与维护信息等。其中一部分参数的传输有实时性的要求，有的参数要求周期性刷新，如参与控制的测量值与开关状态数据。而像系统组态、参数修改、趋势报告、调校信息等则对传输时间没有严格要求。应根据各自的情况分别采取措施，让现有的网络资源能充分发挥作用，满足各方面的应用需求。

# 3.2 控制网络的物理结构

## 3.2.1 网络的传输介质

传输介质是网络中连接各个节点的物理通路，也是通信中传送信息的载体。网络中常用的传输介质分为有线传输介质和无线传输介质两大类。有线传输介质中常见的有同轴电缆、双绞线、光缆等。在工业通信中常用的是有线传输介质。无线传输介质包括无线电波、微波、红外、激光、卫星等。

### 1．同轴电缆

同轴电缆的结构如图 3.2 所示,它由内到外包括内导体(即中心铜线)、绝缘层、外导体(即金属屏蔽网)及外部保护层。同轴介质的特性参数由内、外导体及绝缘层的电气参数和机械尺寸决定。电流传导与内导体和外导体形成回路。同轴电缆因内导体和外导体为同轴关系而得名。

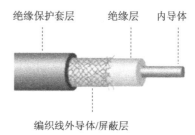

图 3.2　同轴电缆示意图

根据同轴电缆的通频带,同轴电缆可以分为基带同轴电缆和宽带同轴电缆两类。基带同轴电缆一般仅用于单通道数据信号的传输,最大传输距离限制在几 km 范围内。而宽带同轴电缆可以使用频分多路复用方法,将一条宽带同轴电缆的频带划分成多条通信信道,支持多路传输,最大传输距离可达几十 km。

在以太网的基带传输中,常使用特征阻抗为 50 Ω 的同轴电缆。而在电视天线电缆中,通常采用特征阻抗为 75 Ω 的同轴电缆,这种电视电缆既可以用于传输模拟信号,也可以用于传输数字信号。同轴电缆也用作某些现场总线系统的传输介质。

与双绞线相比,同轴电缆的抗干扰能力强,屏蔽性能好,常用于设备与设备之间的连接,或用于总线型网络拓扑中。同轴电缆造价介于双绞线与光缆之间,维护方便。

### 2．双绞线

无论对于模拟数据还是对于数字数据信号,双绞线都是最常见的传输介质。

每一对双绞线由绞合在一起的相互绝缘的两根铜线组成,每根铜线的直径大约 1 mm。双绞线绞在一起的目的就是抑制电磁干扰,提高传输质量。双绞线最普遍的应用是语音信号的模拟传输,比如电话线就是双绞线。用于 10 Mb/s 局域网时,节点与集线器的距离最大为 100 m。

根据有无屏蔽层,双绞线分为屏蔽双绞线(Shielded Twisted Pair,STP)与非屏蔽双绞线(Unshielded Twisted Pair,UTP)。

#### (1) 屏蔽双绞线

屏蔽双绞线在双绞线与外层绝缘封套之间有一个金属屏蔽层。屏蔽双绞线分为 STP 和 FTP(Foil Twisted Pair),STP 指每条线都有各自的屏蔽层,而 FTP 只在整个电缆有屏蔽装置,并且两端都正确接地时才起作用。所以要求整个系统是屏蔽器件,包括电缆、信息点、水晶头和配线架等,同时建筑物需要有良好的接地系统。屏蔽层可减少辐射,防止信息被窃听,也可阻止外部电磁干扰的进入,使屏蔽双绞线比同类的非屏蔽双绞线具有更高的传输速率,100 m 内可以达到 155 Mb/s。但是屏蔽双绞线的价格相对较高,安装时要比非屏蔽双绞线电缆困难,类似于同轴电缆,它必须配有支持屏蔽功能的特殊连接器和相应的安装技术。

图 3.3 所示为屏蔽双绞线电缆的示意图。

#### (2) 非屏蔽双绞线

非屏蔽双绞线(Unshielded Twisted Pair,UTP)是一种数据传输线,由 4 对不同颜色的传输线绞合在一起组成,广泛用于以太网络和电话线中。在综合布线系统中,非屏蔽双绞线得到

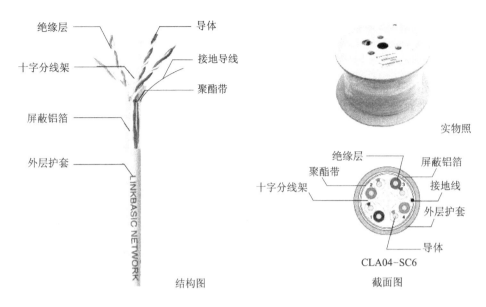

图 3.3　屏蔽双绞线电缆

广泛应用。

　　双绞线按电气特性可分为三类线、四类线、五类线、超五类线、六类线等。网络中最常用的是五类线、超五类线和六类线。双绞线的线序国际标准有 EIA/TIA 568A 和 EIA/TIA 568B。其中,568A 的线序定义依次为绿白、绿、橙白、蓝、蓝白、橙、棕白、棕;568B 的线序定义依次为橙白、橙、绿白、蓝、蓝白、绿、棕白、棕。在实际应用中,大多数都使用 568B 的标准,通常认为该标准对电磁干扰的屏蔽更好。

　　双绞线电缆的连接也有两种:直通式和交叉式。直通式电缆的两端都是 568A 或 568B 标准的双绞线,这种接法主要用在计算机和 Hub(或交换机)的连接中;而交叉线电缆的一端是 568A 标准,另一端是 568B 标准,这种接法主要用于计算机与计算机的直连通信。

### 3. 光　　缆

　　光缆是光导纤维(简称光纤)构成的线缆,它是网络传输介质中性能最好、应用前途广泛的一种。光纤电缆由单根玻璃光纤、紧靠纤芯的包层以及塑料保护涂层组成,如图 3.4(a)所示。光纤是直径为 $50 \sim 100$ μm 的能传导光波的柔软介质,有玻璃和塑料材质的光纤,用超高纯度石英玻璃纤维制作的光纤的传输损耗很低。把折射率较高的单根光纤用折射率较低的材质包裹起来,就可以构成一条光纤通道。多条光纤组成一束就构成光缆。

　　光纤通过内部的全反射来传输一束经过编码的光信号。光波通过光纤内部全反射进行光传输的过程如图 3.4(b)所示。由于光纤的折射系数高于外层的折射系数,因此可以形成光波在光纤与包层界面上的全反射。

　　光纤可以分为单模光纤和多模光纤两类。光波在光纤中的传播模式与芯线和包层的相对折射率、芯线的直径以及工作波长有关。如果芯线的直径小到光波波长大小,则光纤就成为波导,光在其中无反射地沿直线传播,这种光纤叫单模光纤。光波在光纤中以多种模式传播,不同的传播模式有不同波长的光波和不同的传播与反射路径,这样的光纤叫多模光纤。单模光纤在性能上一般优于多模光纤。

　　光纤信号的衰减极小,它可以在 $6 \sim 8$ km 距离内不使用中继器实现高速率数据传输。光

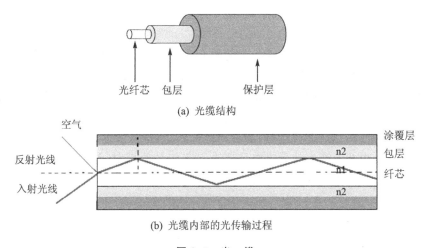

(a) 光缆结构

(b) 光缆内部的光传输过程

图 3.4 光 缆

纤不受外界电磁干扰与噪声的影响,能在长距离、高速率传输中保持低误码率。此外,光纤传输的安全性与保密性也很好,但光纤价格高于同轴电缆和和双绞线。

## 3.2.2 网络拓扑结构

网络中的拓扑形式就是指网络中的通信线路和节点间的几何排列方式,即网络中节点的互连形式。它用来表示网络的整体结构和外貌,同时也反映了各个节点间的结构关系。如图 3.5 所示,按它们在图中排列的位置从左到右分别是环形、星形、总线型和树形。

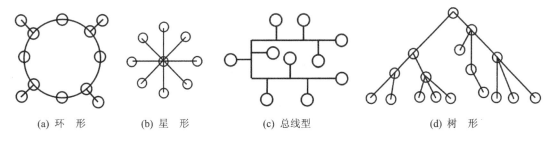

(a) 环 形　　(b) 星 形　　(c) 总线型　　(d) 树 形

图 3.5 控制网络的拓扑结构

**(1) 环形拓扑**

环形拓扑通过网络节点实现点对点的链路的连接,各节点通过网络接口卡和干线耦合器连接,构成一个闭合环路。信号在环路上从一个设备到另一个设备单向传输,直到信号传输到目的地为止,所以没有路径选择问题。环形网络中各节点以令牌方式实现共享介质的访问控制。其优点是:可使用光缆等传输介质,传输速率高,可提供更大的吞吐量,适合于工业环境;其缺点是:信号只能单向传输,扩充不便。另外,当一个设备出现故障时会导致整个网络瘫痪,因此工业应用环境下通常采用冗余的光纤环网。

**(2) 星形拓扑**

在星形拓扑中,每个节点通过点对点连接到中央节点,任何节点之间的通信都通过中央节点进行。这种结构主要用于分级的主-从式网络,采用集中控制,中央节点就是控制核心,因此中央节点负担比较重。这种拓扑形式网络的特点是:维护、管理简单;每个节点的通信负担很小,所以冲突小,适合用于终端密集的地方;网络延迟时间短,误码率低;增加节点时成本低。

其缺点是：可靠性差；当中央节点出问题时，整个网络瘫痪。

**（3）总线型拓扑**

在总线型拓扑中，由一条总线电缆作为传输介质，各节点通过接口接入总线。总线拓扑是工业通信网络中最常用的一种拓扑形式，其特点是：通信可以是点对点方式，也可以是广播方式，而这两种方式也是工业控制网络中常用的通信方式；接入容易，扩展方便；节省电缆；当网络中某个节点发生故障时，对整个系统的影响较小，所以可靠性较高。

其缺点是：当信号在总线上传输时，随着距离的增加，信号会逐渐减弱。另外，当把一个节点连接到总线上时，由此所产生的分支电路还会引起信号的反射，从而降低信号的传输质量。所以在总线拓扑中，对可连接的节点设备数量、总线长度、分支个数、分支长度等都要受到一定程度的限制。

**（4）树形拓扑**

树形拓扑实质上是星形拓扑的扩展形式，它可以实现点到点的通信方式；另外，它也可以认为是总线型拓扑的扩展形式，所以可以实现多点的广播通信方式。树形拓扑是适应性很强的一种，可适用于很宽范围，如对网络设备的数量、传输速率和数据类型等，没有太多限制，可达到很高的带宽。

如果把多个总线型或星形网连在一起，则会形成树形拓扑结构。树形结构比较适合于分主次、分等级的层次型系统。

在实际应用中，经常还会把几个不同拓扑结构的子网结合在一起，形成混合型拓扑的更大网络。

树形网络的优点是：成本低，管理维护方便，适应范围广，可以组成很大的网络规模；缺点是：可靠性低。

## 3.2.3　介质访问控制方式

在总线或环形拓扑中，网上设备共享传输介质，为解决在同一时间有几个设备同时发起通信而出现的争用传输介质的现象，需要采取某种介质访问控制方式，协调各设备访问介质的顺序。在控制网络中，这种用于解决介质争用冲突的办法称为传输介质的访问控制方式，也称为总线竞用或总线仲裁技术。

传输介质的利用率一方面取决于通信流量，另一方面也取决于介质的访问控制方式。通信中对介质的访问可以是随机的，即网络各节点可在任何时刻随意地访问介质；也可以是受控的，即采用一定的算法调整各节点访问介质的顺序和时间。在计算机网络中普遍采用带冲突检测的载波监听多路访问的随机访问方式；而在控制网络中则采用主/从、令牌总线、并行时间多路存取等受控的介质访问控制方式。

**1. 多路复用技术**

在实际的数据通信系统或计算机网络系统中，传输媒体的带宽或容量往往会大于传输单一信号的需求，为了有效地利用通信电路，总是利用一个信道同时传输多路信号，这就是所谓的多路复用技术（Multiplexing）。多路复用技术就是把多路信号在单一的传输线路上用单一的传输设备进行传输的技术。多路复用技术主要包括频分多路复用（FDM）、时分多路复用（TDM）、波分多路复用（WDM）和码分多路复用（CDMA）。其中，时分多路复用又包括同步时分复用和异步（统计）时分复用。在远距离传输时，多路复用技术可以大大节省电缆的安装和维护费用。

如图 3.6 所示,频分多路复用和时分多路复用是最常用的多路复用技术。

**(1) 频分多路复用**

在物理信道能提供比单路原始信号宽得多的带宽的情况下,可以把该物理信道的总带宽分割成若干个与单路信号带宽相同(为了避免相互干扰也可以稍微宽一点)的子信道,每个子信道传输一路信号,这就是频分多路复用(Frequency Division Multiplexing,FDM)。

频分复用的优点是:信道复用率高,允许复用路数多,分路也很方便。因此,频分复用已成为现代模拟通信中最主要的一种复用方式,在模拟式遥测、有线通信、微波接力通信和卫星通信中得到广泛应用。

**(2) 时分多路复用**

若传输介质能达到的位传输速率超过单一信号源所需要的数据传输率,就可以采用时分多路复用(Time Division Multiplexing,TDM)技术。它是将一条物理信道按时间分成若干个时间片轮流地给多个信号源使用,这其中又分为同步时分多路复用和异步时分多路复用。同步时分多路复用是指时分方案中的时间片是分配好的,而且是固定不变地轮流占用,而不管某个信息源是否真的有信息要发送。这样,时间片与信息源是固定对应的,或者说,各种信息源的传输与定时是同步的。异步时分多路复用允许动态地分配传输媒介的时间片,这样可以大大地减少时间片的浪费。当然,后者实现起来要比前者复杂一些。

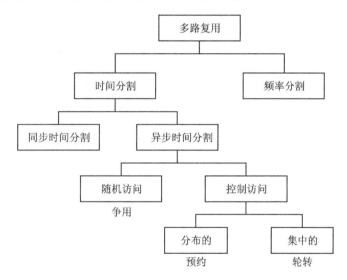

**图 3.6　多路复用技术及网络控制方式示意图**

在介质访问控制方案中,采用最为普遍的是时分多路复用中的异步技术。这里有三种不同的异步技术:

1) 轮　转

每个站轮流地获得发送机会,这种技术适合于交互式的终端对主机通信。

2) 预　约

介质上的时间被分割成时间片,网上的站点要发送信息,必须事先预约可以占用的时间片,这种技术适合于数据流的通信。

3) 争　用

所有站点都能争用介质的使用权,这种技术实现起来简单,对轻负载或中等负载的系统比较有效,适合于突发式的通信。

争用方法属于随机访问技术,轮转和预约属于控制访问技术。争用协议一般用于总线网,每个站点都能独立地决定帧的发送,如两个站点或多个站点同时发送(即产生冲突),同时发送的所有帧都会出错。每个站点必须有能力判断冲突是否发生,如果冲突发生,则应等待随机时间间隔后重发,以避免再次发生冲突。

时分多路复用 TDM 不仅仅局限于传输数字信号,也可以同时交叉传输模拟信号。另外,对于模拟信号,有时可以把时分多路复用和频分多路复用技术结合起来使用。一个传输系统,可以频分成许多条子通道,每条子通道再利用时分多路复用技术来细分。在宽带局域网络中可以使用这种混合技术。

### 2. 载波监听多路访问/冲突检测(CSMA/CD)

网络站点监听载波是否存在,即判断信道是否被占用,并采取相应的措施,这是载波监听多路访问(Carrier Sense Multiple Access,CSMA)方式的重要特点。它是一种争用协议,控制方式是先听后说,其控制方案如下:

① 一个站点要发送信息,首先要监听总线,以确定介质上是否有其他站的发送信息存在。

② 如果介质是空闲的,则可以发送。

③ 如果介质是忙的,则等待一定间隔后重试。

④ 介质的最大利用率取决于帧的长度,帧越长,传播时间越短,则介质利用率越高。

在载波监听多路访问(CSMA)方式中,由于信道的传播延迟,当总线上两个站点监听到总线没有信号而发送帧时,仍会产生冲突。由于 CSMA 中没有检测冲突的功能,所以即使冲突已经发生,仍然要把已破坏的帧发送完,结果造成了总线的利用率降低。

载波监听多路访问/冲突检测(Carrier Sense Multiple Access with Collision Detection,CSMA/CD)方式可以提高总线的利用率,这种协议的国际标准 IEC 802.3 就是以太网标准(10 Mb/s 以太网),已在局域网中广泛使用。CSMA/CD 的主要思想可用"先听后说,边听边说"来形象地表示,即"先听后说"是指在发送数据之前先监听总线的状态,而"边听边说"是指在发送数据的过程的同时检测总线上的冲突。CSMA/CD 介质访问方式在每个站点发送帧期间,同时对冲突进行检测,即可实现边听边说。冲突检测最基本的思想是一边将信息输送到传输媒体上,一边从传输媒体上接收信息,然后将发送出去的信息和接收的信息进行按位比较。如果两者一致,则说明没有冲突;如果两者不一致,则说明总线上发生了冲突。一旦检测到冲突,就停止发送,并向总线上发一串阻塞信号,通知总线上各站点冲突已发生。总线上各站点"听"到阻塞信号以后,均等待一段随机时间,然后再重发受冲突影响的数据帧。这一段随机时间的长度通常由网卡中的某个算法来决定。

### 3. 令　牌

CSMA 访问产生冲突的原因是由于各节点发起通信是随机的。为了避免产生冲突,可采取某种方式控制通信的发起者或发起时间。令牌访问就是其中的一种。这种方法按一定顺序在各站点间传递令牌。得到令牌的节点才有发起通信的权利,从而避免了几个节点同时发起通信而产生的冲突。令牌访问原理可用于环形网,构成令牌环形网络;也可用于总线网,构成令牌总线网络。

#### (1) 令牌环

令牌环(Token Ring)是环形局域网采用的一种介质访问控制方式。令牌在网络环路上不断传送,只有拥有此令牌的站点,才有权向环路上发送报文(帧),而其他站点仅允许接收报文。当各站点都没有帧发送时,令牌的形式为空令牌。当一个站点要发送帧时,需等待空令牌通过,然后将它改为忙令牌,紧接着把数据发送到环上。由于令牌是忙状态,所以其他站不能发送帧,必须暂时处于等待状态。

一个节点在发送完毕后,便将令牌交给网上下一个站点,如果该站点没有报文需要发送,便把令牌顺次传给下一个站点。因此,表示发送权的令牌在环形信道上不断循环。循环方向必须是固定的,要么是顺时针,要么是逆时针。环路上每个节点都可获得发送报文的机会,而任何时刻只会有一个节点利用环路传送报文,因而在环路上保证不会发生访问冲突。

图 3.7 所示为令牌环的工作原理。如果节点 3 拥有空闲令牌并且要向节点 1 发送数据,则当令牌环为逆时针顺序旋转时,数据帧传送的方向和次序是 3→4→5→1;当令牌环为顺时针顺序旋转时,数据帧传送的方向和次序是 3→2→1。

接收帧的过程是当帧通过站点时,该站点先将帧的目的地址和本站点的地址进行比较,若地址相符,则将帧放入接收缓冲器,再输入站点,同时修改状态位,表示此帧已被正确接收,然后将帧送回环上;若地址不符,则简单地将数据帧重新送入环中即可。

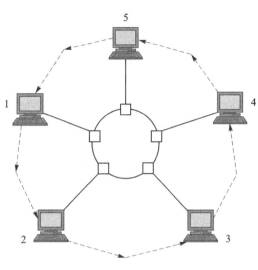

图 3.7  令牌环的工作原理

发送的帧在环循环一周后再回到发送站点,从返回的帧状态位得知发送成功后,将该帧从环上移走,同时将忙令牌改为空令牌,并把它传至后面的站点,使之获得发送帧的权利。

令牌环被列为局域网 IEEE 802 标准里的 IEEE 802.5 标准。采用令牌环方式的局域网,网上每一个站点都知道信息的来去动向,保证了通信传输的确定性。由于能估算出报文传输的延迟时间,所以适合于实时系统的使用。令牌环方式对轻、重负载不敏感,但单环环路出故障将使整个环路通信瘫痪,因而可靠性比较差。

**(2) 令牌总线**

令牌总线(Token Bus)方式采用总线拓扑,网上各节点按预定顺序形成一个逻辑环。每个节点在逻辑环中均有一个指定的逻辑位置,末站的后站就是首站,即首尾相连。总线上各站的物理位置与逻辑位置无关。

像令牌环方式那样,令牌总线也采用称为令牌的控制帧来调整对总线的访问控制权。收到令牌的站点在一段规定时间内被授予对介质的控制权,可以发送一帧或多帧报文。当该节点完成发送或授权时间已到时,它就将令牌传递到逻辑环中的下一站,使下一站得到发送权。传输过程由交替进行的数据传输阶段和令牌传送阶段组成。令牌总线上的站点也可以退出逻辑环而成为非活动站点。

如图 3.8 所示,令牌总线的介质访问控制方式是在物理总线上建立一个逻辑环。从物理上看,它是一种总线结构的局域网,总线是各站点共享的传输介质,但是从逻辑上看,它是一种环形局域网,由总线上的站点组成一个逻辑环,每个站点被规定一个逻辑位置。令牌在逻辑环上一次传递,站点只有取得令牌,才能发送通信帧。

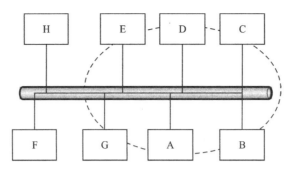

图 3.8 令牌总线与逻辑环

在正常运行时,当站点完成了它的发送,就将令牌送给下一个站点。从逻辑上看,令牌按地址顺序传送至下一个站点。但从实现过程来看,当对总线上所有站点广播带有目的地址的令牌帧时,与帧中目的地址一致的站点识别出该帧与自己的地址符合,即接收令牌。

因为只有拥有令牌的站点才能发送数据帧到总线,所以就避免了冲突,令牌环的信息帧长度只需要根据要传送的信息长度来确定即可。而对于 CSMA/CD 访问控制方式,为了使最远距离的站点也能检测到冲突,需要在实际的信息长度后加填充位,以满足最低信息长度的要求。令牌总线的帧可以设置得很短,与 CSMA/CD 相比减少了开销,相当于增加了网络的容量。

令牌总线被列为局域网 IEEE 802 标准里的 IEEE 802.4 标准,它也是现场总线中最常用的介质控制方式,比如 PROFIBUS 中主站之间的令牌。

# 3.3 通信参考模型

## 3.3.1 OSI 参考模型

### 1. 概 述

计算机网络在 20 世纪 70 年代得到了迅速发展,特别是在 1969 年美国诞生了世界最早的计算机网络 ARPANET(Advanced Research Projects Agency Network,简称 ARPANET,或阿帕网)后,网络发展势头迅猛。ARPANET 在早期就提出了分层的方法,把复杂问题分割成若干个小问题来解决。1974 年,IBM 第一次提出了系统网络体系结构(System Network Architecture,SNA)概念,SNA 第一个应用了分层的方法。为了各自的商业利益以及在竞争中处于有利地位,世界上许多计算机公司都先后推出了自己的计算机网络体系结构,如 IBM 的 SNA、数字设备公司的 DNA(Digital Network Architecture,DNA)等。网络体系结构指的是计算机各部件的作用和概念及各部件之间的通信协议的集合。在体系结构中,定义了网络设备和软件如何相互作用和运行,它详细说明了通信协议、信息格式和相互作用所需要的标准。不同网络体系中的操作平台、硬件接口、网络协议等互不兼容,这种状况严重影响了信息交换、资源共享、分布式应用等,制约了计算机网络的发展。

为了解决不同网络体系计算机之间的通信问题,实现不同厂家设备之间的互连操作与数据交换,从 1978 年开始,国际标准化组织 ISO(International Organization for Standardization,ISO)开始起草开放系统互连参考模型(Open System Interconnection/Reference Model,OSI/RM,简称 OSI 模型)的建议草案,并于 1983 年正式成为国际标准——OSI 7498 标准。

这是为异构计算机互连提供的一个共同基础和标准框架,并为保持相关标准的一致性和兼容性提供参考。开放并不是指对特定系统实现具体互连的技术或手段,而是对标准的认同。一个开放系统,是指它可以与遵守相同标准的其他系统互连通信。

OSI 参考模型如图 3.9 所示,它将开放系统的通信功能划分为七个层次,从低到高分别为物理层、数据链路层、网络层、传输层、会话层、表示层和应用层。各层的协议细节由各层独立进行。这样一旦引入新技术或提出新的业务要求时,可以把因功能扩充、变更所带来的影响限制在直接有关的层内,而不必改动全部协议。OSI 参考模型分层的原则是将相似的功能集中在同一层内,功能差别较大时则分层处理,每层只对相邻的上、下层定义接口。

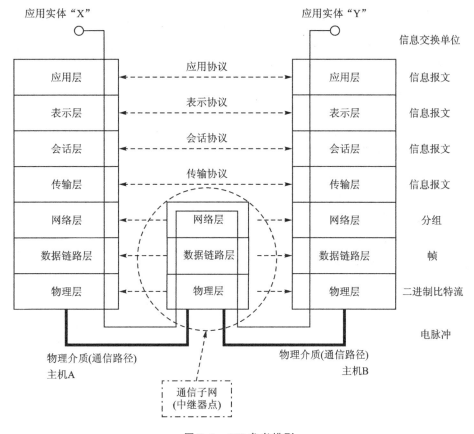

**图 3.9　OSI 参考模型**

在 OSI 参考模型中提出了一些重要的概念,它们对理解计算机网络的工作原理有很大帮助,这些概念主要有:

① 封装。数据在从高层向低层传送的过程中,每层(除物理层外)都对接收到的原始数据添加信息,通常是附加一个报头(和报尾),这个过程称为封装。

② 实体。任何可以接收或发送信息的硬件或软件进程。通常是一个特定的软件模块。

③ 协议。不同系统中同一层实体(即对等实体)进行通信的规则的集合。协议由语法、语义和时序三个要素组成。

➢ 语法:数据与控制信息的结构或形式;

➢ 语义:根据需要发出哪种控制信息,依据情况完成哪种动作以及做出哪种响应;

➢ 时序:又称同步,即事件实现顺序的详细说明。

④ PDU。协议数据单元(Protocol Data Unit,PDU)是指对等层次之间传送的数据单位。

⑤ 服务。在协议的控制下,两个对等实体间的通信使得本层能为上一层提供服务。要实现本层协议,还需要使用下一层所提供的服务。

协议和服务区别是:本层服务实体只能看见服务而无法看见下面的协议。协议是"水平的",是针对两个对等实体的通信规则;服务是"垂直的",是由下层向上层通过层间接口提供的。只有能被高一层实体"看见"的功能才能称为服务。

⑥ 服务原语。上层使用下层所提供的服务必须通过与下层交换一些命令,这些命令就称为服务原语。

⑦ 服务数据单元。OSI把层与层之间交换的数据的单位称为服务数据单元(Service Data Unit,SDU)。

在OSI中,对等层之间是不能进行直接通信的。每一层必须依靠相邻层提供的服务来与另一台主机的对应层通信。OSI中对等通信的实质就是:对等层实体之间虚拟通信;下层向上层提供服务;实际通信在最底层完成。在OSI中,对等层协议之间交换的信息单元即协议数据单元PDU。在会话层、表示层和应用层中是以实际的数据报文进行传输的。传输层及以下各层的PDU还有各自特定的名称,即

➢ 传输层——数据段(Segment);
➢ 网络层——分组(数据包)(Packet);
➢ 数据链路层——数据帧(Frame);
➢ 物理层——比特(Bit)。

## 2. OSI 模型各层功能

### (1) 物理层(Physical Layer)

物理层位于OSI参考模型的最低层,为数据链路层实体提供建立、传输、释放所必需的物理连接,并且提供透明的比特流传输。物理层的连接可以是全双工或半双工方式,传输方式可以是异步或同步方式。物理层的数据单位是比特,即一个二进制位。物理层构建在物理传输介质和硬件设备相连接之上,向上服务于紧邻的数据链路层。物理层通过各类协议定义了网络的机械特性、电气特性、功能特性和规程特性。如EIA的RS-485就是典型的物理层协议。

### (2) 数据链路层(Data Link Layer)

数据链路层将原始的传输线路转变成一条逻辑的传输线路,实现实体间二进制信息块的正确传输,为网络层提供可靠的数据信息。数据链路层的数据单位是帧(Frame),具有流量控制功能。链路是相邻两节点间的物理线路。数据链路与链路是两个不同的概念。数据链路可以理解为数据的通道,是物理链路加上必要的通信协议而组成的逻辑链路。

### (3) 网络层(Network Layer)

在网络层的数据协议单元已变成"分组(数据包)"(Packet),网络层的任务就是如何把"分组"通过一个或多个通信子网从源端传输到目的端,所以它要按照一定的算法进行路由选择。网络层的主要功能就是路径选择、网络流量控制、网络连接的建立、拆除与管理等。网络层提供面向连接的(虚电路)和无连接的(数据报)两种服务。

### (4) 传输层(Transport Layer)

传输层是第一个端到端的层,即主机到主机的层。有了传输层后,高层用户就可以利用传输层的服务直接进行端到端的数据传输,从而传输层以上的高层不用知道通信子网的存在,不用再操心数据传输的问题了。传输层还提供差错控制和流量/拥塞控制等功能。

**（5）会话层（Session Layer）**

会话层是进程到进程之间的层次，它为两个用户之间的特定进程或会话实体之间提供建立、维护与结束会话连接的服务，并对会话的数据传送提供控制与管理。例如，它可以给大量传送的数据打上标记，如果出现通信失败，则在重发时可以从最近的标记处重发，而不必从头开始。

**（6）表示层（Presentation Layer）**

表示层处理的是 OSI 系统之间用户信息的表示问题，可实现用户或应用程序之间交换数据的格式转换。在 OSI 中，端用户（应用进程）之间传送的信息数据包含语意和语法两个方面。语意方面的问题由应用层负责处理，而语法方面的问题由表示层解决。表示层的主要功能有：数据语法转换、语法表示、数据加密和解密、数据压缩和解压。表示层仅对应用层的信息内容进行形式变换，而不改变其内容本身。

**（7）应用层（Application Layer）**

应用层是 OSI 参考模型的最高层，它负责用户信息的语意表示，直接为用户提供访问 OSI 环境的服务。例如，电子邮件、远程文件访问、共享数据库管理等。

## 3.3.2　TCP/IP 参考模型

OSI 参考模型虽然完备，但是太过复杂，不实用。而之后的 TCP/IP 参考模型经过一系列的修改和完善后得到了广泛的应用。TCP/IP 参考模型包含应用层、传输层、网际层和网络接口层。TCP/IP 参考模型与 OSI 参考模型有较多相似之处，各层也有一定的对应关系，具体对应关系如图 3.10 所示。

**（1）应用层**

TCP/IP 参考模型的应用层包含了所有高层协议，比如超文本传输协议 HTTP、远程登录协议 Telnet、文件传输协议 FTP、简单邮件传输协议 SMTP、电子邮件服务协议 POP、域名服务系统 DNS、BOOTP、简单文件传输协议 TFTP、简单网络管理协议 SNMP 等。该层与 OSI 的会话层、表示层和应用层相对应。

**（2）传输层**

TCP/IP 参考模型的传输层与 OSI 的传输层相对应。该层允许源主机与目标主机上的对等体之间进行对话。该层定义了两个端到端的传输协议：TCP 协议和 UDP 协议。

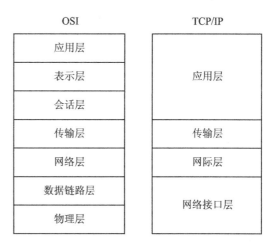

图 3.10　TCP/IP 参考模型与 OSI 参考模型的对应关系

传输控制协议（Transmission Control Protocol，TCP）是一个面向连接的协议，允许从一台机器发出的字节流无差错地发往互联网上的其他机器。它把输入的字节流分成报文段并传给网际层。

用户数据报协议（User Datagram Protocol，UDP）是一个不可靠的、无连接协议，用于不需要 TCP 的排序和流量控制能力而是自己完成这些功能的应用程序。

**（3）网际层**

TCP/IP 参考模型的网络层对应 OSI 的网络层。该层负责为经过逻辑互联网络路径的数据进行路由选择。

**（4）网络接口层**

TCP/IP 参考模型的最底层是网络接口层，该层在 TCP/IP 参考模型中并没有明确规定。

TCP/IP 参考模型是一个协议簇，各层对应的协议已经得到广泛应用。OSI 模型比较适合理论研究和新网络技术研究，而 TCP/IP 模型真正做到了流行和应用。

## 3.3.3 现场总线的通信模型

具有 7 层结构的 OSI 参考模型可支持的通信功能是相当强大的。作为一个通用参考模型，需要解决各方面可能遇到的问题，需要具备丰富的功能。作为工业数据通信的底层控制网络，要构成开放互连系统，应该如何制定和选择通信模型，7 层 OSI 参考模型是否适应工业现场的通信环境，简化型是否更适合于控制网络的应用需要，这是应该考虑的重要问题。

在工业生产现场存在大量的传感器、控制器、执行器等，它们通常相当零散地分布在一个较大范围内。对由它们组成的控制网络，其单个节点面向控制的信息量不大，信息传输的任务相对也比较简单，但对实时性、快速性的要求较高。如果按照七层模式的参考模型，由于层间操作与转换的复杂性，网络接口的造价与时间开销显得过高。为满足实时性要求，也为了实现工业网络的低成本，现场总线采用的通信模型大都在 ISO 模型的基础上进行了不同程度的简化。

几种典型现场总线的通信参考模型与 OSI 模型的对照如图 3.11 所示。可以看到，它们与 OSI 模型不完全保持一致，在 OSI 模型的基础上分别进行了不同程度的简化，不过控制网络的通信参考模型仍然以 OSI 模型为基础。图 3.11 中的这几种控制网络还在 OSI 模型的基础上增加了用户层。用户层是根据行业的应用需要施加某些特殊规定后形成的标准，它们在较大范围内取得了用户与制造商的认可。

| OSI模型 | | H1 | HSE | PROFIBUS | LonWorks | |
|---|---|---|---|---|---|---|
| | | 用户层 | 用户层 | 应用过程 | LonWorks | |
| 应用层 | 7 | FMS和FAS | FMS/FDA | 报文规范底层接口 | 应用层 | |
| 表示层 | 6 | | | | 表示层 | |
| 会话层 | 5 | | | | 会话层 | |
| 传输层 | 4 | | TCP/UDP | | 传输层 | |
| 网络层 | 3 | | IP | | 网络层 | CAN |
| 数据链路层 | 2 | H1数据链路层 | 数据链路层 | 数据链路层 | 数据链路层 | 数据链路层 |
| 物理层 | 1 | H1物理层 | 以太网物理层 | 物理层(485) | 物理层 | 物理层 |

**图 3.11 OSI 与部分现场总线通信参考模型的对应关系**

图 3.11 中的 H1 指 IEC 标准中的基金会现场总线 FF。它采用了 OSI 模型中的 3 层：物理层、数据链路层和应用层，隐去了第 3～6 层。应用层有两个子层，总线访问子层 FAS 和总

线报文规范子层 FMS,并将从数据链路到 FAS、FMS 的全部功能集成为通信栈。

在 OSI 模型基础上增加的用户层规定了标准的功能模块、对象字典和设备描述,供用户组成所需要的应用程序,并实现网络管理和系统管理。在网络管理中,设置了网络管理代理和网络管理信息库,提供组态管理、性能管理和差错管理的功能。在系统管理中,设置了系统管理内核、系统管理内核协议和系统管理信息库,实现设备管理、功能管理、时钟管理和安全管理等功能。

这里的 HSE 指 FF 基金会定义的高速以太网,它是 H1 的高速网段,也是 IEC 的标准子集之一。它从物理层到传输层的分层模型与计算机网络中常用的以太网大致相同。应用层和用户层的设置与 H1 基本相当。

PROFIBUS 是 IEC 的标准子集之一,并属于德国标准 DIN 19245 和欧洲标准 EN 50170。它采用了 OSI 模型的物理层、数据链路层。其 DP 型标准隐去了第 3~7 层,而 FMS 型标准则只隐去了第 3~6 层,采用了应用层,并增加了用户层作为应用过程的用户接口。

LonWorks 采用了 OSI 模型的全部 7 层通信协议,被誉为通用控制网络。

作为 ISO 11898 标准的 CAN 只采用了 OSI 模型的下面两层,即物理层和数据链路层。这是一种应用广泛、可以封装在集成电路芯片中的协议。要用它实际组成一个控制网络,还需要增添应用或用户层的其他约定。

# 3.4　网络互连

## 3.4.1　网络互连的基本概念

网络互连要将分布在不同地理位置的网络、网络设备连接起来,构成更大规模的网络系统,以实现网络的数据资源共享。相互连接的网络可以是同种类型网络,也可以是运行不同网络协议的异构系统。网络互连是计算机网络和通信技术迅速发展的结果,也是网络系统应用范围不断扩大的自然要求。网络互连要求不改变原有子网内的网络协议、通信速率、硬软件配置等,通过网络互连技术使原先不能相互通信和共享资源的网络间有条件实现相互通信和信息共享,并要求网络互连对原有子网的影响减至最小。

在相互连接的网络中,每个子网成为网络的一个组成部分,每个子网的网络资源都应该成为整个网络的共享资源,可以为网上任何一个节点所享有。同时,又应该屏蔽各子网在网络协议、服务类型、网络管理等方面的差异。网络互连技术能实现更大规模、更大范围的网络连接,使网络、网络设备、网络资源、网络服务成为一个整体。

## 3.4.2　网络互连规范

网络互连必须遵循一定的规范,随着计算机和计算机网络的发展,以及市场对局域网络互连的需求,IEEE 于 1980 年 2 月成立了局域网标准委员会(IEEE 802 委员会),建立了 802 课题,制定了开放系统互连(OSI)参考模型的物理层、数据链路层的局域网标准——IEEE 802标准。它为了实现使数据链路层向上提供的服务与媒体、拓扑关系等因素无关的统一特性,与OSI 参考模型相比,它将数据链路层分成了两个子层,即逻辑链路控制子层(Logical Link Control sublayer,LLC)和媒体访问控制子层(Media Access Control sublayer,MAC)。LLC子层与硬件无关,实现流量控制等功能;MAC 子层与硬件相关,提供硬件和 LLC 层的接口,主要功能包括数据帧的封装/卸装、帧的寻址和识别、帧的接收与发送、链路的管理、帧的差错控制等,主要访问方式有 CSMA/CD、令牌环和令牌总线三种。IEEE 802 是一个标准系列,已经发布了 IEEE 802.1～IEEE 802.16(注:IEEE 802.13 未使用),其主要文件涉及的内容如图 3.12 所示。

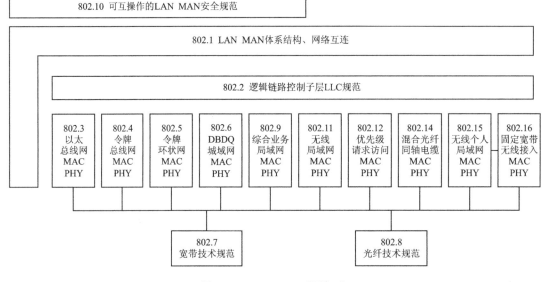

图 3.12　IEEE 802 系列标准

服务于网络互连的 IEEE 802 系列标准只涉及物理层与数据链路层中与网络连接直接相关的内容,要为用户提供应用服务,还需要高层协议提供相关支持。

## 3.4.3　网络互连设备

常见的网络互连设备有中继器(Repeater)、网桥(Bridge)、路由器(Router)和网关(Gateway)。它们分别用于不同层次的网络连接,属于不同层次的网络互连设备。在物理层使用中继器通过复制位信号延伸网段长度;在数据链路层使用网桥,在局域网之间存储或转发数据帧;在网络层使用路由器,在不同网络间存储转发分组信号;在传输层及传输层以上,使用网关进行协议转换,提供更高层次的接口。

### 1. 中继器

中继器又称为重发器或转发器。从通信参考模型的角度来看,中继器属于物理层的网络互连设备。它用于连接两个相同的网络,负责在两个节点的物理层上传递信息,完成对信号的复制、调整和放大等功能。中继器仅在网络的物理层起作用,它不以任何方式改变网络的功能,网段上的中继器两侧具有相同的数据速率、协议和地址。中继器的主要作用是延长电缆或光缆的传输距离,也可用于增加网段上挂接的节点数量。有电信号中继器和光信号中继器。

从理论上讲,中继器的使用个数可以是无限个,即网络的长度可以无限延长,但实际上是不可能的。因为在网络标准中都对信号的延迟范围做了具体的规定,如果延迟太长,协议就不能正常工作,因此网络中使用的中继器的个数是受到限制的。如在 PROFIBUS 中使用的中继器个数一般不允许超过 4 个。中继器的使用原理如图 3.13 所示。

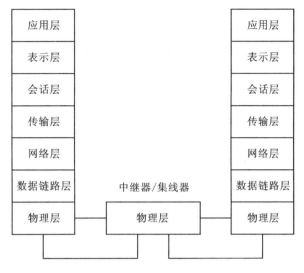

**图 3.13 中继器的使用原理**

## 2. 网 桥

网桥用来完成在数据链路层的网络连接,它支持不同的物理层并且能够互连不同体系的局域网。它要求互连的两个网络在数据链路层以上采用相同或兼容的协议。网桥是一种存储转发设备,它可以将数据帧送到数据链路层进行差错校验后再送到物理层,通过物理层传输介质送到另一个子网或网段。网桥具有寻址和路径选择的功能,在接收到帧后,它可以选择正确的路径把帧送到相应的目的地。在 PROFIBUS 总线中,DP 和 PA 之间使用的耦合器或链接模块就是网桥的一种。网桥的使用原理如图 3.14 所示。

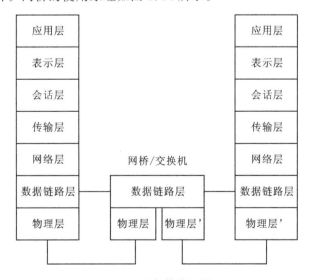

**图 3.14 网桥的使用原理**

## 3. 路由器

路由器是在网络层上实现多个网络互连的设备,它可以互连具有不同的物理层和数据链路层的网络,也支持不同的网络协议。路由器通过利用网络层的信息(例如网络地址)对分组信息进行存储转发,以此来实现网络的互连。除此之外,在进行异构网络的互连时,它还完成网络协议转换的功能。路由器最重要的功能是进行路由选择,即为经过路由器的每个数据分组按某种路由策略选择一条最佳路由,并将该数据分组转发出去。路由器比网桥更复杂、管理功能更强,它常用于多个局域网之间、局域网与广域网之间,以及异构网络之间的互连。路由器的使用原理如图 3.15 所示。

图 3.15　路由器的使用原理

## 4. 网　关

OSI 第 4 层以上的互连已不是由具体的硬件设备来完成,网关是用于 OSI 中第 4 层以及更高层次的中继系统,它实际上是一个协议转换器,或者说网关是在不同协议间进行转换的软件应用。通常网关是安装在路由器内的软件,也可以说网关是专用的路由器,是比路由器更复杂的网络互连设备。在 IP 圈内,网关有时候就是指路由器。网关用于实现不同通信协议的网络之间以及使用不同网络操作系统的网络之间的互连,网关总是与特定的网络互连相联系,因此不存在通用的网关。

在工业数据通信中,网关最常见的应用就是把一个现场总线网络的信号送往另一个不同类型的现场总线网络,如把 AS-i 网络的数据通过网关送往 PROFIBUS DP 网段。网关的使用原理如图 3.16 所示。

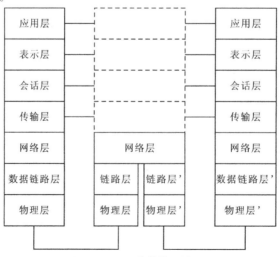

图 3.16　网关的使用原理

# 本章小结

常用的工业网络物理结构有总线型、星形和树形等。令牌总线方式是 PROFIBUS 中使用的介质访问控制方式,CSMA/CD 是工业以太网的基础。

本章首先介绍控制网络的概念、特点、传输介质、拓扑结构、介质访问控制方式,然后对 OSI 通信参考模型、网络互连概念、网络互连设备等内容进行讨论,为学习现场总线通信模型和实时以太网的通信模型打下基础。

# 思考题

1. 常用的网络拓扑结构有哪几种?
2. 简述 CSMA/CD 的工作原理。
3. 令牌总线介质访问方式的实质是什么?
4. 简述 OSI 参考模型的组成及各层功能。
5. TCP/IP 参考模型分为哪几层?
6. 什么是网络互连?
7. 常用的网络互连设备有哪些? 它们的主要作用是什么?

# 第 4 章　串行通信接口技术

IBM-PC 及其兼容机是目前应用较广泛的一种计算机,通常将它作为分布式测控系统的上位机,而单片微处理器和单片控制器软硬件资源丰富,价格低,适合于作下位机。上位机与下位机一般采用串行通信技术,常用的有 RS-232C 接口、RS-422 接口和 RS-485 接口。串行通信接口的通信方式主要包括异步通信和同步通信两种通信方式。在串行通信中,数据通常是在两个站点/端点(如终端和微机)之间进行传送。按照数据流的方向,其可分成三种基本的传送方式:单工、半双工和全双工。

本章首先介绍 RS-232C、RS-422、RS-485 串行通信接口的机械特性、电气特性及其应用;然后讨论 RS-485 的半双工通信方式和全双工通信方式;最后简要介绍 Modbus 通信协议,为后续学习 PROFIBUS 等现场总线奠定基础。

## 4.1　RS-232C 串行通信技术

RS-232 是一个技术标准代号。1969 年美国电子工业协会(Electronic Industries Association,EIA)建立了定义串行接口的电子信号与电缆连接特性的标准,取名为建议标准第 232 号版本 C,即 Recommend Standard 232C,简称 RS-232C。该标准最初是为公用电话的远距离数据通信制定的,全称是"使用串行二进制数据进行交换的数据终端设备和数据通信设备之间的接口"。

数据终端设备 DTE(Data Terminal Equipment)包括计算机、外设、数据终端或其他测试、控制设备。

数据通信设备 DCE(Data Communication Equipment)完成数据通信所需的有关功能的建立、保持和终止,以及信号的转换和编码,如调制解调器(Modem)。DTE 与 DCE 之间的关系如图 4.1 所示。

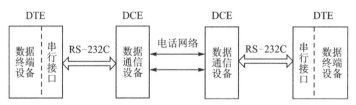

**图 4.1　RS-232C 串行通信物理模型**

### 4.1.1　接口的机械特性

RS-232C 标准对两个方面做了规定,即信号电平标准和控制信号线的定义,不涉及接插件、电缆或协议,未定义连接器的物理特性,因此,出现了 DB-25、DB-15 和 DB-9 几种常用类型的连接器,其引脚的定义也各不相同。RS-232C 定义了 20 根信号线,但在 IBM PC/AT 机以后,主要使用提供异步通信的 9 个信号进行通信,其他的信号线已不再使用。9 个信号线在 DB-25 和 DB-9 连接器上的定义见表 4.1 和图 4.2。

表 4.1　**RS-232C 接口常用信号线定义及功能**

| 插针序号 | | 信号定义 | 名　　称 | 说　　　　明 |
| --- | --- | --- | --- | --- |
| DB-25 | DB-9 | | | |
| 1 | | FG | Frame Ground | 保护地 |
| 2 | 3 | TXD | Transmit Data | 数据输出线 |
| 3 | 2 | RXD | Received Data | 数据输入线 |
| 4 | 7 | RTS | Request to Send | DTE 要求发送数据 |
| 5 | 8 | CTS | Clear to Send | DCE 回应 DTE 的 RTS 的发送许可,告诉对方可以发送 |
| 6 | 6 | DSR | Data Set Ready | 告知 DCE 处于待命状态 |
| 7 | 5 | SG | Signal Ground | 信号地 |
| 8 | 1 | DCD | Data Carrier Detect | 接收线路信号检测 |
| 20 | 4 | DTR | Data Terminal Ready | 告知 DTE 处于待命状态 |
| 22 | 9 | RI | Ringing | 振铃指示 |

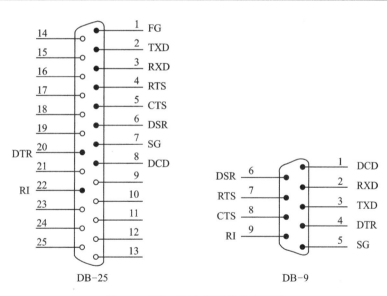

图 4.2　**RS-232C 连接器信号定义**

# 4.1.2　信号线功能描述

RS-232C 标准接口常用的只有 9 根信号线,它们是:

**(1) 联络控制信号线**

数据装置准备好(DSR)—— 有效(ON)状态,表明 DCE 设备处于可以使用的状态。

数据终端准备好(DTR)—— 有效(ON)状态,表明数据终端可以使用。

这两个信号有时连到电源上,一上电就立即有效。这两个设备状态信号有效,只表示设备本身可用,并不说明通信链路可以开始进行通信了,能否开始进行通信要由下面的控制信号决定。

请求发送(RTS)—— 用来表示 DTE 请求向 DCE 发送数据,即当终端要发送数据时,使该信号有效(ON 状态),向 DCE 请求发送。

允许发送(CTS)—— 用来表示 DCE 准备好接收 DTE 发来的数据,是对请求发送信号 RTS 的响应信号。当 DCE 已准备好接收 DTE 传来的数据时,使该信号有效,通知 DTE 开始沿发送数据线 TXD 发送数据。

RTS/CTS 请求应答联络信号主要用于半双工系统中发送方式和接收方式之间的切换。在全双工系统中,因配置双向通道,故不需要 RTS/CTS 联络信号,使其保持高电平即可。

数据载波检测(DCD)—— 用来表示 DCE 已接通通信链路,告知 DTE 准备接收数据。当本地的 Modem 收到由通信链路另一端(远地)的 Modem 送来的载波信号时,使该信号有效,通知 DTE 准备接收,并且由 Modem 将接收下来的载波信号解调成数字信号后,沿接收数据线 RXD 送到终端。

振铃指示(RI)—— 当 Modem 收到交换台送来的振铃呼叫信号时,使该信号有效(ON 状态),通知 DTE 终端,已被呼叫。

**(2) 数据发送与接收线**

发送数据(TXD)—— DTE 通过 TXD 端将串行数据发送到 DCE。

接收数据(RXD)—— DTE 通过 RXD 端接收从 DCE 发来的串行数据。

**(3) 地　线**

SG —— 信号地,无方向。

上述控制信号线何时有效,何时无效的顺序表示了接口信号的传送过程。例如,只有当 DSR 和 DTR 都处于有效(ON)状态时,才能在 DTE 和 DCE 之间进行传送操作。若 DTE 要发送数据,则先将 RTS 线置成有效(ON)状态,等 CTS 线上收到有效(ON)状态的回答后,才能在 TXD 线上发送串行数据。这种顺序的规定对半双工的通信线路特别有用,因为需要确定 DCE 已由发送方向改为接收方向,这时线路才能开始发送。请求发送(RTS)、清除发送(CTS)信号和发送数据(TXD)之间的时序关系如图 4.3 所示。

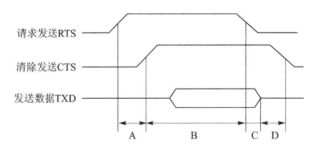

请求发送 RTS

清除发送 CTS

发送数据 TXD

A　　B　　C　D

**图 4.3　RTS、CTS 和 TXD 的时序图**

上述各控制线中,数据设备准备好(DSR)、数据终端准备好(DTR)、振铃指示(RI)和数据载波检测(DCD)是利用电话网进行远距离通信时所需要的,在近距离通信时,计算机接口和终端可直接采用 RS-232C 连接,不用电话网和调制解调器,这些信号控制线一般没用。

补充说明两点:

① RS-232C 标准最初是为远程通信连接数据终端设备(DTE)与数据通信设备(DCE)而制定的,当时并未考虑计算机系统的应用要求,但目前它又被广泛地用于计算机接口与终端或外设之间的近端连接标准,因此,某些典型应用存在与 RS-232C 标准本身不兼容的地方。

② RS‐232C 标准中所提到的"发送"和"接收",都是站在 DTE 立场上,而不是站在 DCE 的立场来定义的。由于在计算机系统中,往往是两个设备的接口之间传送信息,两者都是 DTE,因此双方都能发送和接收。

## 4.1.3　接口电气特性

### 1. RS‐232C 信号电平

① RS‐232C 逻辑电平的定义如表 4.2 所列。

RS‐232C 的逻辑电平对地是对称的,与 TTL、CMOS 逻辑电平完全不同。信号电平小于 −3 V 为"标志"(MARK)状态,大于 3 V 为"间隔"(SPACE)状态;数据传输(RXD 和 TXD 线上)时,"标志"状态表示逻辑"1"状态,"间隔"状态表示逻辑"0"状态;对于定时和控制功能(RTS、CTS、DTR、DSR 和 DCD 等),信号有效,即"接通"(ON)对应正电压,信号无效,即"断开"(OFF)对应负电压。

−3～+3 V 为信号状态的过渡区,低于 −15 V 或高于 +15 V 的电压被认为无意义,因此,实际工作时,应保证电平在 ±3～±15 V 之间。

**表 4.2　信号电平状态和功能**

| 信　号 | 标记对象 | 电　平 | |
|---|---|---|---|
| | | −3～−15 V | +3～+15 V |
| 数据 | 二进制状态 | 1 | 0 |
| | 信号状态 | 标志(MARK) | 间隔(SPACE) |
| 控制定时 | 功能 | 断开(OFF) | 接通(ON) |

② 典型的 RS‐232C 信号在正负电平之间摆动。发送端驱动器输出正电平在 +5～+15 V,负电平在 −5～−15 V,接收器典型的工作电平在 +3～+12 V 与 −3～−12 V,这意味着 2 V 的噪声容限,如图 4.4 所示。

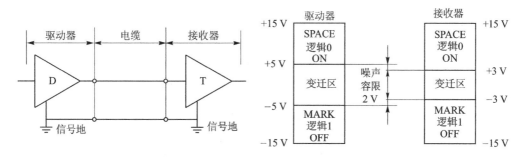

**图 4.4　RS‐232C 接口电气特性**

③ RS‐232C 是为点对点(即只用一对收、发设备)通信而设计的,其驱动器负载电阻为 3～7 kΩ、负载电容应小于 2 500 pF。对于普通导线,其单位长度电容值约为 170 pF/m,则 DTE 和 DCE 之间最大传输距离 $L = 2\,500 \text{ pF}/(170 \text{ pF/m}) = 15 \text{ m}$。

### 2. RS‐232C 与 TTL 电平的转换

RS‐232C 是用正负电压来表示逻辑状态的,与 TTL 以高低电平表示逻辑状态的规定不同。因此,为了能够同计算机接口或终端的 TTL 器件连接,必须在 RS－232C 与 TTL 电路之间进行电平和逻辑关系的变换。实现这种变换的方法可用分立元件,也可用集成电路芯片。目前较为广泛地使用集成电路转换器件,如 MC1488、SN75150 芯片可完成 TTL 电平到 RS－232C 电平的转换,而 MC1489、SN75154 可实现 RS－232C 电平到 TTL 电平的转换。

　　微机串口数据通信的具体连接方法如图 4.5 所示,8251A 为通用异步接收/发送器(UART),计算机通过编程,可以控制串行数据传送的格式和速度。MC1488 的引脚(2)、(4,5)、(9,10)和(12,13)接 TTL 输入;引脚 3、6、8、11 接 RS－232C 输出。MC1489 的 1、4、10、13 引脚接 RS－232C 输入,而 3、6、8、11 引脚接 TTL 输出。UART 是 TTL 器件,计算机输出或输入的 TTL 电平信号,都要分别经过 MC1488 和 MC1498 转换器,转换为 RS－232C 电平后,才能送到连接器上或从连接器上送进来。

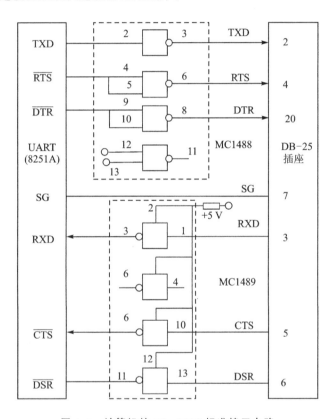

图 4.5　计算机的 RS－232C 标准接口电路

　　MAX232 芯片是 MAXIM 公司生产的,包含两路接收器和驱动器的 IC 芯片,适用于各种 RS－232C 的通信接口。MAX232 芯片内部有一个电源电压变换器,可以把输入的＋5 V 电源电压变换成为 RS－232C 输出电平所需的±10 V 电压。所以,采用此芯片接口的串行通信系统只需单一的＋5 V 电源就可以了,其适应性强,硬件接口简单,被广泛采用。

　　MAX232 典型工作原理图如图 4.6 所示,图中上半部分是电源变换电路部分,下半部分为发送和接收部分。实际应用中,可将 MAX232 芯片中两路发送接收端分别传送 TXD/RXD 和 RTS/CTS 信号,或任选一路作为 TXD/RXD 接口,要注意其发送、接收的引脚要对应。

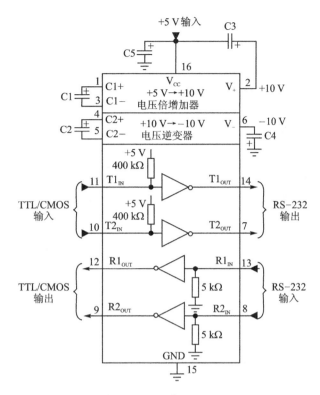

**图 4.6　MAX232 典型工作原理图**

## 4.1.4　RS - 232C 的应用

用 RS - 232C 总线连接系统时,有近程通信方式和远程通信方式之分。近程通信是指传输距离小于 15 m 的通信,这时可以用 RS - 232C 电缆直接连接,所用信号线较少。传输距离大于 15 m 的远程通信,需要采用调制解调器(Modem),因此使用的信号线较多。

### 1. 远程通信

若双方在 DCE(Modem)之间采用普通电话交换线进行通信,则需要 9 根信号线进行联络,如图 4.7 所示。**注意**:DTE 信号为 RS - 232C 信号,DTE 与计算机间的电平转换电路图 4.7 中未画出。

工作原理如下:

① 置 DSR 和 DTR 信号有效,表示 DCE 和 DTE 设备准备好,即设备本身已可用。

② 通过电话机拨号,呼叫对方,电话交换台向对方发出拨号呼叫信号,当对方 DCE 收到该信号后,使 RI 有效,通知 DTE 已被呼叫。当对方"摘机"后,两方建立了通信链路。

③ 若计算机要发送数据至对方,首先通过 DTE 发出 RTS 信号,此时,若 DCE 允许传送,则向 DTE 回答 CTS 信号。对全双工通信方式,一般直接将 RTS/CTS 接高电平,即只要通信链路建立,就可传送信号。RTS/CTS 可只用于半双工系统中作发送方式和接收方式的切换。

④ 当 DTE 获得 CTS 信号后,通过 TXD 线向 DCE 发出串行信号,DCE 将这些数字信号调制成载波信号,传向对方。

⑤ 计算机向 DTE 的数据输出寄存器传送新的数据前,应检查 DCE 状态和数据输出寄存器为空。

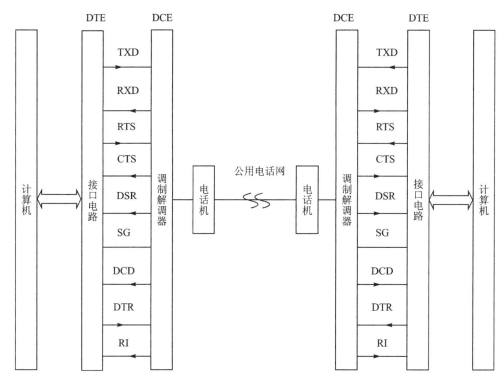

图 4.7　采用调制解调器的远程通信连接

⑥ 当对方的 DCE 收到载波信号后,向与它相连的 DTE 发出 DCD 信号,通知其 DTE 准备接收,同时,将载波信号解调为数据信号,从 RXD 线上送给 DTE,DTE 通过串行接收移位寄存器对接收到的位流进行移位,当收到 1 个字符的全部位流后,把该字符的数据位送到数据输入寄存器,计算机可以从数据输入寄存器读取字符。

## 2. 近距离通信

当两台计算机或设备进行近距离点对点通信时,可不需要 Modem,将两个 DTE 直接连接,这种连接方法称为零 Modem 连接。在这种连接中,计算机往往貌似 Modem,从而能够使用 RS - 232C 标准。在采用零 Modem 连接时,不能进行简单的引线互连,而应采用专门的技巧建立正常的信息交换接口,常用的零Modem 的 RS - 232C 连接方式有如下 3 种。

### (1) 零 Modem 完整连接(7 线制)

图 4.8 所示为零 Modem 完整连接的一个连接图,共用了 7 根连接线。由图 4.8 可见,RS - 232C 接口标准定义的主要信号线都用到了,并且是按照 DTE和 DCE 之间信息交换协议的要求进行连接的,只不过是把 DTE 自己发出的信号线送过来,当作对方 DCE发来的信号。它们的"请求发送"端(RTS)与自己的"清除发送"端(CTS)相连,使得当设备向对方请求发

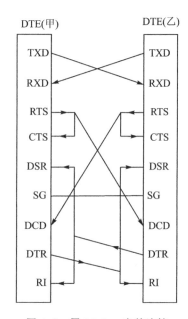

图 4.8　零 Modem 完整连接

送时,随即通知自己的"清除发送"端,表示对方已经响应。这里的"请求发送"线还与对方的"载波检测"线相连,这是因为"请求发送"信号的出现类似于通信通道中的载波检出。图 4.8 中的"数据设备就绪"是一个接收端,它与对方的"数据终端就绪"相连,就能得知对方是否已经准备好。"数据设备就绪"端收到对方"准备好"的信号,类似于通信中收到对方发出的"响铃指示",与"数据设备就绪"并联在一起。

双方的握手信号关系如下:

① 当甲方的 DTE 准备好,发出 DTR 信号,该信号直接连至乙方的 RI(振铃信号)和 DSR(数传机准备好),即只要甲方准备好,乙方立即产生呼叫(RI)有效,并同时准备好(DSR)。尽管此时乙方并不存在 DCE(数传机)。

② 甲方的 RTS 和 CTS 相连,并与乙方的 DCD 互连,即一旦甲方请求发送(RTS),便立即得到允许(CTS),同时,使乙方的 DCD 有效,即检测到载波信号。

③ 甲方的 TXD 与乙方的 RXD 相连,可以一发一收。

**(2) 零 Modem 标准连接(5 线制)**

图 4.9 所示为计算机与终端之间利用 RS-232C 连接的最常用的交叉连线图,图中"发送数据"与"接收数据"是交叉相连的,使得两台设备都能正确地发送和接收。"数据终端就绪"与"数据设备就绪"两根线也是交叉相连的,使得两设备都能检测出对方是否已经准备好,作为硬件握手信号。

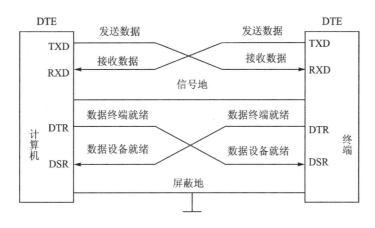

图 4.9　零 Modem 标准连接

**(3) 零 Modem 的最简连接(3 线制)**

图 4.10 所示为零 Modem 方式的最简单连接方式,即三线连接。该连接仅将"发送数据"与"接收数据"交叉连接,通信双方都视为数据终端设备,双方都可发也都可收。两装置之间需要握手信号时,可以按软件方式进行。如果使用 DOS 所提供的 BIOS 通信驱动程序,那么,这些握手信号则需要做相应处理,因为 BIOS 的通信驱动使用了这些信号。如果使用自己编写的串行驱动程序则可以完全不使用这些握手信号。

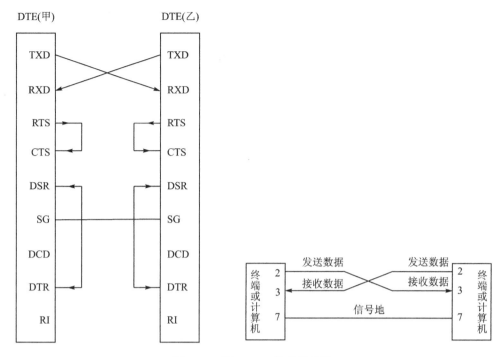

图 4.10　零 Modem 的最简连接

# 4.2　RS-422A 串行通信技术

　　采用 RS-232C 标准时,如图 4.11 所示,其所用的驱动器和接收器(负载侧)分别起 TTL/RS-232C 和 RS-232C/TTL 电平转换作用,转换芯片均采用单端电路,易于引入附加电平:一是来自干扰,用 $E_n$ 表示;二是由于两者地(A 点和 B 点)电平不同引入的电位差 $V_s$,如果两者距离较远或分别接至不同的馈电系统,则这种电压差可达数伏,从而导致接收器产生错误的数据输出。

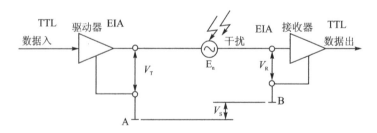

图 4.11　RS-232C 单端驱动非差分接收电路

　　RS-232C 是单端驱动非差分接收电路,不具有抗共模干扰特性。EIA 为了弥补 RS-232C 的不足,以获得经它传输距离更远、速率更高及机械连接器标准化的目的,20 世纪 70 年代末期又相继推出 3 个模块化新标准:

　　RS-499 ——使用串行二进制数据交换的数据终端设备和数据电路终端设备的通用 37 芯和 9 芯接口;

　　RS-423A ——不平衡电压数字接口电路的电气特性;

RS-422A——平衡电压数字接口电路的电气特性。

RS-499 在与 RS-232C 兼容的基础上,改进了电气特性,增加了通信速率和通信距离,规定了采用 37 条引脚连接器的接口机械标准,新规定了 10 个信号线。

RS-423A 和 RS-422A 的主要改进是采用了差分输入电路,提高了接口电路对信号的识别能力和抗干扰能力。其中 RS-423A 采用单端发送,RS-422A 采用双端发送,实际上 RS-423A 是介于 RS-232C 和 RS-422A 之间的过渡标准。在飞行器测试发射控制系统中实际应用较多的是 RS-422A 标准。

RS-423/422A 是 RS-449 的标准子集,RS-485 则是 RS-422A 的变形。

RS-422A 定义了一种单机发送、多机接收的平衡传输规范。

## 4.2.1　电气特性

图 4.12 所示为 RS-422A 的电气特性,其接口电路采用比 RS-232C 窄的电压范围(−6～+6 V)。通常情况下,发送驱动器的正电平在 +2～+6 V 之间,属于逻辑状态"0";负电平在 −2～−6 V 之间,属于逻辑状态"1"。当在接收端之间有大于 +200 mV 的电平时,输出正逻辑电平;小于 −200 mV 时,输出负逻辑电平,RS-422A 所规定的噪声余量是 1.8 V。

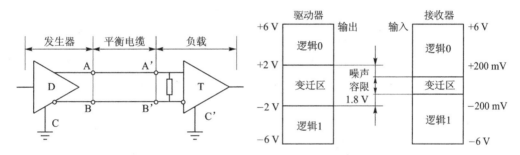

**图 4.12　RS-422A 接口电气特性**

RS-422A 的最大传输距离为 4 000 ft(约 1 219 m,1 ft=0.304 8 m),最大传输速率为 10 Mb/s。其平衡双绞线的长度与传输速率成反比,在 100 kb/s 速率以下,才可能达到最大传输距离。只有在很短的距离下才能获得最高速率传输。一般 100 m 长的双绞线上所能获得的最大传输速率仅为 1 Mb/s。

RS-422A 需要一终接电阻,要求其阻值约等于传输电缆的特性阻抗。在近距离(一般在 300 m 以下)传输时可不需终接电阻,终接电阻接在传输电缆的最远端。

## 4.2.2　典型应用

RS-422A 的数据信号采用差分传输方式,也称为平衡传输。它使用一对双绞线,将其中一线定义为 A,另一线定义为 B,另有一个信号地 C,发送器与接收器通过平衡双绞线对应相连,典型的四线网络如图 4.13 所示。

采用差分输入电路可以提高接口电路对信号的识别能力及抗干扰能力。这种输入电路的特点是通过差分电路识别两个输入线间的电位差,这样既可削弱干扰的影响,又可获得更长地传输距离。

由于接收器采用高输入阻抗和发送驱动器比 RS-232C 更强的驱动能力,故允许在相同传输线上连接多个接收节点,最多可接 10 个节点,即一个主设备(Master),其余为从设备

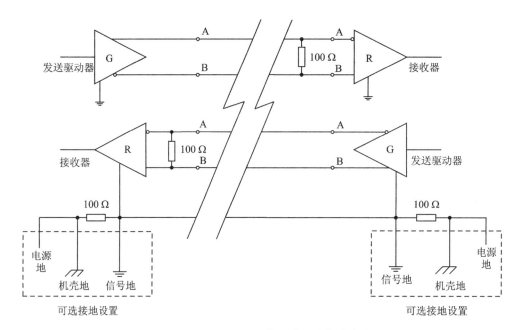

**图 4.13　RS - 422A 平衡驱动差分接收电路**

(Salve),从设备之间不能通信,所以 RS - 422A 支持点对多的双向通信。

　　RS - 422A 四线接口由于采用单独的发送和接收通道,因此不必控制数据方向,各装置之间任何必需的信号交换均可以按软件方式(XON/XOFF 握手)或硬件方式(一对单独的双绞线)实现。

# 4.3　RS - 485 串行通信技术

## 4.3.1　电气特性

　　为扩展应用范围,EIA 在 RS - 422A 的基础上制定了 RS - 485 标准,增加了多点、双向通信能力,通常在要求通信距离为几十米至上千米时,广泛采用 RS - 485 收发器。

　　RS - 485 收发器采用平衡发送和差分接收,即在发送端,驱动器将 TTL 电平信号转换成差分信号输出;在接收端,接收器将差分信号变成 TTL 电平,因此具有抑制共模干扰的能力,加上接收器具有高的灵敏度,能检测低达 200 mV 的电压,故数据传输可达千米以外。

　　RS - 485 的许多电气规定与 RS - 422A 相仿。如都采用平衡传输方式,都需要在传输线上接终端电阻等。RS - 485 可以采用二线与四线方式,二线制可实现真正的多点双向通信,但只能是半双工模式。而采用四线连接时,与 RS - 422A 一样只能实现点对多的通信,即只能有一个主设备,其余为从设备,但它比 RS - 422A 有所改进,无论四线还是二线连接方式,总线上可连接多达 32 个设备。

　　RS - 485 与 RS - 422A 的共模输出电压是不同的。RS - 485 共模输出电压在 -7 ~ +12 V 之间,RS - 422A 在 -7 ~ +7 V 之间;RS - 485 接收器最小输入阻抗为 12 kΩ,RS - 422A 为 4 kΩ。RS - 485 满足所有 RS - 422A 的规范,所以 RS - 485 的驱动器可以用在 RS - 422A 网络中。但 RS - 422A 的驱动器并不完全适用于 RS - 485 网络。

RS-485 与 RS-422A 一样,最大传输速率为 10 Mb/s。平衡双绞线的长度与传输速率成反比,在 100 kb/s 速率以下,RS-485 才可能使用规定最长的电缆长度,约为 1 200 m。

RS-485 需要 2 个终端电阻,接在传输总线的两端,其阻值要求等于传输电缆的特性阻抗。在近距离传输时可不需终端电阻。

## 4.3.2　RS-232C/422A/485 接口电路性能比较

常用的三种串口的性能比较如表 4.3 所列。

表 4.3　RS-232C/422A/485 接口电路特性比较

| 规　定 | RS-232C | RS-422A | RS-485 |
| --- | --- | --- | --- |
| 工作方式 | 单端 | 差分 | 差分 |
| 节点数 | 1 收,1 发 | 1 发,10 收 | 1 发,32 收 |
| 最大传输电缆长度/m | 15 | 1 200 | 1 200 |
| 最大传输速率 | 20 kb/s | 10 Mb/s | 10 Mb/s |
| 最大驱动输出电压/V | ±25 | -0.25～+6 | -7～+12 |
| 驱动器输出信号电平(负载最小值)/V | +5～±15 | ±2.0 | ±1.5 |
| 驱动器输出信号电平(空载最大值)/V | ±25 | +6 | +6 |
| 驱动器负载阻抗/Ω | 3 000～7 000 | 100 | 54 |
| 摆率(最大值) | 30 V/μs | N/A | N/A |
| 接收器输入电压范围/V | ±15 | -10～+10 | -7～+12 |
| 接收器输入门限 | +3 V | ±200 mV | ±200 mV |
| 接收器输入电阻/Ω | 3 000～7 000 | 4 000(最小) | ≥12 000 |
| 驱动器共模电压/V | | -3～+3 | -1～+3 |
| 接收器共模电压/V | | -7～+7 | -7～+12 |

选择串行接口时,还应考虑以下两个比较重要的问题:

**(1) 通信速度和通信距离**

通常的串行接口的电气特性,都有满足可靠传输时的最大通信速度和传送距离指标。但这两个指标之间具有相关性,适当地降低通信速度,可以提高通信距离,反之亦然。例如,采用 RS-232C 标准进行单向数据传输时,最大数据传输速率为 20 kb/s,最大传送距离为 15 m。改用 RS-422 标准时,最大传输速率可达 10 Mb/s,最大传送距离为 300 m,适当降低数据传输速率,传送距离可达到 1 200 m。

**(2) 抗干扰能力**

通常选择的标准接口,在保证不超过其使用范围时都有一定的抗干扰能力,以保证可靠的信号传输。但在一些工业测控系统中,通信环境往往十分恶劣,因此在选择通信介质、接口标准时要充分注意其抗干扰能力,并采取必要的抗干扰措施。例如,在长距离传输时,使用 RS-422 标准,能有效地抑制共模信号干扰;在高噪声污染环境中,通过使用光纤介质减少噪声干扰,通过光电隔离提高通信系统的安全性,都是一些行之有效的办法。

### 4.3.3  RS-485 收发器

RS-485 收发器种类较多,如 Maxim 公司的 MAX485,TI 公司的 SN75LBC184、SN65LBC184,高速型 SN65ALS1176 等。它们的引脚是完全兼容的,其中 SN65ALS1176 主要用于高速应用场合,如 PROFIBUS-DP 现场总线等。下面仅介绍 SN75LBC184。

SN75LBC184 为具有瞬变电压抑制的差分收发器。SN75LBC184 为商业级,其工业级产品为 SN65LBC184。SN75LBC184 引脚图如图 4.14 所示。

其中各引脚功能如下:

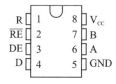

> R:接收端;
> $\overline{RE}$:接收使能,低电平有效;
> DE:发送使能,高电平有效;
> D:发送端;
> A:差分正输入端;
> B:差分负输入端;
> $V_{cc}$:+5 V 电源;
> GND:地。

**图 4.14  SN75LBC184 引脚图**

SN75LBC184 和 SN65LBC184 具有如下特点:

① 具有瞬变电压抑制能力,能防雷电和抗静电放电冲击;
② 限斜率驱动器,使电磁干扰减到最小,并能减少传输线终端不匹配引起的反射;
③ 总线上可挂接 64 个收发器;
④ 接收器输入端开路故障保护;
⑤ 具有热关断保护;
⑥ 低禁止工作电流,最大 300 $\mu$A;
⑦ 引脚与 SN75176 兼容。

### 4.3.4  RS-485 接口的典型应用

RS-485 典型应用电路如图 4.15 所示。

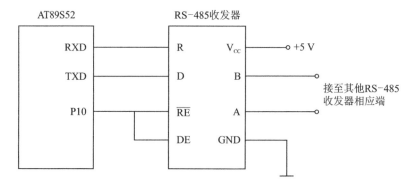

**图 4.15  RS-485 典型应用电路**

在图 4.15 中,RS-485 收发器可以采用 SN75LBC184、SN65LBC184、MAX485 等。当 P10 为低电平时,接收数据;当 P10 为高电平时,发送数据。

在 P10 变为高电平发送数据之前,应当延时几十微秒的时间。尤其是在 P10 和 DE 之间接有光电耦合器时,延时时间还应更长一些;否则开始发送的几个字节数据可能会丢失。

如果采用 RS - 485 组成总线型拓扑结构的分布式测控系统,则在双绞线终端应接 120 Ω的终端电阻。

## 4.3.5　RS - 485 网络互连

利用 RS - 485 接口可以使一个或者多个信号发送器与接收器互连,在多台计算机或带微控制器的设备之间实现远距离数据通信,形成分布式测控网络系统。

### 1. RS - 485 的半双工通信方式

在大多数应用条件下,RS - 485 的端口连接都采用半双工通信方式。有多个驱动器和接收器共享一条信号通路。图 4.16 所示为 RS - 485 端口的半双工连接电路,其中 RS - 485 差动总线收发器采用 SN75LBC184。

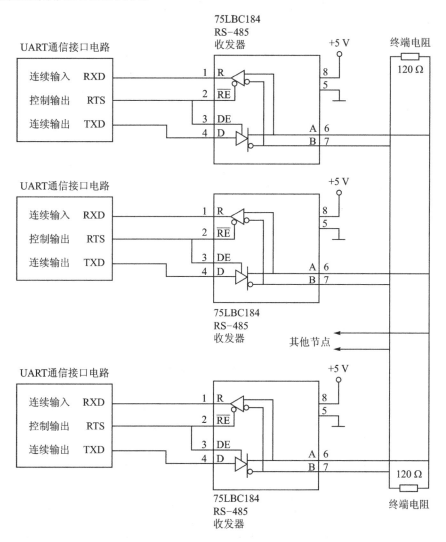

**图 4.16　RS - 485 端口的半双工连接电路**

图 4.16 中的 2 个 120 Ω 电阻是作为总线的终端电阻存在的。当终端电阻等于电缆的特征阻抗时,可以削弱甚至消除信号的反射。

特征阻抗是导线的特征参数,它的数值随着导线的直径、在电缆中与其他导线的相对距离以及导线的绝缘类型而变化。特征阻抗值与导线的长度无关,一般双绞线的特征阻抗为 $100 \sim 150$ Ω。

RS‐485 的驱动器必须能驱动 32 个单位负载加上一个 60 Ω 的并联终端电阻,总的负载包括驱动器、接收器和终端电阻,不低于 54 Ω。图 4.16 中 2 个 120 Ω 电阻的并联值为 60 Ω,32 个单位负载中接收器的输入阻抗会使总负载略微降低;而驱动器的输出与导线的串联阻抗又会使总负载增大。最终需要满足不低于 54 Ω 的要求。

还应该注意的是,在一个半双工连接中,在同一时间内只能有一个驱动器工作。如果发生两个或多个驱动器同时启用,一个企图使总线上呈现逻辑 1,另一个企图使总线上呈现逻辑 0,则会发生总线竞争,在某些元件上就会产生大电流。因此,所有 RS‐485 的接口芯片上都必须有限流和过热关闭功能,以便在发生总线竞争时保护芯片。

### 2. RS‐485 的全双工连接

尽管大多数 RS‐485 的连接是半双工的,但是也可以形成全双工 RS‐485 连接。图 4.17 和图 4.18 所示为两点之间或多点之间的全双工 RS‐485 连接电路。在全双工连接中,信号的发送和接收方向都有它自己的通路。在全双工、多节点连接中,一个节点可以在一条通路上向所有其他节点发送信息,而在另一条通路上接收来自其他节点的信息。

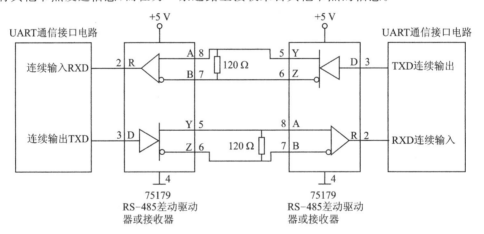

图 4.17　两个 RS‐485 端口的全双工连接电路

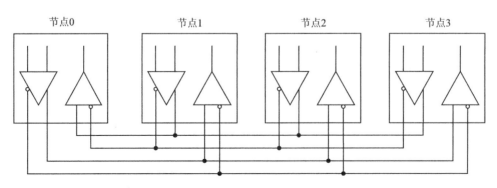

图 4.18　多个 RS‐485 端口的全双工连接

两点之间全双工连接的通信在发送和接收上都不会存在问题。但当多个节点共享信号通路时,需要以某种方式对网络控制权进行管理。这是在全双工、半双工连接中都需要解决的问题。

RS-232C 和 RS-485 之间的转换可以采用相应的转换模块。

# 4.4　Modbus 通信协议

## 4.4.1　Modbus 协议简介

Modbus 是由 Modicon(莫迪康)于 1979 年发明的,是全球第一个真正用于工业现场的总线协议。为更好地普及和推动 Modbus 在基于以太网上的分布式应用,目前施耐德公司已将 Modbus 协议的所有权移交给分布式自动化接口(Interface for Distributed Automation,IDA)组织,并成立了 Modbus-IDA 组织,为 Modbus 今后的发展奠定了基础。

1998 年施耐德公司又推出了新一代 TCP/IP 以太网的 Modbus/TCP。Modbus/TCP 是第一家采用 TCP/IP 以太网用于工业自动化领域的标准协议。Modbus 主/从通信机理能很好地满足确定性的需要。与互联网的客户机/服务器通信机理相对应,Modbus/TCP 的应用层还是采用 Modbus 协议。传输层使用 TCP 协议,网络层采用 IP 协议,因为 Internet 就使用这个协议寻址,所有 Modbus/TCP 不但可以在局域网使用,还可以在广域网和因特网使用。有了它,不同厂商生产的控制设备可以连成工业网络,进行集中监控。在市场上几乎可以找到任何现场总线连接到 Modbus/TCP 的网关,方便用户实现各种网络之间的互联。

Modbus 协议是应用于 PLC 或其他电子控制器上的一种通用语言。通过此协议,控制器之间、控制器通过网络(如以太网)和其他设备之间可以实现串行通信。该协议已经成为通用工业标准。采用 Modbus 协议,不同厂商生产的控制设备可以互连成工业网络,实现集中监控。此协议定义了一个控制器能识别使用的消息结构,而不管它们是经过何种网络进行通信的。它描述了控制器请求访问其他设备的过程,如何响应来自其他设备的请求,以及怎样侦测错误并记录。它制定了消息域格式和内容的公共格式。

当在 Modbus 网络上通信时,此协议要求每个控制器必须知道它们的设备地址,识别按地址发来的消息,决定要产生何种动作。如果需要响应,控制器将生成反馈信息并用 Modbus 协议发出。在其他网络上,包含了 Modbus 协议的消息转换为在此网络上使用的帧或包结构,这种转换也扩展了根据具体的网络解决节点地址、路由路径及错误检测的方法。

### 1. 在 Modbus 网络上传输

在物理层,Modbus 串行链路系统可以使用不同的物理接口(RS-232、RS-485)。最常用的是 RS-485 两线制接口。作为附加的选项,也可以实现 RS-485 四线制接口。当只需要短距离的点对点通信时,也可使用 RS-232C 串行接口。

Modbus 通信采用主-从方式,即仅某一设备(主设备)能主动传输(查询),其他设备(从设备)根据主设备查询提供的数据做出响应。其典型的主设备有:主机和可编程仪表;典型的从设备有:可编程控制器。

在同一网络中有一个主设备及最多 247 个从设备,从设备的地址编码为 1~247。主设备可单独与从设备通信,也能以广播方式和所有从设备通信。通常情况下,主设备只与 1 台从设备通信,但当主设备发出的地址码为 0 即采用广播方式时,可以将消息发送给所有的从设备。

如果单独通信,则从设备返回一消息作为响应;如果以广播方式查询,则不做任何响应。Modbus 协议建立了主设备查询的格式:设备(或广播)地址、功能代码、所有要发送的数据、一个错误检测域。

从设备响应消息也由 Modbus 协议构成,包括确认要动作的域、任何要返回的数据和一个错误检测域。如果在消息接收过程中发生错误,或从设备不能执行其命令,那么从设备将建立一错误消息并把它作为响应发送出去。

Modbus 一次通信所发送和接收的数据包由若干帧组成,协议定义了这些帧的意义,控制器只要按照协议解释其接收和发送的帧数据,就能与在同一网络中采用同样协议的控制器实现通信。

### 2. 在其他类型网络上传输

在其他网络上,控制器使用"对等"技术通信,任何控制器都能初始化和其他控制器的通信。这样在单独的通信过程中,控制器既可作为主设备,也可作为从设备。提供的多个内部通道允许同时发生传输进程。

在消息级,Modbus 协议仍提供了主-从原则,尽管网络通信方法是"对等"的。如果一个控制器发送一消息,则它只是作为主设备,并期望从设备得到响应。同样,当控制器接收到一消息时,它将建立一从设备响应格式并返回给发送的控制器。

### 3. 查询-响应周期

主设备向从设备发送请求报文,其中包含命令控制字、从设备地址、需要传输的参数等信息,从设备收到查询信号后做出相应的操作:执行相关动作、反馈主站读取的数据、命令执行情况等,向主设备做出应答。过程中如果出现故障,则会导致信息无法到达目的地,主、从站超时定时器满后放弃该操作,继续下一操作。

Modbus 的查询-响应周期如图 4.19 所示。

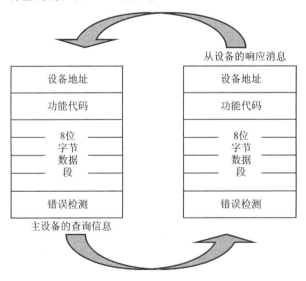

图 4.19 Modbus 主-从模式的查询-响应周期

### (1) 查 询

查询消息中的功能代码告知被选中的从设备要执行何种功能。数据段包含了从设备要执行功能的任何附加消息。例如,功能代码 03 是要求从设备读保持寄存器并返回它们的内容。

数据段必须包含要告知从设备的信息：从何种寄存器开始读及要读的寄存器数量。错误检测域为从设备提供了一种验证消息内容是否正确的方法。

**（2）响　应**

如果从设备产生一正常的响应，则在响应消息中的功能代码是在查询消息中的功能代码的响应。数据段包括了从设备收集的数据，像寄存器值或状态。如果有错误发生，则功能代码将被修改，以用于指出响应消息是错误的，同时数据段包含了描述此错误信息的代码。错误检测域允许主设备确认消息内容是否可用。

## 4.4.2　Modbus 的传输模式

控制器能设置为两种传输模式（ASCII 或 RTU）中的任何一种在标准的 Modbus 网络通信。用户选择想要的模式，包括串口通信参数（波特率、校验方式等），在配置每个控制器的时候，在一个 Modbus 网络上的所有设备都必须选择相同的传输模式和串口参数。设备必须能实现传输模式设置，默认设置为 RTU 模式，ASCII 传输模式是一个可选项。在相同传输速率下，RTU 模式比 ASCII 模式有更高的数据吞吐量。只有在某些特定应用中要求使用 ASCII 模式。

**1．ASCII 模式**

当在 Modbus 串行链路上使用 ASCII（American Standard Code for Information Interchange，美国信息交换标准代码）传输模式通信时，一个 8 位的字节，如"5D"，需要采用两个 ASCII 字符来发送。一个字节是"5D"中高 4 位的"5"，它的十六进制 ASCII 码为 0x35 或 35H；另一个字节是"5D"中低 4 位的"D"，它的十六进制 ASCII 码为 0x44 或 44H。通常，当物理设备的能力不能满足 RTU 模式的定时管理要求时，使用 ASCII 传输模式。这种方式的主要优点是字符发送的时间间隔可达到 1 s 而不产生错误。

**（1）ASCII 传输模式时的位序列**

在 ASCII 传输模式中每个字符包含 10 位，其格式为：1 个起始位；7 个数据位；1 个奇偶校验位；1 个停止位。ASCII 传输模式默认采用偶校验，但也允许使用奇校验等其他模式。为了保证与其他产品的最大兼容性，建议还支持无校验模式。采用无校验时要求传送一个附加的停止位来填充字符，即无校验时字符有 2 个停止位。

ASCII 传输模式的位序列如图 4.20 所示，按图中从左到右的顺序串行地发送每个字符或字节。最低有效位（LSB）在前，最高有效位（MSB）在后。

有奇偶校验

| 起始位 | 1 | 2 | 3 | 4 | 5 | 6 | 7 | 奇偶位 | 停止位 |
|---|---|---|---|---|---|---|---|---|---|

无奇偶校验

| 起始位 | 1 | 2 | 3 | 4 | 5 | 6 | 7 | 停止位 | 停止位 |
|---|---|---|---|---|---|---|---|---|---|

**图 4.20　ASCII 传输模式的位序列**

**（2）ASCII 传输模式时的消息帧结构**

传送设备将 Modbus 消息放置在带有已知起始和结束点的帧中，这就允许接收新帧的设备在消息的起始处开始接收,并且知道消息传输何时结束。接收设备必须能够检测到不完整的消息,并且必须作为结果设置错误标志。

在 ASCII 传输模式中,采用特定的帧起始字符和帧结束字符来区分一个消息。消息中字符间发送的时间间隔最长不能超过 1 s,否则接收的设备将认为传输错误。一个典型的 ASCII 消息帧如图 4.21 所示。

| 起始符 | 设备地址 | 功能代码 | 数据 | LRC校验 | 结束符 |
|--------|----------|----------|------|---------|--------|
| 1个字符 | 2个字符 | 2个字符 | $n$个字符 | 2个字符 | 2个字符 |

**图 4.21 ASCII 消息帧**

ASCII 消息必须以一个冒号“:”字符(ASCII 码为 3AH)作为帧起始标志,以“回车”(ASCII 码为 0DH)和“换行”(ASCII 码为 0AH)这两个字符作为帧结束标志。其他域可以使用的传输字符是十六进制的 0~9 和 A~F。网络上的设备不断侦测“:”字符,当有一个冒号接收到时,每个设备都解码下个域(地址域)来判断是否是发给自己的。每次接收到“:”字符表示新消息的开始,如果在一个消息的接收过程中收到“:”字符,则当前消息被认为不完整并被丢弃。

消息帧的地址字段包含 2 个字符(ASCII)或 8 bit(RTU)。允许的从设备地址范围是 0~247(十进制)。单个从设备的地址范围是 1~247。主设备通过将从设备的地址放入消息中的地址域来选通从设备。当从设备发送响应消息时,它把自己的地址放入响应的地址域中,以便主设备知道是哪一个设备做出的响应。地址 0 用做广播地址,以使所有的从设备都能识别。

消息帧的功能代码包含了 2 个字符(ASCII)或 8 bit(RTU)。允许的代码范围是十进制的 1~255。当然,有一些代码是适用于所有控制器的,有一些只适用于某种控制器,还有一些保留以备后用。当消息从主设备发往从设备时,功能代码域将告知从设备需要执行哪些动作。例如,去读取输入的开关的状态,读一组寄存器的数据内容,读从设备的诊断状态,允许调入、记录、校验在从设备中的程序等。

消息帧的数据域由两位十六进制构成,范围为 00H~FFH。根据网络传输模式,可以由一对 ASCII 字符组成,或者由一个 RTU 字符组成。由于 ASCII 消息数据域的每个数据字节需要两个字符编码,RTU 数据域的最大数据长度为 252 个字符,为了在 Modbus 应用层上保持 ASCII 模式和 RTU 模式的兼容,因此 ASCII 数据域的最大长度为 $2 \times 252$ 个字符,它是 RTU 数据域最大长度的两倍。也就是说,ASCII 消息帧的最大长度为 513 个字符。

消息帧的错误检测域包含了 2 个字符(ASCII)或 16 bit(RTU)。使用 ASCII 模式,消息包括基于 LRC(Longitudinal Redundancy Check,纵向冗校验)方法的错误检测域。LRC 域检测消息域中除开始的冒号及结束的回车、换行符以外的内容。LRC 域包含一个 8 位二进制数的字节。LRC 值由传输设备来计算并放到消息帧中,接收设备在接收消息的过程中计算 LRC,并将它和接收到的消息中的 LRC 域中的值比较,如果两值不相等,则说明有错误。LRC 方法是将消息中的 8 位字节连续累加,不考虑进位。

当检测到帧结束标志之后,执行 LRC 计算和校验,并分析地址字段,以确定该帧是否发给这个设备。如果不是发给这个设备的,则丢弃该帧。为了减少接收处理时间,在接收到地址字段时,就可以分析地址字段,而不需要等到整个帧结束。

## 2. RTU 模式

当设备在 Modbus 串行链路上使用 RTU(远程终端单元)模式通信时,报文中每 8 位分为两个 4 位十六进制字符。这种模式的优点是有较高的字符密度,在相同的波特率下,比 ASCII 模式有更高的吞吐量。每个消息帧必须要以连续的字符流传送。

### (1) RTU 传输模式时的位序列

当设备在 Modbus 串行链路上使用 RTU 模式通信时,每个 8 位的数据字节需要组成如图 4.22 所示的一个 11 位的字符,消息以连续的字符流的形式传输。每个字符包括 1 个起始位、8 个数据位、1 个奇偶校验位和 1 个停止位。采用无校验时要求传送一个附加的停止位来填充字符,即无校验时字符有 2 个停止位。串行地发送每个字符或字节的顺序是从最低有效位(LSB)到最高有效位(MSB),即如图 4.22 所示的从左到右的位序列。

有奇偶校验

| 起始位 | 1 | 2 | 3 | 4 | 5 | 6 | 7 | 8 | 奇偶位 | 停止位 |
|---|---|---|---|---|---|---|---|---|---|---|

无奇偶校验

| 起始位 | 1 | 2 | 3 | 4 | 5 | 6 | 7 | 8 | 停止位 | 停止位 |
|---|---|---|---|---|---|---|---|---|---|---|

**图 4.22　RTU 模式中的位序列**

### (2) RTU 传输模式时的消息帧结构

使用 RTU 模式,消息发送至少要以 3.5 个字符时间的停顿间隔开始。整个消息帧必须以连续的字符流发送。传输的第一个域是设备地址(8 bit),可以使用的传输字符是十六进制的 0～9 和 A～F。网络设备不断侦测网络总线,包括停顿间隔时间。当第一个域(地址域)接收到时,每个设备都进行解码以判断是否发给自己的。在最后一个传输字符之后,一个至少 3.5 个字符时间的停顿标注了消息的结束,一个新的消息可在此停顿后开始。

一个典型的 RTU 消息帧格式如图 4.23 所示。其中,从站地址为 1 字节,功能码为 1 字节,数据域为 0～252 字节,CRC 校验码为 2 字节。错误检测域的内容是通过对消息内容进行 CRC(Cyclic Redundancy Check,循环冗余校验)方法得到的。CRC 域检测整个消息的内容。

| 起始符 | 设备地址 | 功能代码 | 数据 | CRC校验 | 结束符 |
|---|---|---|---|---|---|
| ≥3.5个字符 | 8 bit | 8 bit | $n$个8 bit | 16 bit | ≥3.5个字符 |

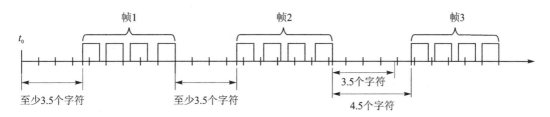

**图 4.23　RTU 消息帧**

如图 4.24 所示,当两个字符之间的空闲间隔大于 1.5 个字符时,认为消息帧不完整,接收站应该丢弃这个消息帧。同样的,如果一个新消息在小于 3.5 个字符时间内接着前一个消息开始,接收的设备将认为它是前一消息的延续。这将导致一个错误,因为在最后的 CRC 域的值不可能是正确的。

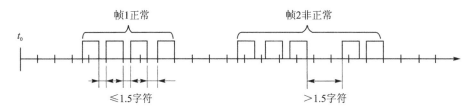

图 4.24　Modbus 帧内间隔

## 4.4.3　Modbus 的编程方法

由 RTU 模式消息帧格式可以看出,在完整的一帧消息开始传输时,必须和上一帧消息之间至少有 3.5 个字符时间的间隔,这样接收方在接收时才能将该帧作为一个新的数据帧接收。

另外,在本数据帧进行传输时,帧中传输的每个字符之间不能超过 1.5 个字符时间的间隔,否则,本帧将被视为无效帧,但接收方将继续等待和判断下一次 3.5 个字符的时间间隔之后出现的新一帧并进行相应的处理。

因此,在编程时首先要考虑 1.5 个字符时间和 3.5 个字符时间的设定和判断。

### 1. 字符时间的设定

在 RTU 模式中,1 个字符时间是指按照用户设定的波特率传输一个字节所需要的时间。例如,当传输波特率为 2 400 b/s 时,1 个字符时间为 $11 \times (1/2\ 400) = 4\ 583\ \mu s$。

同样,可得出 1.5 个字符时间和 3.5 个字符时间分别为

$$11 \times (1.5/2\ 400) = 6\ 875\ \mu s$$
$$11 \times (3.5/2\ 400) = 16\ 042\ \mu s$$

为了节省定时器,在设定这两个时间段时可以使用同一个定时器,定时时间取为 1.5 个字符时间和 3.5 个字符时间的最大公约数即 0.5 个字符时间,同时设定两个计数器变量为 $m$ 和 $n$,用户可以在需要开始启动时间判断时将 $m$ 和 $n$ 清零。

而在定时器的中断服务程序中,只需要对 $m$ 和 $n$ 分别做加 1 运算,并判断是否累加到 3 和 7。当 $m = 3$ 时,说明 1.5 个字符时间已到,此时可以将 1.5 个字符时间已到标志 T15FLG 置成 01H,并将 $m$ 重新清零;当 $n = 7$ 时,说明 3.5 个字符时间已到,此时将 3.5 个字符时间已到标志 T35FLG 置成 01H,并将 $n$ 重新清零。

当波特率为 1 200～19 200 b/s 时,定时器定时时间采用此方法计算。

当波特率为 38 400 b/s 时,Modbus 通信协议推荐此时 1 个字符时间为 500 $\mu s$,即定时器定时时间为 250 $\mu s$。

### 2. 数据帧接收的编程方法

在实现 Modbus 通信时,设每个字节的一帧信息需要 11 位,其中 1 位起始位、8 位数据位和 2 位停止位,无校验位。通过串行口的中断接收数据,中断服务程序每次只接收并处理一个字节数据,并启动定时器实现时序判断。

在接收新一帧数据时,接收完第一个字节之后,置帧标志 FLAG 为 0AAH,表明当前存在一个有效帧正在接收。在接收该帧的过程中,一旦出现时序不对,则将帧标志 FLAG 置成 55H,表明当前存在的帧为无效帧。其后,接收到本帧的剩余字节仍然放入接收缓冲区,但标志 FLAG 不再改变,直至接收到 3.5 字符时间间隔后的新一帧数据的第一个字节,主程序即可根据 FLAG 标志判断当前是否有有效帧需要处理。

Modbus 数据串行口接收中断服务程序的结构框图如图 4.25 所示。

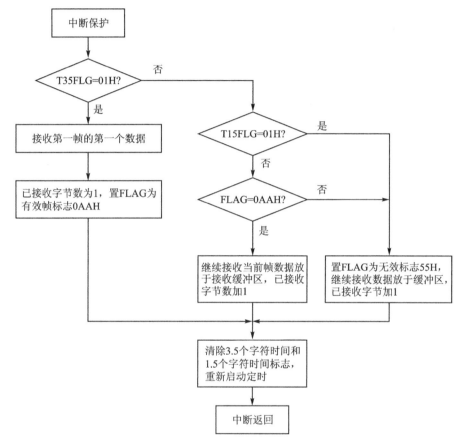

图 4.25  Modbus 数据串行口接收中断服务程序的结构框图

# 本章小结

在通用串行通信接口中,常用的有 RS-232C、RS-422A 接口及 RS-485 接口。PC 及兼容计算机均具有 RS-232C 接口。

当需要长距离(几百米到 1 km)传输时,则采用 RS-485 接口(二线差分平衡传输)。如果要求通信双方均可以主动发送数据,则必须采用 RS-422A 接口(四线差分平衡传输)。RS-232C 接口可通过转换模块变成 RS-485 接口。有些控制器(如 PLC)则直接带有 RS-485 接口,当需要多个 RS-485 接口时,可以在 PC 上插上基于 PCI 总线的板卡(如 MOXA 卡)。

本章首先介绍 RS-232C、RS-422A、RS-485 串行通信接口的机械特性、电气特性及其应用;然后讨论 RS-485 的半双工通信方式和全双工通信方式;最后简要介绍 Modbus 通信协议,为后续学习 PROFIBUS 等现场总线奠定基础。

# 思考题

1. 画出 RS‑232C 的最简连接。
2. RS‑422A 接口有哪些优点?
3. RS‑485 接口的特点有哪些?
4. RS‑232C 和 RS‑485 接口的区别是什么?
5. 采用 RS‑485 通信接口,设计一种总线型拓扑网络。
6. 什么是 Modbus‑RTU 通信协议?

# 第 5 章　CAN 现场总线

CAN(Controller Area Network)是控制器局域网的简称,是德国 Bosch 公司在 1986 年为解决现代汽车中众多测量控制部件之间的数据交换而开发的一种串行数据通信总线,现已成为国际标准 ISO 11898。尽管 CAN 最初是为汽车电子系统设计的,但由于它在技术与性价比方面的独特优势,在航天、电力、石化、冶金、纺织、造纸、仓储等领域也得到了广泛应用。在火车、轮船、机器人、楼宇控制、医疗器械、数控机床、智能传感器、过程自动化仪表等自控设备和现场总线系统中,都有 CAN 技术的身影。CAN 已成为工业数据通信的主流技术之一。

## 5.1　CAN 总线概述

### 5.1.1　CAN 通信的特点

与其他同类技术相比,CAN 在可靠性、实时性和灵活性方面具有独特的技术优势,其主要技术特点如下:

① CAN 总线上任一节点在任意时刻主动地向其他节点发起通信,节点不分主-从,通信方式灵活。

② 可将 CAN 总线上的节点信息,按对实时性要求的紧急程度,分成不同优先级,最高优先级的数据可在最多 134 $\mu$s 内得到传输,以满足控制信息的通信需求。

③ CAN 采用载波监听多路访问、逐位仲裁的非破坏性总线仲裁技术。一是先听再讲,二是当多个节点同时向总线发送报文而引起冲突时,优先级较低的节点会主动地退出发送,而最高优先级的节点可不受影响地继续传输数据,从而大大节省了总线冲突仲裁时间。

④ CAN 只需通过报文滤波即可实现点对点、一点对多点及全局广播等几种方式传送接收数据,无需专门的"调度"。

⑤ CAN 的直接通信距离最远可达 10 km(速率 5 kb/s 以下);通信速率最高可达 1 Mb/s(此时通信距离最长为 40 m)。

⑥ CAN 上的节点数主要取决于总线驱动电路,目前可达 110 个;报文标识符可达 2 032 种(CAN 2.0A),而扩展标准(CAN 2.0B)的报文标识符几乎不受限制。

⑦ 采用短帧结构,传输时间短,受干扰概率低,具有极好的检错效果。

⑧ CAN 节点中均设有出错检测、标定和自检的强有力措施。出错检测的措施包括自检、循环冗余校验、位填充和报文格式检查。因而数据出错率低。

⑨ CAN 的通信介质可为双绞线、同轴电缆或光纤,选择灵活。

⑩ CAN 器件可被置于无任何内部活动的睡眠方式,以降低系统功耗。其睡眠状态可通过总线激活或者系统的内部条件被唤醒。

⑪ CAN 节点在错误严重的情况下具有自动关闭输出功能,以使总线上其他节点的运行不受影响。

随着 CAN 在各领域的应用和推广,对其通信的标准化提出了要求。1991 年 9 月 Philips

Semiconductors 制定并发布了 CAN 技术规范(Version 2.0)。该技术规范包括 A 和 B 两部分,2.0A 给出了 CAN 报文标准格式,而 2.0B 给出了标准的和扩展的两种格式。此后,1993 年 11 月 ISO 正式颁布了道路交通运输工具数据信息交换高速通信控制器局域网国际标准 ISO 11898 CAN 高速应用标准及 ISO 11519 CAN 低速应用标准,这为 CAN 的标准化、规范化铺平了道路。

## 5.1.2　CAN 的基本概念

CAN 技术规范中有关的基本概念如下:

**(1) 报　文**

信息以不同格式的报文发送,长度受限。

**(2) 信息路由**

一个节点不使用有关系统结构的任何信息(如站地址)。这时有如下重要特征:

① 系统灵活性:节点可在不改变任何软件或硬件情况下接入 CAN 的网络中。

② 报文通信:报文由标识符 ID 命名,ID 中不指出报文的目的地,但描述数据含义,报文滤波决定是否接收。

③ 成组:由于是滤波,所以很多节点可以同时接收报文,并同时被该数据激活。

④ 数据相容性:在 CAN 的网络中,报文可以同时被接收,也可能不被接收。因此系统数据相容性是借助于成组和出错处理达到的。

**(3) 位速率**

每位发送的位数量。CAN 的数据传输速率在不同系统中是不同的。若传输系统一定,则速率是固定的。

**(4) 优先权**

在总线访问期间,标识符定义了报文静态的优先权。

**(5) 远程数据请求**

通过发一个远程帧,需要数据的节点可要求另一个节点发送一个相对应的数据帧。这个远程帧与这个对应数据帧具有相同的 ID。

**(6) 多数站**

当总线开放时,任何单元均可发送报文,但是具有最高优先权的报文单元可以获得总线使用权。

**(7) 仲　裁**

若同时有两个单元开始发送,发生了冲突,那么这时要用到逐位仲裁,通过 ID 标识符来解决。这种仲裁可以使信息和时间均不受到损失。若具有相同标识符 ID 的数据帧与远程帧同时发送,则数据帧优先于远程帧。

仲裁期间,每一个发送器都要对发送位电平与总线上检测到的电平进行比较,若相同则可继续发送。当发送一个"隐性"电平(Recessive Level),而在总线上检测为"显性"电平(Dominant Level)时,该单元就要退出仲裁,并且不再传输后续位。

**(8) 故障界定**

CAN 节点有能力识别永久性故障和瞬时扰动,可以自动关闭故障节点。

**(9) 连　接**

CAN 的串行通信链路是一条可连接众多单元的总线,理论上其数量可以无限多。实际上，单元总数是受时延和总线的负载能力限制的。

**（10）单通道**

CAN 是由单一通道进行双向位传送的，并且借助于数据重同步实现信息的传输。在 CAN 的技术规范中，实现单通道传送的方法不是固定的，可以是单线（加地线）连接、两条差分线连接、光纤连接等。

**（11）总线数值的表示**

总线上具有两种数值表示：显性电平和隐性电平互补逻辑数值。在显性位和隐性位同时发送期间，总线上数值将是显性位的。例如，在总线的"线与"操作情况下，显性位由逻辑"0"表示，隐性位由逻辑"1"表示。在 CAN 技术规范中没有给出表示这种逻辑电平的物理状态（如电压、光、电磁波等）。

**（12）应　答**

所有接收器都对接收报文的相容性进行检查，应答一个相容报文，并标注一个不相容报文。

## 5.1.3　CAN 的分层结构

参照 ISO/OSI 标准模型，CAN 的规范定义了模型的最下面两层：数据链路层和物理层。而数据链路层又包括逻辑链路控制子层 LLC(Logic Link Control)和媒体访问控制子层 MAC(Medium Access Control)，CAN 的分层结构如图 5.1 所示。此外，一些组织还制定了 CAN 的高层协议，即应用层协议，比如 DeviceNet、CANOpen 等协议。

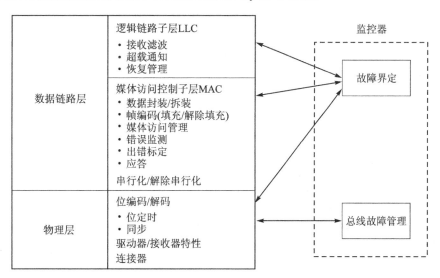

**图 5.1　CAN 的分层结构**

LLC 子层的主要功能：对总线上传送的报文实行接收滤波，判断总线上传送的报文是否与本节点有关，哪些报文应该为本节点所接收；对报文的接收予以确认；为数据传送和远程数据请求提供服务；当丢失仲裁或被出错干扰时，逻辑链路子层具有自动重发的恢复管理功能；当接收器出现超载，要求推迟下一个数据帧或远程帧时，则通过逻辑链路子层发送超载帧，以推迟接收下一个数据帧。

MAC 子层是 CAN 协议的核心。它负责执行总线仲裁、报文成帧、出错检测、错误标定等传输控制规则。MAC 子层要为开始一次新的发送确定总线是否可占用,在确认总线空闲后开始发送。在丢失仲裁时退出仲裁,转入接收方式。对发送数据实行串行化,对接收数据实行反串行化。完成 CRC 校验和应答校验,发送出错帧。确认超载条件,激活并发送超载帧。添加或卸除起始位、远程传送请求位、保留位、CRC 校验和应答码等,即完成报文的打包和拆包。MAC 子层是对故障监控的一个管理实体,也是对故障的界定。它可以识别永久故障或是短暂干扰。LLC 子层主要是报文过滤、超载通知和恢复管理。

物理层规定了节点的全部电气特征,并规定了信号如何发送,因而涉及位定时、位编码和同步的描述。在这部分技术规范中没有规定物理层的驱动器/接收器特性,允许用户根据具体应用,规定相应的发送驱动能力。一般来说,在一个总线段内,要实现不同节点间的数据传输,所有节点的物理层应该是相同的。

# 5.2　CAN 技术规范

## 5.2.1　CAN 报文传送和帧结构

在进行数据传送时,发出报文的单元称为该报文的发送器。该单元在总线空闲或丢失仲裁前恒为发送器。如果一个单元不是报文发送器,并且总线不处于空闲状态,则该单元为接收器。

对于报文发送器和接收器,报文的实际有效时刻是不同的。对于发送器而言,如果直到帧结束末尾一直未出错,则对于发送器报文有效。如果报文受损,则将允许按照优先权顺序自动重发。为了能同其他报文进行总线访问竞争,总线一旦空闲,重发立即开始。对于接收器而言,如果直到帧结束的最后一位一直未出错,则对于接收器报文有效。

CAN 的技术规范包括 A 和 B 两个部分,CAN 2.0A 规范所规定的报文帧被称为标准格式的报文帧,它具有 11 位标识符。而 CAN 2.0B 规定了标准和扩展两种不同的帧格式,其主要区别在于标识符的长度。CAN 2.0B 中的标准格式与 CAN 2.0A 所规定的标准格式兼容,都具有 11 位标识符。而 CAN 2.0B 所规定的扩展格式中,其报文帧具有 29 位标识符。因此根据报文帧标识符的长度,可以把 CAN 报文帧分为标准帧和扩展帧两大类型。

根据 CAN 报文的不同用途,还可以把 CAN 报文帧分为以下 4 种类型:数据帧、远程帧、出错帧、超载帧。数据帧用于从发送器到接收器之间传送所携带的数据。远程帧用于请求其他节点为它发送具有规定标识符的数据帧。出错帧由检测出总线错误的节点发出,用于向总线通知出现了错误。超载帧由出现超载的接收器发出,用于在当前和后续的数据帧之间增加附加延迟,以推迟接收下一个数据帧。

构成一帧的帧起始、仲裁场、控制场、数据场和 CRC 序列均借助位填充规则进行编码。当发送器在发送的位流中检测到 5 位连续的相同数值时,将自动地在实际发送的位流中插入一个补码位。数据帧和远程帧的其余位场采用固定格式,不进行填充,出错帧和超载帧同样是固定格式,也不进行位填充。

报文中的位流按照非归零(NRZ)码方法编码,这意味着一个完整位的位电平要么是显性的,要么是隐性的。

不同类型的报文帧具有不同的帧结构。下面分别讨论这 4 种不同报文帧的结构。

## 1．数据帧

数据帧由 7 个不同的位场组成，即帧起始、仲裁场、控制场、数据场、CRC（校验）场、应答场和帧结束。数据帧中数据场的长度可为 0。数据帧的位场排列如图 5.2 所示。

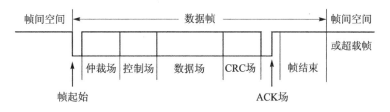

**图 5.2　数据帧的位场排列**

CAN 2.0A 规范所规定的报文帧称为标准格式的报文帧。而 CAN 2.0B 规定了标准和扩展两种不同的帧格式，其主要区别在于标识符的长度，具有 11 位标识符的帧称为标准帧，而包括 29 位标识符的帧称为扩展帧。标准格式和扩展格式的数据帧结构如图 5.3 所示。

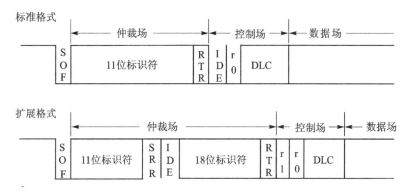

**图 5.3　标准格式和扩展格式的数据帧**

为使 CAN 通信控制器设计相对简单，并不要求控制器执行完全的扩展格式（例如，以扩展格式发送报文或由报文接收数据），但必须能完全执行标准格式。如新型控制器至少应具有下列特性，方可被认为与 CAN 技术规范兼容：每个控制器均支持标准格式；每个控制器均接收扩展格式报文，即不至于因为格式的差异而破坏扩展帧。

CAN 2.0B 的报文滤波以整个标识符为基准。屏蔽寄存器用于标识符的选择。屏蔽寄存器的长度可以是整个标识符，也可以仅是其中一部分。它的每一位都是可编程的。标识符被选中的报文会映像至接收缓冲器中。

### （1）帧起始（SOF）

帧起始，起始位标志数据帧和远程帧的开始，它仅由一个显位构成，用于节点同步。所有节点都必须同步于首先开始发送的那个节点的帧起始位前沿。只有在总线处于空闲状态时，才允许节点开始发送。

### （2）仲裁场

仲裁场由标识符和远程发送请求位（RTR）组成。仲裁场的组成如图 5.4 所示。

对于 CAN 2.0A 标准，标识符的长度为 11 位，这些位以从高位到低位的顺序发送，最低位为 ID.0，其中最高的 7 位（ID.10～ID.4）不能全为隐位。

RTR 位在数据帧中必须是显位，而在远程帧中必须为隐位。

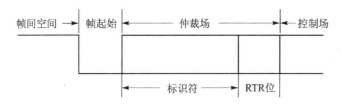

图 5.4　仲裁场的组成

对于 CAN 2.0B,标准格式和扩展格式的仲裁场格式不同。在标准格式中,仲裁场由 11 位标识符和远程发送请求位 RTR 组成,标识符位为 ID.28~ID.18;而在扩展格式中,仲裁场由 29 位标识符和替代远程请求 SRR 位、标识位 IDE 和远程发送请求位 RTR 组成,标识符位为 ID.28~ID.0,分基本 ID(ID.28~ID.18)和扩展 ID(ID.17~ID.0)。

为区别标准格式和扩展格式,将 CAN 规范较早的版本 1.0~1.2 中的 r1 改记为 IDE 位。在扩展格式中,先发送基本 ID,其后是 IDE 位和 SRR 位。扩展 ID 在 SRR 位后发送。

SRR 位为隐位,在扩展格式中,它在标准格式的 RTR 位上被发送,并替代标准格式中的 RTR 位。至此,由于基本 ID 相同而造成的标准帧和扩展帧的仲裁冲突问题便得以解决。且由于标准数据帧中 RTR 为显位,而扩展数据帧中 SRR 为隐位,所以原有的相同基本 ID 的标准数据帧优先级高于扩展数据帧。

IDE 位对于扩展格式属于仲裁场,对于标准格式属于控制场。IDE 在标准格式中以显性电平发送,而在扩展格式中为隐性电平。

**(3) 控制场**

控制场由 6 位组成,如图 5.5 所示。

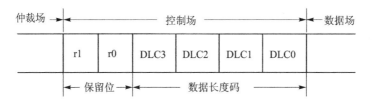

图 5.5　控制场的组成

标准格式与扩展格式中的控制场是有区别的。在标准格式中,控制场包括数据长度代码 DLC、IDE 和保留位 r0,保留位必须发送显位,但接收器认可显位与隐位的任何组合。

数据长度码 DLC 指出数据场的字节数目。数据长度码为 4 位,在控制场中被发送。数据长度码中数据字节数目编码如表 5.1 所列,其中 d 表示显位(逻辑 0),r 表示隐位(逻辑 1)。数据字节允许使用的数值为 0~8,不能使用其他数值。最多为 rddd,相当于 1000,即为 8 个字节。

表 5.1　数据长度码中数据字节数目编码

| 数据字节数目 | 数据长度码 | | | |
|---|---|---|---|---|
| | DLC3 | DLC2 | DLC1 | DLC0 |
| 0 | d | d | d | d |
| 1 | d | d | d | r |

续表 5.1

| 数据字节数目 | 数据长度码 | | | |
| --- | --- | --- | --- | --- |
| | DLC3 | DLC2 | DLC1 | DLC0 |
| 2 | d | d | r | d |
| 3 | d | d | r | r |
| 4 | d | r | d | d |
| 5 | d | r | d | r |
| 6 | d | r | r | d |
| 7 | d | r | r | r |
| 8 | r | d | d | d |

**（4）数据场**

数据场由数据帧中被发送的数据组成，它可包括 0～8 字节，每字节 8 位。首先发送的是最高有效位。

**（5）校验场**

CRC 校验场包括 CRC 序列，后随 CRC 界定符。CRC 场的结构如图 5.6 所示。

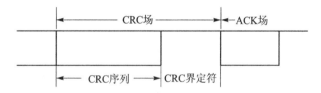

**图 5.6　CRC 场的结构**

CRC 序列就是循环冗余码求得的帧的检查序列，最适用于位数小于 127 位的帧序列（8×8 是 64 位），是 BCH 码。1959 年，Bose、Ray-Chaudhuri 与 Hocquenghem 三人发明了 BCH，它在纠错方面能力非常强，属于线性分组码。

为了实现 CRC 计算，被除的多项式系数包括帧起始、仲裁场、控制场和数据场（若存在的话）在内的无填充位流，其 15 个最低位系数为 0。

此多项式被发生器产生的下列多项式 $G(X)$ 去除（系数为模 2 运算），所得到的余数即为发向总线的 CRC 序列。

生成多项式 $G(X)$ 表示为

$$G(X) = X^{15} + X^{14} + X^{10} + X^{8} + X^{7} + X^{4} + X^{3} + 1$$

为完成此运算，可以使用一个 15 位的移位寄存器 CRC_RG(14:0)，被除多项式位流由帧起始到数据场结束的无填充序列给定，若以 NXTBIT 标记该位流的下一位，则 CRC 序列可用如下的方法求得

```
CRC_RG = 0                          //初始化移位寄存器
REPEAT
    CRCNXT = NXTBIT EXOR CRC_RG(14);
    CRC_RG(14:1) = CRC_RG(13:0);    //寄存器左移一位
    CRC_RG(0) = 0;
    IF CRCNXT THEN
```

```
        CRC_RG(14:0) = CRC_RG(14:0) EXOR (4599H)
    END IF
UNTIL(CRC 序列开始或者存在一个出错状态)
```

发送或接收到数据场的最后一位后,CRC_RG 包含 CRC 序列。CRC 序列后面是 CRC 界定符,它只包括一个隐位。

**(6) 应答场**

应答场(ACK)为两位,包括应答间隙和应答界定符,如图 5.7 所示。

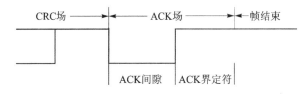

**图 5.7    应答场的组成**

发送器在应答场中送出两个隐位。一个正确地接收到有效报文的接收器,将在应答间隙发送一个显位,以此来告知发送器。

应答界定符是应答场的第二位,并且必须是隐位,因此应答间隙被两个隐位(CRC 界定符和应答界定符)包围。

**(7) 帧结束**

每个数据帧和远程帧均以 7 个连续隐位作为结束的标志。

## 2. 远程帧

远程帧是通过总线发送,用来请求发送相同标识符的数据帧。要求接收数据的节点可以通过向相应的数据源节点发送一个远程帧来激活该源节点,让它把该数据发送过来。远程帧由 6 个不同位场组成,帧起始、仲裁场、控制场、CRC 场、应答场和帧结束。

同数据帧相反,远程帧的 RTR 位是隐位。远程帧不存在数据场。DLC 的数据值可以是 0～8 中的任何数值,这一数值为对应数据帧的 DLC。

远程帧的组成如图 5.8 所示。

**图 5.8    远程帧的组成**

## 3. 出错帧

出错帧由检测出总线错误的任何单元发送出。出错帧由两个不同场组成:第一个场由来自各节点的错误标志叠加得到;后随的第二个场是错误界定符。出错帧的组成如图 5.9 所示。

错误标志具有两种形式:一种是活动错误标志(Active Error Flag),它由 6 个连续的显性位组成;另一种是认可错误标志(Passive Error Flag),它由 6 个连续的隐性位组成(除非它被来自其他节点的显性位冲掉重写)。

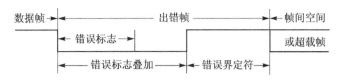

图 5.9　出错帧的组成

为了正确地终止出错帧,一种"错误认可"节点可以使总线处于空闲状态至少三位时间(如果错误认可接收器存在本地错误),因而,总线不允许被加载至 100%。

出错界定符包括 8 个隐位。错误标志发送后,每个节点都送出隐位,并监视总线,直到检测到隐位,然后开始发送剩余的 7 个隐位。

## 4. 超载帧

超载帧用于提供当前和后续数据帧的附加延迟。超载帧包括两个位场:超载标志和超载界定符,如图 5.10 所示。

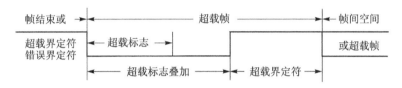

图 5.10　超载帧的组成

根据 CAN 2.0B,存在 3 种导致发送超载标志的超载情况:①接收器因内部原因在接收下一个数据帧或远程帧之前需要一个延时;②在"间歇场"的第一或第二位检测到显位的情况;③如果 CAN 节点在错误界定符或超载界定符的第 8 位(最后一位)采样到一个显位,则该节点会发送一个超载帧(不是出错帧),错误计数器不会增加。由情况①引发的超载帧只允许起始于间歇场的第一个位时间;而由情况②或③引发的超载帧则起始于检测到的显位的后一位。通常两种超载帧均可用于延迟下一个数据帧或远程帧的发送。

超载标志由 6 个显性位组成。其全部形式对应于活动错误标志形式。超载标志形式破坏了间歇场的固定格式,因而所有其他节点都将检测到一个超载条件,并且各自开始发送超载标志。如果在间歇场的第 3 位检测到显位,则这个显位将被认为是帧起始。

超载界定符由 8 个隐位组成。超载界定符与错误界定符具有相同的形式。节点在发送超载标志后,就开始监视总线,直到检测到一个从显位到隐位的跳变,这说明总线上的所有节点都已经完成超载标志的发送,因此所有节点将开始发送超载界定符的剩下 7 个隐位。

## 5. 帧间空间

数据帧或远程帧通过帧间空间与前一帧分隔开,而不管前一帧是何种类型的帧(数据帧、远程帧、出错帧或超载帧)。而在超载帧与出错帧前面不需要帧间空间,多个超载帧之间也不需要帧间空间来作分隔。

帧间空间包括间歇场和总线空闲场,如果前一报文的发送器是"错误认可"节点,则其帧间空间还包括一个"暂停发送场"。对于非"错误认可"的前一报文的发送器节点,或作为报文接收器的节点,其帧间空间如图 5.11(a)所示;而前一报文的发送器作为"错误认可"节点时,其帧间空间如图 5.11(b)所示。

间歇场由 3 个隐位组成。间歇期间,所有节点都不允许启动发送数据帧或远程帧,只能标

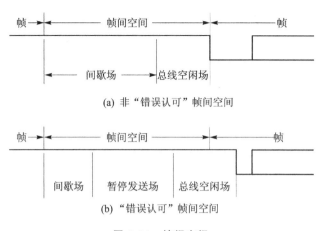

(a) 非"错误认可"帧间空间

(b) "错误认可"帧间空间

图 5.11　帧间空间

示超载条件。

　　总线空闲时间可为任意长度。此时,总线是开放的,因此任何需要发送的节点均可访问总线。在其他报文发送期间,暂时被挂起的待发送报文在间歇场后第一位开始发送。此时总线上的显位被理解为帧起始。

　　暂停发送场是指错误认可节点发完一个报文后,在开始下一次报文发送或认可总线空闲之前,紧随间歇场后送出 8 个隐位。如果此时另一节点开始发送报文(由其他站引起),则本节点将变为报文接收器。

## 5.2.2　错误类型和错误界定

### 1. 错误类型

　　在 CAN 总线中存在 5 种错误类型。

**(1) 位错误**

　　节点在发送每一位的同时也对总线进行监视,当监视到总线上某位的数值与送出的该位数值不同时,则认为在该位时间里检测到一个位错误。例外情况是,在仲裁场的填充位流期间或应答间隙送出隐位而检测到显位时,不视为位错误。节点在发送"认可错误标志"期间检测到显位,也不视为位错误。

**(2) 填充错误**

　　在应使用位填充方法进行编码的报文中,若出现了第 6 个连续相同的位电平时,则判断检出一个位填充错误。

**(3) CRC 错误**

　　CRC 序列是由发送器的 CRC 计算结果组成的。接收器以与发送器相同的方法计算出 CRC 序列。若计算结果与接收到的 CRC 序列不同,则认为检出一个 CRC 错误。

**(4) 格式错误**

　　若固定形式的位场中出现一个或多个非法位时,则认为检出一个格式错误。

**(5) 应答错误**

　　在应答间隙,若发送器未检测到显位,则它认为检出一个应答错误。

　　检测到出错条件的节点通过发送错误标志来指示错误。当任何节点检出位错误、填充误、格式错误或应答错误时,该节点将在下一位开始发送出错标志。

　　当检测到 CRC 错误时,出错标志在应答界定符后面那一位开始发送,除非其他出错条件的错误标志在此之前已经开始发送。

　　在 CAN 总线中的故障状态有 3 种:错误活动(Error Active)、错误认可(Error Passive)和总线关闭(Bus Off)。

　　检测到出错条件的节点通过发送错误标志来表示。对于错误活动节点,它发送活动错误标志;而对于错误认可节点,发送认可错误标志。

　　错误活动节点可以照常参与总线通信,当检测到错误时,送出一个活动错误标志。当出错认可节点检测到错误时,只能送出认可错误标志。节点在总线关闭状态不允许对总线有任何影响(如输出驱动器关闭)。

**2. 错误界定**

　　为了界定故障,在每个总线节点中都设有两种计数,发送错误计数(TEC)和接收错误计数(REC)。这些计数按照下列规则进行。

　　① 当接收器检出错误时,接收出错计数加 1;在发送活动错误标志或超载标志期间接收器检测到位错误时,接收出错计数不加 1。

　　② 接收器在送出错误标志后在下一位时间检测出显位时,接收器错误计数加 8。

　　③ 发送器送出一个错误标志时,发送错误计数加 8。其中有两个例外情况:一是发送器为"错误认可",并检测到一个应答错误(在应答间隙检测不到显位),而且在送出其认可错误标志期间没有检测到显位;二是由于仲裁期间发生的填充错误,此填充位应该为隐位,但却检测出为显位,发送器送出一个错误标志。在以上两种意外情况下,发送器错误计数不改变。

　　④ 检测到位错误,发送器送出一个活动错误标志或超载标志时,发送错误计数加 8。

　　⑤ 检测到位错误,接收器送出一个活动错误标志或超载标志时,接收错误计数加 8。

　　⑥ 在送出活动错误标志、认可错误标志后,最多允许 7 个连续的显位。在这些标志后面,如果检测到第 8 个连续的显位,或者多于 8 个连续的显位,则每个发送器的发送错误计数都加 8,并且每个接收器的接收错误计数也加 8。

　　⑦ 报文发送成功后(得到应答,并且直到帧结束未出现错误),发送错误计数减 1,除非它已经为 0。

　　⑧ 报文成功接收后(直到应答间隙接收无错误,并且成功地送出应答位),若计数器处于 1～127 之间,则接收错误计数器减 1。若接收错误计数为 0,则仍保持为 0;而若接收错误计数大于 127,则将其值置为 119～127 之间的某个数值。

　　⑨ 当某个节点的发送错误计数器等于或大于 128,或接收错误计数器等于或大于 128 时,该节点进入错误认可状态。导致节点变为错误认可的错误条件使节点送出一个活动错误标志。

　　⑩ 当发送错误计数大于或等于 256 时,节点进入总线关闭状态。

　　⑪ 当发送错误计数和接收错误计数两者均小于或等于 127 时,错误认可节点再次变为错误活动节点。

　　⑫ 在监测到总线上 11 个连续的隐位发生 128 次后,进入总线关闭状态的节点将变为两个错误计数器均为 0 的错误活动节点。

　　当错误计数器数值大于 96 时,说明总线被严重干扰。节点应提供测试此状态的一种手段。

　　若系统启动期间仅有一个节点在线,则节点发出报文后,将得不到应答,检出错误并重发该报文。因此,它将会变为错误认可状态,但不会进入总线关闭状态。

## 5.2.3　位定时与同步

**(1) 正常位速率**

在非重同步情况下,借助理想发送器每秒发送的位数称为正常位速率。

**(2) 正常位时间**

正常位时间即正常位速率的倒数。

正常位时间可分为几个不重叠的时间段。这些时间段包括同步段(SYNC‐SEG)、传播段(PROP‐SEG)、相位缓冲段 1(PHASE‐SEG1)和相位缓冲段 2(PHASE‐SEG2)。如图 5.12 所示为位时间的各组成部分。

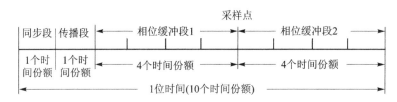

图 5.12　位时间的各组成部分

**(3) 同步段**

它用于总线上各个节点的同步,为此,段内需要有一个跳变沿。

**(4) 传播段**

传播段指总线上用于传输的延迟时间。它是信号在总线上的传输时间、输入比较器延迟和输出驱动器延迟之和的两倍。

**(5) 相位缓冲段 1 和相位缓冲段 2**

它们用于弥补跳变沿的相位误差造成的影响,通过重同步,这两个时间段可被延长或缩短。

**(6) 采样点**

采样点是读取总线电平并理解该位数值的时刻,它位于相位缓冲段 1 的终点。

**(7) 处理时间**

这是以采样点为起点的一个时间段,采样点后续的位电平用于理解该位数值。

**(8) 时间单元(或时间份额)**

它是由振荡器工作周期派生出的一个固定时间单元。存在一个可编程的预置比例因子,其整数值范围为 1~32,以一个最小时间单元为起点,时间单元可为

$$时间单元 = m \times 最小时间单元$$

式中:$m$ 为预置比例因子。

正常位时间中各时间段长度分别为:SYNC‐SEG 为一个时间单元;PROP‐SEG 长度可编程为 1~8 个时间单元;PHASE‐SEG1 可编程为 1~8 个时间单元;PHASE‐SEG2 长度为PHASE‐SEG1 和信息处理时间两者中的最大值;信息处理时间长度小于或等于 2 个时间单元。在位时间中,时间单元的总数必须被编程为 8~25 范围内的值。

**(9) 硬同步**

硬同步后,内部时间以 SYNC‐SEG 重新开始。它迫使触发该硬同步的跳变沿处于新的位时间的同步段(SYNC‐SEG)之内。

**（10）重同步跳转宽度**

由于重同步的结果，PHASE - SEG1 可被延长或 PHASE - SEG2 可被缩短。相位缓冲段长度的改变量不应大于重同步跳转宽度。重同步跳转宽度可编程为 1 和 4 之间的值。

时钟信息可由一位到另一位的跳转获得。总线上出现连续相同位的最大位数是确定的，在帧期间可利用跳转沿将总线节点重新同步于位流。可用于重同步的两次跳变之间的最大长度为 29 个位时间。

**（11）沿的相位误差**

沿的相位误差由沿相对于 SYNC - SEG 的位置给定，以时间单元度量。相位误差的定义如下：

若沿处于 SYNC - SEG 之内，则 $e=0$；

若沿处于采样点之前，则 $e>0$；

若沿处于前一位的采样点之后，则 $e<0$。

**（12）重同步**

当引起重同步的沿的相位误差小于或等于重同步跳转宽度的编程值时，重同步的作用跟硬同步相同。若相位误差大于重同步跳转宽度且相位误差为正，则 PHASE - SEG1 延长总数为重同步跳转宽度。若相位误差大于重同步跳转宽度且相位误差为负，则 PHASE - SEG2 缩短总数为重同步跳转宽度。

**（13）同步规则**

硬同步和重同步是同步的两种形式。它们遵从下列规则：

① 在一个位时间内仅允许一种同步。

② 对于一个跳变沿，仅当它前面的第一个采样点数值与紧跟跳变沿之后的总线值不相同时，才把该跳变沿用于同步。

③ 在总线空闲期间，若出现一个隐位至显位的跳变沿，则执行一次硬同步。

④ 符合规则①和规则②的从隐性到显性的跳变沿都被用于重同步（在低位速时也可选择从显性到隐性的跳变沿），例外的情况是，具有正相位误差的隐性到显性的跳变沿将不会导致重同步。

## 5.2.4　CAN 信号的位电平

CAN 总线采用非归零（NRZ）编码方法。CAN 总线上用"显性"（Dominant）和"隐性"（Recessive）两个互补的逻辑值表示"0"和"1"。当在总线上出现同时发送显性和隐性位时，其结果是总线数值为显性（即"0"与"1"的结果为"0"）。

CAN 总线上信号的位电平如图 5.13 所示，图中的 CANH 和 CANL 分别指作为总线传输介质的两条线。$V_{CANH}$ 和 $V_{CANL}$ 表示 CANH 和 CANL 上的电压。CAN 总线上的信号电平是它们之间的差分电压，即

$$V_{diff} = V_{CANH} - V_{CANL}$$

CAN 总线具有两种逻辑状态，显性状态和隐性状态。在传输一个显性位时，总线上呈现显性状态。在传输一个隐性位时，总线上呈现隐性状态。隐性状态时，CANH 和 CANL 两条线之间的差分电压 $V_{diff}$ 近似为 0。显性状态时，CANH 和 CANL 两条线之间的差分电压 $V_{diff}$ 一般为 2~3 V，明显高于隐性状态时的差分电压。显性位可以改写隐性位。当总线上两个不同节点在同一位时间分别强加显性位和隐性位时，总线上呈现显性位，即显性位覆盖了隐性位。

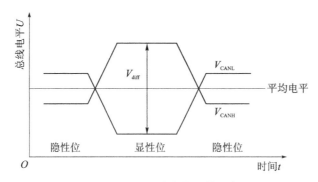

图 5.13 CAN 总线上信号的位电平

## 5.2.5 CAN 总线与节点的电气连接

在国际标准 ISO 11898 中,对基于双绞线的 CAN 系统建议了图 5.14 所示的电气连接,图中的各 CAN 模块即为 CAN 总线上的节点。像许多其他现场总线那样,为了抑制信号在端点

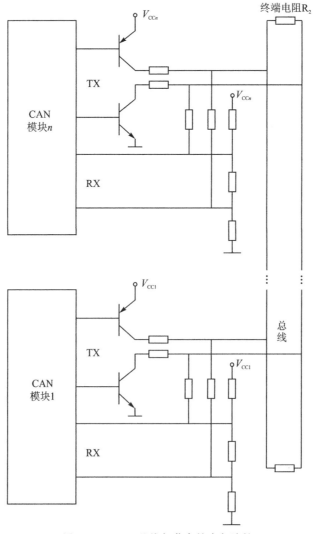

图 5.14 CAN 总线与节点的电气连接

的反射,CAN 总线也要求在总线的两个端点上,分别连接终端器。图 5.14 中的终端电阻 $R_2$ 即为终端器。其阻值大约为 120 Ω。

　　CAN 总线的驱动可采用单线上拉、单线下拉或双线驱动。信号接收采用差分比较器。如果所有节点的晶体管均处于关断状态,则 CAN 总线呈现隐性状态。如果总线上有一个节点发送端的那对晶体管导通,则产生的电流就会流过终端电阻 $R_2$,在 CANH 和 CANL 两条线之间产生差分电压 $V_{diff}$,总线上就呈现显性状态。

　　CAN 总线上任意两个节点之间的最大传输距离与其位速率有关,表 5.2 列举了相关的数据。

表 5.2　CAN 总线系统任意两节点之间的最大距离

| 位速率/(kb·s$^{-1}$) | 1 000 | 500 | 250 | 125 | 100 | 50 | 20 | 10 | 5 |
|---|---|---|---|---|---|---|---|---|---|
| 最大距离/m | 40 | 130 | 270 | 530 | 620 | 1 300 | 3 300 | 6 700 | 10 000 |

　　根据 ISO 11898 的建议,在总线发生某些故障时,应使通信不至于中断,并能提供故障定位。图 5.15 及表 5.3 表示了总线可能发生的各种开路和短路故障,以及这些故障对 CAN 总线的影响。

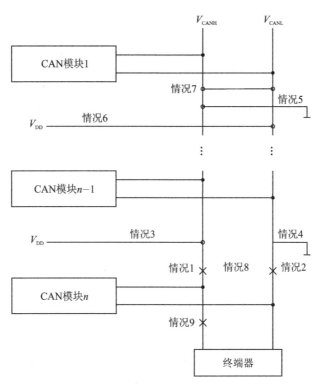

图 5.15　总线可能的故障情况

表 5.3　故障及其对总线的影响

| 总线故障描述 | 图 5.15 示例中的网络状态 | 规范性质 |
|---|---|---|
| 一个节点从总线断开 | 其余节点继续通信 | 推荐性 |
| 一个节点丢失电源 | 其余节点以低信噪比继续通信 | 推荐性 |

| 总线故障描述 | | 图 5.15 示例中的网络状态 | 规范性质 |
|---|---|---|---|
| 一个节点丢失接地 | | 其余节点以低信噪比继续通信 | 推荐性 |
| 任何接地屏蔽连接损坏① | | 所有节点继续通信 | 推荐性 |
| 开路和短路故障（见图 5.15） | 情况 1：CAN-H 断开；<br>情况 2：CAN-L 断开；<br>情况 3：CAN-H 与电源电压短接；<br>情况 4：CAN-L 与地短接；<br>情况 5：CAN-H 与地短接；<br>情况 6：CAN-L 与电源电压短接 | 所有节点以低信噪比继续通信 | 推荐性 |
| | 情况 7：CAN-L 与 CAN-H 线短接 | 整个系统停止工作 | 可选性 |
| | 情况 8：CAN-H 与 CAN-L 线在同一位置断开 | 含有终端电阻的子系统内的节点继续通信 | 推荐性 |
| | 情况 9：丢失一个终端器 | 所有节点以低信噪比继续通信 | 推荐性 |

① 使用屏蔽电缆时应考虑这一故障，这种情况下可导致在两条线上产生共模电压。

# 5.3　CAN 通信控制器

CAN 的通信协议由 CAN 通信控制器完成。CAN 通信控制器由实现 CAN 总线协议部分和跟微控制器接口部分的电路组成。通过对它的编程，微处理器可以设置它的工作方式，控制它的工作状态，进行数据的发送和接收，把应用层建立在它的基础之上。而 CAN 控制器和物理总线之间的接口是由 CAN 收发器完成的。

为适应工业需要，许多知名半导体厂家都研制了 CAN 通信控制器，比如 Philips 公司研制的支持 CAN 2.0A 协议的 82C200 和支持 CAN 2.0B 协议的 SJA1000，Microchip 公司研制的支持 CAN 2.0B 协议且带 SPI 接口的 MCP2515，Intel 公司生产的支持 CAN 2.0B 协议的 TN82527 等。对于不同型号的 CAN 总线控制器，实现 CAN 协议部分电路的结构和功能大都相同，而与微控制器接口部分的结构及方式存在一些差异。下面主要以 Philips 公司的 SJA1000 为例，对 CAN 控制器的结构、功能及应用进行介绍。

## 5.3.1　SJA1000 的特点

SJA1000 CAN 通信控制器是 Philips 公司于 1997 年推出的一种 CAN 总线控制器，它实现了 CAN 总线物理层和数据链路层的所有功能，应用于汽车和一般工业环境中的局域网络控制。SJA1000 是 Philips 公司 PCA82C200 的替代产品。PCA82C200 支持 CAN 2.0A 协议，可完成基本的 CAN 模式（BasicCAN）。而 SJA1000 可完成增强 CAN 模式（PeliCAN），支持 CAN 2.0B 协议。

SJA1000 具有如下特点：

① 与 PCA82C200 独立 CAN 控制器引脚和电气兼容。

② PCA82C200 模式（即默认的 BasicCAN 模式）。

③ 扩展的接收缓冲器（64 字节、先进先出 FIFO）。

④ 与 CAN 2.0B 协议兼容(PCA82C200 兼容模式中的无源扩展结构)。

⑤ 同时支持 11 位和 29 位标识符。

⑥ 位速率可达 1 Mb/s。

⑦ PeliCAN 模式扩展功能：

> 可读/写访问的错误计数器；

> 可编程的错误报警限制；

> 最近一次错误代码寄存器；

> 对每一个 CAN 总线错误的中断；

> 具有详细位号(Bit Position)的仲裁丢失中断；

> 单次发送(无重发)；

> 只听模式(无确认、无激活的出错标志)；

> 支持热插拔(软件位速率检测)；

> 接收过滤器扩展(4 B 代码,4 B 屏蔽)；

> 自身信息接收(自接收请求)；

> 24 MHz 时钟频率；

> 可以和不同微处理器接口；

> 可编程的 CAN 输出驱动器配置；

> 增强的温度范围(−40～+125 ℃)。

## 5.3.2　SJA1000 的内部结构

SJA1000 的内部结构如图 5.16 所示。SJA1000 CAN 控制器主要由以下几部分构成。

**(1) 接口管理逻辑(IML)**

接口管理逻辑处理来自 CPU 的命令,控制 CAN 寄存器的寻址,并为 CPU 提供中断和状态信息。

**(2) 发送缓冲器(TXB)**

发送缓冲器是 CPU 和位流处理器(BSP)之间的接口,有 13 字节长,能够存储发送到 CAN 网络上的完整报文。报文由 CPU 写入,由位流处理器 BSP 读出。

**(3) 接收缓冲器(RXB,13 B)**

接收缓冲器是接收 FIFO(RXFIFO,64 B)的一个可被 CPU 访问的窗口。在接收 FIFO 的支持下,CPU 可以在处理当前信息的同时接收总线上的其他信息。

**(4) 接收过滤器(ACF)**

接收过滤器把收到的报文标识符和接收过滤器寄存器中的内容进行比较,以判断该报文是否应被接收。如果符合接收的条件,则报文被存入 RXFIFO。

**(5) 位流处理器(BSP)**

位流处理器是一个序列发生器,它控制发送缓冲器、RXFIFO 和 CAN 总线之间的数据流,同时它也执行错误检测、仲裁、位填充和 CAN 总线错误处理功能。

**(6) 位时序逻辑(BTL)**

位时序逻辑监视串行 CAN 总线并处理与总线相关的位时序。它在报文开始发送,总线电平从隐性跳变到显性时同步于 CAN 总线上的位流(硬同步),并在该报文的传送过程中,每遇到一次从隐性到显性的跳变沿就进行一次重同步(软同步)。BTL 还提供可编程的时间段

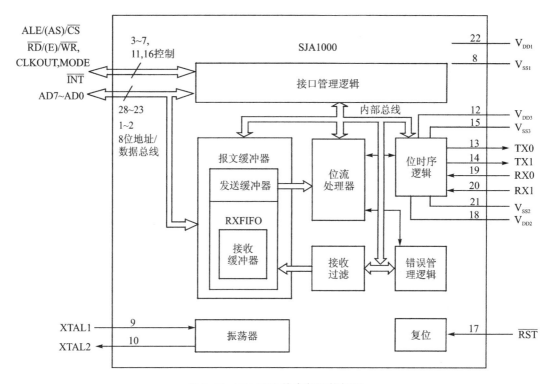

**图 5.16   SJA1000 的内部结构框图**

来补偿传播延迟时间和相位漂移(如晶振导致的漂移),还能定义采样点以及一个位时间内的采样次数。

**(7) 错误管理逻辑(EML)**

错误管理逻辑按照 CAN 协议完成传输错误界定。它接收来自位流处理器 BSP 的出错通知,并向 BSP 和 IML 提供错误统计。

## 5.3.3   SJA1000 的引脚说明

SJA1000 为 28 引脚 DIP 和 SO 封装,引脚排列如图 5.17 所示。

引脚功能说明如下:

AD7～AD0:地址/数据复用总线。

ALE/AS:ALE 输入信号(Intel 模式)、AS 输入信号(Motorola 模式)。

$\overline{CS}$:片选输入,低电平允许访问 SJA1000。

$\overline{RD}$/E:微控制器的 $\overline{RD}$ 信号(Intel 模式)或 E 使能信号(Motorola 模式)。

$\overline{WR}$:微控制器的 $\overline{WR}$ 信号(Intel 模式)或 R/$\overline{W}$ 信号(Motorola 模式)。

CLKOUT:SJA1000 产生的提供给微控制器的时钟输出信号;此时钟信号通过可编程分频器由内部晶振产生;时钟分频寄存器的时钟关闭位可禁止该引脚。

$V_{SS1}$:接地端。

XTAL1:振荡器放大电路输入,外部振荡信号由此输入。

XTAL2:振荡器放大电路输出,使用外部振荡信号时,此引脚必须保持开路。

MODE:模式选择输入。1＝Intel 模式,0＝Motorola 模式。

$V_{DD3}$:输出驱动的 5 V 电压源。

TX0：由输出驱动器 0 到物理线路的输出端。

TX1：由输出驱动器 1 到物理线路的输出端。

$V_{SS3}$：输出驱动器接地端。

$\overline{INT}$：中断输出，用于中断微控制器；$\overline{INT}$ 在内部中断寄存器各位都被置位时被激活；$\overline{INT}$ 是开漏输出，且与系统中的其他 $\overline{INT}$ 是线或的；此引脚上的低电平可以把 IC 从睡眠模式中激活。

$\overline{RST}$：复位输入，用于复位 CAN 接口（低电平有效）；把 $\overline{RST}$ 引脚通过电容连到 $V_{SS}$，通过电阻连到 $V_{DD}$ 可自动上电复位（例如，$C=1\ \mu F$；$R=50\ k\Omega$）。

$V_{DD2}$：输入比较器的 5 V 电压源。

RX0，RX1：由物理总线到 SJA1000 输入比较器的输入端；显性电平将会唤醒 SJA1000 的睡眠模式；如果 RX1 比 RX0 的电平高，则读出为显性电平，反之读出为隐性电平；如果时钟分频寄存器的 CBP 位被置位，就忽略 CAN 输入比较器以减少内

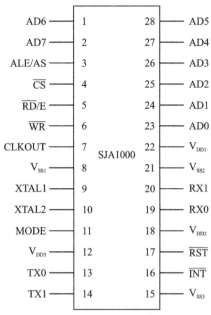

图 5.17　SJA1000 引脚排列图

部延时（此时连有外部收发电路）；这种情况下只有 RX0 是激活的；隐性电平被认为是高，而显性电平被认为是低。

$V_{SS2}$：输入比较器的接地端。

$V_{DD1}$：逻辑电路的 5 V 电压源。

## 5.3.4　SJA1000 的应用说明

SJA1000 在软件和引脚上都与它的前一款——PCA82C200 独立控制器兼容。在此基础上它增加了很多新的功能。为了实现软件兼容，SJA1000 增加修改了两种模式如下：

① BasicCAN 模式：PCA82C200 兼容模式。

② PeliCAN 模式：扩展特性。

工作模式通过时钟分频寄存器中的 CAN 模式位来选择。复位默认模式是 BasicCAN 模式。

### 1. 与 PCA82C200 的兼容性

在 BasicCAN 模式中，SJA1000 模仿 PCA82C200 独立控制器所有已知的寄存器。下面所描述的特性不同于 PCA82C200，这主要是为了软件上的兼容性。

① 同步模式。在 SJA1000 的控制寄存器中没有 SYNC 位（在 PCA82C200 中是 CR. 6 位）。同步只在 CAN 总线上隐性至显性的转换时才有可能发生。写这一位是没有任何影响的。为了与现有软件兼容，读取这一位时将得到上次写入的值（对触发电路无影响）。

② 时钟分频寄存器。时钟分频寄存器用来选择 CAN 工作模式（BasicCAN/PeliCAN）。它使用从 PCA82C200 保留下来的一位。像在 PCA82C200 中一样，写一个 0～7 之间的值，就将进入 BasicCAN 模式。默认状态是 12 分频的 Motorola 模式和 2 分频的 Intel 模式。保留的另一位补充了一些附加的功能。CBP 位的置位使内部 RX 输入比较器被忽略，这样在使用外部传送电路时可以减少内部延时。

③ 接收缓冲器。PCA82C200 中双接收缓冲器的概念被 PeliCAN 中的接收 FIFO 所代替。这对软件除了会增加数据溢出的可能性之外,不会产生应用上的影响。在数据溢出之前,缓冲器可以接收两条以上报文(最多 64 个字节)。

④ CAN 2.0B。SJA1000 被设计为全面支持 CAN 2.0B 协议,这说明在处理扩展帧的同时,亦实现了扩展振荡器容差。在 BasicCAN 模式下只可以发送和接收标准帧(11 位标识符)。如果此时检测到 CAN 总线上有扩展帧(29 位标识符),并且报文正确,则该报文也会被允许且给出了一个确认信号,但没有接收中断产生。

**2. BasicCAN 和 PeliCAN 模式的区别**

在 PeliCAN 模式下,SJA1000 有一个含很多新功能的重组寄存器。SJA1000 包含了设计在 PCA82C200 中的所有位及一些新功能位,PeliCAN 模式支持 CAN 2.0B 协议规定的所有功能(29 位标识符)。

SJA1000 的主要新功能如下:

① 接收、发送标准帧和扩展帧格式信息;

② 接收 FIFO(64 个字节);

③ 用于标准帧和扩展帧的单/双接收过滤器(含屏蔽和代码寄存器);

④ 读/写访问的错误计数器;

⑤ 可编程的错误限制报警;

⑥ 最近一次的误码寄存器;

⑦ 对每一个 CAN 总线错误的错误中断;

⑧ 具有详细位号的仲裁丢失中断;

⑨ 一次性发送(当错误或仲裁丢失时不重发);

⑩ 只听模式(CAN 总线监听,无应答,无错误标志);

⑪ 支持热插拔(无干扰软件驱动的位速率检测);

⑫ 硬件禁止 CLKOUT 输出。

# 5.3.5 BasicCAN 的功能说明

**1. BasicCAN 地址分配**

SJA1000 对微控制器而言是内存管理的 I/O 器件。两器件的独立操作是通过像 RAM 一样的片内寄存器修正来实现的。

SJA1000 的地址包括控制段和报文缓冲器。控制段在初始化加载时,可被编程来配置通信参数(如位定时等)。微控制器也是通过这个段来控制 CAN 总线上的通信。在初始化时,CLKOUT 信号可以被微控制器编程指定一个值。

应发送的报文写入发送缓冲器。成功接收报文后,微控制器从接收缓冲器中读出接收的报文,然后释放空间以便下一次使用。

微控制器和 SJA1000 之间状态、控制和命令信号的交换都是在控制段中完成的。初始化加载后,寄存器的接收代码、接收屏蔽、总线定时寄存器 0 和 1 以及输出控制就不能改变了。只有控制寄存器的复位位被置高时,才可以访问这些寄存器。

在以下两种不同模式中访问寄存器是不同的:

① 复位模式;

② 工作模式。

当硬件复位或控制器掉电时会自动进入复位模式。工作模式是通过置位控制寄存器的复位请求位激活的。

BasicCAN 地址分配见表 5.4。

**表 5.4　BasicCAN 地址分配表**

| 段 | CAN 地址 | 工作模式 | | 复位模式 | |
|---|---|---|---|---|---|
| | | 读 | 写 | 读 | 写 |
| 控制 | 0 | 控制 | 控制 | 控制 | 控制 |
| | 1 | (FFH) | 命令 | (FFH) | 命令 |
| | 2 | 状态 | — | 状态 | — |
| | 3 | 中断 | — | 中断 | — |
| | 4 | (FFH) | — | 接收代码 | 接收代码 |
| | 5 | (FFH) | — | 接收屏蔽 | 接收屏蔽 |
| | 6 | (FFH) | — | 总线定时 0 | 总线定时 0 |
| | 7 | (FFH) | — | 总线定时 1 | 总线定时 1 |
| | 8 | (FFH) | — | 输出控制 | 输出控制 |
| | 9 | 测试 | 测试 | 测试 | 测试 |
| 发送缓冲器 | 10 | 标识符(10~3) | 标识符(10~3) | (FFH) | — |
| | 11 | 标识符(2~0) RTR 和 DLC | 标识符(2~0) RTR 和 DLC | (FFH) | |
| | 12 | 数据字节 1 | 数据字节 1 | (FFH) | |
| | 13 | 数据字节 2 | 数据字节 2 | (FFH) | |
| | 14 | 数据字节 3 | 数据字节 3 | (FFH) | |
| | 15 | 数据字节 4 | 数据字节 4 | (FFH) | |
| | 16 | 数据字节 5 | 数据字节 5 | (FFH) | |
| | 17 | 数据字节 6 | 数据字节 6 | (FFH) | |
| | 18 | 数据字节 7 | 数据字节 7 | (FFH) | |
| | 19 | 数据字节 8 | 数据字节 8 | (FFH) | |
| 接收缓冲器 | 20 | 标识符(10~3) | 标识符(10~3) | 标识符(10~3) | 标识符(10~3) |
| | 21 | 标识符(2~0) RTR 和 DLC | 标识符(2~0) RTR 和 DLC | 标识符(2~0) RTR 和 DLC | 标识符(2~0) RTR 和 DLC |
| | 22 | 数据字节 1 | 数据字节 1 | 数据字节 1 | 数据字节 1 |
| | 23 | 数据字节 2 | 数据字节 2 | 数据字节 2 | 数据字节 2 |
| | 24 | 数据字节 3 | 数据字节 3 | 数据字节 3 | 数据字节 3 |
| | 25 | 数据字节 4 | 数据字节 4 | 数据字节 4 | 数据字节 4 |
| | 26 | 数据字节 5 | 数据字节 5 | 数据字节 5 | 数据字节 5 |
| | 27 | 数据字节 6 | 数据字节 6 | 数据字节 6 | 数据字节 6 |
| | 28 | 数据字节 7 | 数据字节 7 | 数据字节 7 | 数据字节 7 |
| | 29 | 数据字节 8 | 数据字节 8 | 数据字节 8 | 数据字节 8 |
| | 30 | (FFH) | — | (FFH) | — |
| | 31 | 时钟分频器 | 时钟分频器 | 时钟分频器 | 时钟分频器 |

## 2．控制段

### （1）控制寄存器（CR）

控制寄存器的内容是用于改变 CAN 控制器的状态。这些位可以被微控制器置位或复位，微控制器可以对控制寄存器进行读/写操作。控制寄存器各位的功能见表 5.5。

表 5.5　控制寄存器（地址 0）

| 位 | 符 合 | 名 称 | 值 | 功 能 |
|---|---|---|---|---|
| CR.7 | — | — | — | 保留 |
| CR.6 | — | — | — | 保留 |
| CR.5 | — | — | — | 保留 |
| CR.4 | OIE | 超载中断使能 | 1 | 使能：如果数据超载位置位，则微控制器接收一个超载中断信号（见状态寄存器） |
| | | | 0 | 禁止：微控制器不从 SJA1000 接收超载中断信号 |
| CR.3 | EIE | 错误中断使能 | 1 | 使能：如果出错或总线状态改变，则微控制器接收一个错误中断信号（见状态寄存器） |
| | | | 0 | 禁止：微控制器不从 SJA1000 接收错误中断信号 |
| CR.2 | TIE | 发送中断使能 | 1 | 使能：当报文被成功发送或发送缓冲器可再次被访问时（例如，一个夭折发送命令后），SJA1000 向微控制器发出一次发送中断信号 |
| | | | 0 | 禁止：SJA1000 不向微控制器发送中断信号 |
| CR.1 | RIE | 接收中断使能 | 1 | 使能：当报文被无错误接收时，SJA1000 向微控制器发出一次中断信号 |
| | | | 0 | 禁止：SJA1000 不向微控制器发送中断信号 |
| CR.0 | RR | 复位请求 | 1 | 常态：当 SJA1000 检测到复位请求后，忽略当前发送/接收的报文，进入复位模式 |
| | | | 0 | 非常态：当复位请求位接收到一个下降沿后，SJA1000 回到工作模式 |

### （2）命令寄存器（CMR）

命令位初始化 SJA1000 传输层上的动作。命令寄存器对微控制器来说是只写存储器。如果去读这个地址，则返回值是"11111111"。两条命令之间至少有一个内部时钟周期，内部时钟的频率是外部振荡频率的 1/2。

命令寄存器各位的功能见表 5.6。

表 5.6　命令寄存器（地址 1）

| 位 | 符 合 | 名 称 | 值 | 功 能 |
|---|---|---|---|---|
| CMR.7 | — | — | — | 保留 |
| CMR.6 | — | — | — | 保留 |
| CMR.5 | — | — | — | 保留 |

| 位 | 符合 | 名　称 | 值 | 功　能 |
|---|---|---|---|---|
| CMR.4 | GTS | 睡眠 | 1 | 睡眠:如果没有 CAN 中断等待和总线活动,则 SJA1000 进入睡眠模式 |
| | | | 0 | 唤醒:SJA1000 正常工作模式 |
| CMR.3 | CD0 | 清除超载状态 | 1 | 清除:清除数据超载状态位 |
| | | | 0 | 无作用 |
| CMR.2 | RRB | 释放接收缓冲器 | 1 | 释放:接收缓冲器中存放报文的内存空间将被释放 |
| | | | 0 | 无作用 |
| CMR.1 | AT | 夭折发送 | 1 | 常态:如果不是在处理过程中,则等待处理的发送请求将忽略 |
| | | | 0 | 非常态:无作用 |
| CMR.0 | TR | 发送请求 | 1 | 常态:报文被发送 |
| | | | 0 | 非常态:无作用 |

### （3）状态寄存器(SR)

状态寄存器的内容反映了 SJA1000 的状态。状态寄存器对微控制器来说是只读存储器,各位的功能见表 5.7。

表 5.7　状态寄存器(地址 2)

| 位 | 符合 | 名　称 | 值 | 功　能 |
|---|---|---|---|---|
| SR.7 | BS | 总线状态 | 1 | 总线关闭:SJA1000 退出总线活动 |
| | | | 0 | 总线开启:SJA1000 进入总线活动 |
| SR.6 | ES | 出错状态 | 1 | 出错:至少出现一个错误计数器满或超过 CPU 报警限制 |
| | | | 0 | 正常:两个错误计数器都在报警限制以下 |
| SR.5 | TS | 发送状态 | 1 | 发送:SJA1000 正在传送报文 |
| | | | 0 | 空闲:没有要发送的报文 |
| SR.4 | RS | 接收状态 | 1 | 接收:SJA1000 正在接收报文 |
| | | | 0 | 空闲:没有正在接收的报文 |
| SR.3 | TCS | 发送完毕状态 | 1 | 完成:最近一次发送请求被成功处理 |
| | | | 0 | 未完成:当前发送请求未处理完毕 |
| SR.2 | TBS | 发送缓冲器状态 | 1 | 释放:CPU 可以向发送缓冲器写报文 |
| | | | 0 | 锁定:CPU 不能访问发送缓冲器;有报文正在等待发送或正在发送 |
| SR.1 | DOS | 数据超载状态 | 1 | 超载:报文丢失,因为 RXFIFO 中没有足够的空间来存储它 |
| | | | 0 | 未超载:自从最后一次清除数据超载命令执行,无数据超载发生 |
| SR.0 | BBS | 接收缓冲器状态 | 1 | 满:RXFIFO 中有可用报文 |
| | | | 0 | 空:无可用报文 |

**（4）中断寄存器（IR）**

中断寄存器允许识别中断源。当寄存器的一位或多位被置位时，$\overline{\text{INT}}$（低电位有效）引脚被激活。该寄存器被微控制器读过之后，所有位被复位，这将导致 $\overline{\text{INT}}$ 引脚上的电平漂移。中断寄存器对微控制器来说是只读存储器，各位的功能见表5.8。

表 5.8　中断寄存器（地址 3）

| 位 | 符合 | 名　称 | 值 | 功　能 |
|---|---|---|---|---|
| IR.7 | — | — | — | 保留 |
| IR.6 | — | — | — | 保留 |
| IR.5 | — | — | — | 保留 |
| IR.4 | WUI | 唤醒中断 | 1 | 置位:退出睡眠模式时此位被置位 |
| | | | 0 | 复位:微控制器的任何读访问将清除此位 |
| IR.3 | DOI | 数据超载中断 | 1 | 置位:当数据超载中断使能位被置为1时,数据超载状态位由低到高的跳变,将其置位 |
| | | | 0 | 复位:微控制器的任何读访问将清除此位 |
| IR.2 | EI | 错误中断 | 1 | 置位:错误中断使能时,错误状态位或总线状态位的变化会置位此位 |
| | | | 0 | 复位:微控制器的任何读访问将清除此位 |
| IR.1 | TI | 发送中断 | 1 | 置位:发送缓冲器状态从低到高的跳变(释放)和发送中断使能时,此位被置位 |
| | | | 0 | 复位:微控制器的任何读访问将清除此位 |
| IR.0 | RI | 接收中断 | 1 | 置位:当接收FIFO不空和接收中断使能时置位此位 |
| | | | 0 | 复位:微控制器的任何读访问将清除此位 |

**（5）验收代码寄存器（ACR）**

复位请求位被置高（当前）时，这个寄存器是可以访问（读/写）的。如果一条报文通过了接收过滤器的测试而且接收缓冲器有空间，那么描述符和数据将被分别顺次写入 RXFIFO。当报文被正确地接收完毕时，则有：

① 接收状态位置高（满）；

② 接收中断使能位置高（使能），接收中断置高（产生中断）。

验收代码位（AC.7～AC.0）和报文标识符的高8位（ID.10～ID.3）必须相等，或者验收屏蔽位（AM.7～AM.0）的所有位为1，即如果满足以下方程的描述，则予以接收：

$$[(ID.10 \sim ID.3) \equiv (AC.7 \sim AC.0)] \text{ OR}(AM.7 \sim AM.0) \equiv 11111111B$$

验收代码寄存器见表5.9。

表 5.9　验收代码寄存器（地址 4）

| BIT7 | BIT6 | BIT5 | BIT4 | BIT3 | BIT2 | BIT1 | BIT0 |
|---|---|---|---|---|---|---|---|
| AC.7 | AC.6 | AC.5 | AC.4 | AC.3 | AC.2 | AC.1 | AC.0 |

**（6）验收屏蔽寄存器（AMR）**

如果复位请求位置高（当前），则这个寄存器可以被访问（读/写）。验收屏蔽寄存器定义验收代码寄存器的哪些位对接收过滤器是"相关的"或"无关的"(即可为任意值)。

当 $AM.i=0$ 时,是"相关的";

当 $AM.i=1$ 时,是"无关的"$(i=0,1,\cdots,7)$。

验收屏蔽寄存器见表 5.10。

表 5.10　验收屏蔽寄存器(地址 5)

| BIT7 | BIT6 | BIT5 | BIT4 | BIT3 | BIT2 | BIT1 | BIT0 |
|------|------|------|------|------|------|------|------|
| AM.7 | AM.6 | AM.5 | AM.4 | AM.3 | AM.2 | AM.1 | AM.0 |

## 3. 发送缓冲区

发送缓冲区的全部内容见表 5.11。缓冲器是用来存储微控制器要 SJA1000 发送的报文的。它被分为描述符区和数据区。发送缓冲器的读/写只能由微控制器在工作模式下完成。在复位模式下读出的值总是"FFH"。

表 5.11　发送缓冲区

| 区 | CAN 地址 | 名　称 | 位 | | | | | | | |
|----|---------|--------|-----|-----|-----|-----|-----|-----|-----|-----|
| | | | 7 | 6 | 5 | 4 | 3 | 2 | 1 | 0 |
| 描述符 | 10 | 标识符字节 1 | ID.10 | ID.9 | ID.8 | ID.7 | ID.6 | ID.5 | ID.4 | ID.3 |
| | 11 | 标识符字节 2 | ID.2 | ID.1 | ID.0 | RTR | DLC.3 | DLC.2 | DLC.1 | DLC.0 |
| 数据 | 12 | TX 数据 1 | 发送数据字节 1 | | | | | | | |
| | 13 | TX 数据 2 | 发送数据字节 2 | | | | | | | |
| | 14 | TX 数据 3 | 发送数据字节 3 | | | | | | | |
| | 15 | TX 数据 4 | 发送数据字节 4 | | | | | | | |
| | 16 | TX 数据 5 | 发送数据字节 5 | | | | | | | |
| | 17 | TX 数据 6 | 发送数据字节 6 | | | | | | | |
| | 18 | TX 数据 7 | 发送数据字节 7 | | | | | | | |
| | 19 | TX 数据 8 | 发送数据字节 8 | | | | | | | |

**(1) 标识符(ID)**

标识符有 11 位(ID0~ID10)。ID10 是最高位,在仲裁过程中是最先被发送到总线上的。标识符就像报文的名字。它在接收器的接收过滤器中使用,在仲裁过程中决定总线访问的优先级。标识符的值越低,其优先级越高。这是因为在仲裁时有许多前导显性位所致。

**(2) 远程发送请求(RTR)**

如果此位置 1,则总线将以远程帧发送数据。这意味着此帧中没有数据字节。然而,必须给出正确的数据长度码,且该数据长度码由具有相同标识符的数据帧报文决定。

如果 RTR 位没有被置位,则数据将以数据长度码规定的长度来传送数据帧。

**(3) 数据长度码(DLC)**

报文数据区的字节数根据数据长度码编制。在远程帧传送中,因为 RTR 被置位,所以数据长度码是不被考虑的。这就迫使发送/接收数据字节数为 0。然而,数据长度码必须正确设置以避免两个 CAN 控制器用同样的识别机制启动远程帧传送而发生总线错误。数据字节数

是 0~8,计算方法如下:

$$数据字节数=8\times DLC.3+4\times DLC.2+2\times DLC.1+DLC.0$$

为了保持兼容性,数据长度码不超过 8。如果选择的值超过 8,则按照 DLC 规定认为是 8。

### 4. 接收缓冲区

接收缓冲区的全部列表和发送缓冲区类似。接收缓冲区是 RXFIFO 中可访问的部分,位于 CAN 地址的 20~29 之间。

标识符、远程发送请求位和数据长度码同发送缓冲器的相同,只不过是在地址 20~29。RXFIFO 共有 64 B 的报文空间。在任何情况下,FIFO 中可以存储的报文数取决于各条报文的长度。如果 RXFIFO 中没有足够的空间来存储新的报文,CAN 控制器会产生数据溢出。数据溢出发生时,已部分写入 RXFIFO 的当前报文将被删除。这种情况将通过状态位或数据溢出中断(中断允许时,即使除了最后一位整个数据块被无误接收也使接收报文无效)反映到微控制器。

### 5. 寄存器的复位值

检测到有复位请求后将中止当前接收/发送的报文而进入复位模式。当复位请求位出现了 1 到 0 的变化时,CAN 控制器将返回操作模式。

## 5.3.6  PeliCAN 的功能说明

CAN 控制器的内部寄存器对 CPU 来说是内部片上存储器。因为 CAN 控制器可以工作于不同模式(操作/复位),所以必须要区分两种不同内部地址的定义。从 CAN 地址 32 起所有的内部 RAM(80 字节)被映像为 CPU 的接口。

PeliCAN 地址分配见表 5.12。

必须特别指出的是,在 CAN 的高端地址区的寄存器是重复的,CPU 8 位地址的最高位不参与解码。CAN 地址 128 和地址 0 是连续的。PeliCAN 的详细功能说明请参考 SJA1000 数据手册。

表 5.12  PeliCAN 地址分配

| CAN 地址 | 操作模式下的寄存器 | | 复位模式下的寄存器 | |
|---|---|---|---|---|
| | 读 | 写 | 读 | 写 |
| 0 | 模式 | 模式 | 模式 | 模式 |
| 1 | (00H) | 命令 | (00H) | 命令 |
| 2 | 状态 | | 状态 | |
| 3 | 中断 | — | 中断 | — |
| 4 | 中断使能 | 中断使能 | 中断使能 | 中断使能 |
| 5 | 保留(00H) | — | 保留(00H) | — |
| 6 | 总线时序 0 | | 总线时序 0 | 总线时序 0 |
| 7 | 总线时序 1 | | 总线时序 1 | 总线时序 1 |
| 8 | 输出控制 | | 输出控制 | 输出控制 |
| 9 | 检测 | 检测 | 检测 | 检测 |

续表 5.12

| CAN 地址 | 操作模式下的寄存器 | | | | 复位模式下的寄存器 | |
|---|---|---|---|---|---|---|
| | 读 | | 写 | | 读 | 写 |
| 10 | 保留(00H) | | — | | 保留(00H) | — |
| 11 | 仲裁丢失捕捉 | | — | | 仲裁丢失捕捉 | |
| 12 | 错误代码捕捉 | | — | | 错误代码捕捉 | |
| 13 | 错误报警限额 | | — | | 错误报警限额 | 错误报警限额 |
| 14 | RX 错误计数器 | | — | | RX 错误计数器 | RX 错误计数器 |
| 15 | TX 错误计数器 | | — | | TX 错误计数器 | TX 错误计数器 |
| 16 | RX 帧报文 SFF | RX 帧报文 SFF | TX 帧报文 SFF | TX 帧报文 SFF | 验收代码 0 | 验收代码 0 |
| 17 | RX 标识码 1 | RX 标识码 1 | TX 标识码 1 | TX 标识码 1 | 验收代码 1 | 验收代码 1 |
| 18 | RX 标识码 2 | RX 标识码 2 | TX 标识码 2 | TX 标识码 2 | 验收代码 2 | 验收代码 2 |
| 19 | RX 数据 1 | RX 标识码 3 | TX 数据 1 | TX 标识码 3 | 验收代码 3 | 验收代码 3 |
| 20 | RX 数据 2 | RX 标识码 4 | TX 数据 2 | TX 标识码 4 | 验收屏蔽 0 | 验收屏蔽 0 |
| 21 | RX 数据 3 | RX 数据 1 | TX 数据 3 | TX 数据 1 | 验收屏蔽 1 | 验收屏蔽 1 |
| 22 | RX 数据 4 | RX 数据 2 | TX 数据 4 | TX 数据 2 | 验收屏蔽 2 | 验收屏蔽 2 |
| 23 | RX 数据 5 | RX 数据 3 | TX 数据 5 | TX 数据 3 | 验收屏蔽 3 | 验收屏蔽 3 |
| 24 | RX 数据 6 | RX 数据 4 | TX 数据 6 | TX 数据 4 | 保留(00H) | |
| 25 | RX 数据 7 | RX 数据 5 | TX 数据 7 | TX 数据 5 | 保留(00H) | |
| 26 | RX 数据 8 | RX 数据 6 | TX 数据 8 | TX 数据 6 | 保留(00H) | |
| 27 | (FIFO RAM) | RX 数据 7 | — | TX 数据 7 | 保留(00H) | |
| 28 | (FIFO RAM) | RX 数据 8 | — | TX 数据 8 | 保留(00H) | |
| 29 | RX 报文计数器 | | — | | RX 报文计数器 | |
| 30 | RX 缓冲区起始地址(RBSA) | | — | | RX 缓冲区起始地址 | RX 缓冲区起始地址 |
| 31 | 时钟分频器 | | 时钟分频器 | | 时钟分频器 | 时钟分频器 |
| 32 | 内部 RAM 地址 0(FIFO) | | — | | 内部 RAM 地址 0 | 内部 RAM 地址 0 |
| 33 | 内部 RAM 地址 1(FIFO) | | — | | 内部 RAM 地址 1 | 内部 RAM 地址 1 |
| ⋮ | | | | | | |
| 95 | 内部 RAM 地址 63(FIFO) | | — | | 内部 RAM 地址 63 | 内部 RAM 地址 63 |
| 96 | 内部 RAM 地址 64(TX 缓冲区) | | — | | 内部 RAM 地址 64 | 内部 RAM 地址 64 |
| ⋮ | | | | | | |
| 108 | 内部 RAM 地址 76(TX 缓冲区) | | — | | 内部 RAM 地址 76 | 内部 RAM 地址 76 |
| 109 | 内部 RAM 地址 77(空闲) | | — | | 内部 RAM 地址 77 | 内部 RAM 地址 77 |
| 110 | 内部 RAM 地址 78(空闲) | | — | | 内部 RAM 地址 78 | 内部 RAM 地址 78 |
| 111 | 内部 RAM 地址 79(空闲) | | — | | 内部 RAM 地址 79 | 内部 RAM 地址 79 |
| 112 | (00H) | | — | | (00H) | — |
| ⋮ | | | | | | |
| 127 | (00H) | | — | | (00H) | — |

## 5.3.7 BasicCAN 和 PeliCAN 的公用寄存器

### 1. 总线时序寄存器 0

总线时序寄存器 0(BTR0)见表 5.13,其定义了波特率预置器(Baud Rate Prescaler,BRP)和同步跳转宽度(SJW)的值,复位模式有效时,这个寄存器是可以被访问(读/写)的。

表 5.13 总线时序寄存器 0(地址 6)

| BIT7 | BIT6 | BIT5 | BIT4 | BIT3 | BIT2 | BIT1 | BIT0 |
| --- | --- | --- | --- | --- | --- | --- | --- |
| SJW.1 | SJW.0 | BRP.5 | BRP.4 | BRP.3 | BRP.2 | BRP.1 | BRP.0 |

如果选择的是 PeliCAN 模式,则此寄存器在操作模式中是只读的。在 BasicCAN 工作模式中总是"FFH"。

**(1) 波特率预置器位域**

位域 BRP 使得 CAN 系统时钟的周期 $t_{SCL}$ 是可编程的,而 $t_{SCL}$ 决定了各自的位定时。CAN 系统时钟由如下公式计算:

$$t_{SCL} = 2t_{CLK} \times (32 \times BRP.5 + 16 \times BRP.4 + 8 \times BRP.3 + 4 \times BRP.2 + 2 \times BRP.1 + BRP.0 + 1)$$

式中:$t_{CLK} = $ XTAL 的振荡周期 $= 1/f_{XTAL}$。

**(2) 同步跳转宽度位域**

为了补偿在不同总线控制器的时钟振荡器之间的相位漂移,任何总线控制器必须在当前传送的任一相关信号边沿重新同步。

同步跳转宽度 $t_{SJW}$ 定义了一个位周期可以被一次重新同步缩短或延长的 CAN 系统时钟周期的最大数目,它与位域 SJW 的关系为

$$t_{SJW} = t_{SCL} \times (2 \times SJW.1 + SJW.0 + 1)$$

### 2. 总线时序寄存器 1

总线时序寄存器 1(BTR1)见表 5.14,定义了一个位周期的长度、采样点的位置和在每个采样点的采样数目。

在复位模式中,这个寄存器可以被读/写访问。在 PeliCAN 模式的操作模式中,这个寄存器是只读的。在 BasicCAN 工作模式中总是"FFH"。

表 5.14 总线时序寄存器 1(地址 7)

| BIT7 | BIT6 | BIT5 | BIT4 | BIT3 | BIT2 | BIT1 | BIT0 |
| --- | --- | --- | --- | --- | --- | --- | --- |
| SAM | TSEG2.2 | TSEG2.1 | TSEG2.0 | TSEG1.3 | TSEG1.2 | TSEG1.1 | TSEG1.0 |

**(1) 采样位**

采样位(SAM)的功能说明见表 5.15。

表 5.15 采样位(SAM)的功能

| 位 | 值 | 功　能 |
| --- | --- | --- |
| SAM | 1 | 3 次:总线采样 3 次;建议在低/中速总线(A 和 B 级)上使用,这对过滤总线上的毛刺波是有效的 |
|  | 0 | 单次:总线采样 1 次;建议使用在高速总线上(SAE C 级) |

**(2) 时间段 1 和时间段 2 位域**

时间段 1(TSEG1)和时间段 2(TSEG2)决定了每一位的 CAN 系统时钟周期数目和采样点的位置,如图 5.18 所示。

这里,

$$t_{SYNCSEG} = 1 \times t_{SCL}$$

$$t_{TSEG1} = t_{SCL} \times (8 \times TSEG1.3 + 4 \times TSEG1.2 + 2 \times TSEG1.1 + TSEG1.0 + 1)$$

$$t_{TSEG2} = t_{SCL} \times (4 \times TSEG2.2 + 2 \times TSEG2.1 + TSEG2.0 + 1)$$

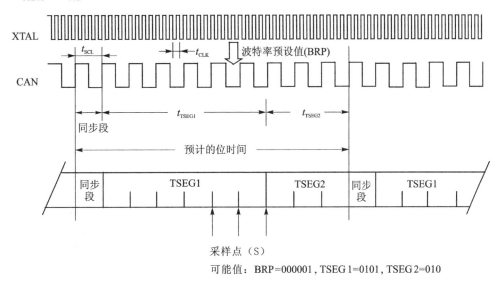

可能值: BRP=000001, TSEG 1=0101, TSEG2=010

**图 5.18　位周期的总体结构**

### 3. 输出控制寄存器

输出控制寄存器(OCR)见表 5.16,允许由软件控制建立不同输出驱动的配置。在复位模式中此寄存器可被读/写访问。在 PeliCAN 模式的操作模式中,这个寄存器是只读的,在 BasicCAN 工作模式中总是"FFH"。

**表 5.16　输出控制寄存器(地址 8)**

| BIT7 | BIT6 | BIT5 | BIT4 | BIT3 | BIT2 | BIT1 | BIT0 |
|------|------|------|------|------|------|------|------|
| OCTP1 | OCTN1 | OCPOL1 | OCTP0 | OCTN0 | OCPOL0 | OCMODE1 | OCODE0 |

收发器的输入/输出控制逻辑如图 5.19 所示。

当 SJA1000 在睡眠模式中时,TX0 和 TX1 引脚根据输出控制寄存器的内容输出隐性的电平。在复位状态(复位请求=1)或外部复位引脚 $\overline{RST}$ 被拉低时,输出 TX0 和 TX1 悬空。

发送的输出阶段可以有不同的模式。输出控制寄存器 OCMODE 位的说明见表 5.17。

**(1) 正常输出模式**

正常输出模式中位序列(TXD)通过 TX0 和 TX1 送出。输出驱动引脚 TX0 和 TX1 的电平取决于被 OCTPx、OCTNx(悬空、上拉、下拉、推挽)编程的驱动器的特性和被 OCPOLx 编程的输出端极性。

**(2) 时钟输出模式**

TX0 引脚在这个模式中和正常模式中是相同的。然而,TX1 上的数据流被发送时钟

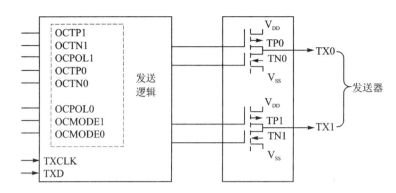

图 5.19　收发器的输入/输出控制逻辑

(TXCLK)取代。发送时钟(非翻转)的上升沿标志着一个位周期的开始。时钟脉冲宽度为
$1 \times t_{\text{SCL}}$。

表 5.17　OCMODE 位的说明

| OCMODE1 | OCMODE0 | 说　明 |
|---|---|---|
| 0 | 0 | 双相输出模式 |
| 0 | 1 | 测试输出模式 |
| 1 | 0 | 正常输出模式 |
| 1 | 1 | 时钟输出模式 |

注:在测试输出模式中,TXx 会在系统时钟的下一次上升沿反映出在 RX 引脚
检测到的位。TN1、TN0、TP1 和 TP0 配置同 OCR 相对应。

### (3) 双相输出模式

与正常输出模式相反,这里位的表现形式是时间的变量而且会反复。如果总线控制器被
发送器从总线上电流退耦,则位流不允许含有直流成分。这一点由下面的方案实现:在隐性位
期间所有输出呈现"无效"(悬空),而显性位交替在 TX0 和 TX1 上发送,即第一个显性位在
TX0 上发送,第二个在 TX1 上发送,第三个在 TX0 上发送等,以此类推。

### (4) 测试输出模式

在测试输出模式中,在下一次系统时钟的上升沿 RX 上的电平反映到 TXx 上,系统时钟
($f_{\text{osc}}/2$)与输出控制寄存器中编程定义的极性相对应。

输出控制寄存器的位和输出引脚 TX0 和 TX1 的关系见表 5.18。

表 5.18　输出引脚配置

| 驱　动 | TXD | OCTPx | OCTNx | OCPOLx | TPx | TNx | TXx |
|---|---|---|---|---|---|---|---|
| 悬空 | × | 0 | 0 | × | 关 | 关 | 悬空 |
| 上拉 | 0 | 0 | 1 | 0 | 关 | 开 | 低 |
|  | 1 | 0 | 1 | 0 | 关 | 关 | 悬空 |
|  | 0 | 0 | 1 | 1 | 关 | 关 | 悬空 |
|  | 1 | 0 | 1 | 1 | 关 | 开 | 低 |

续表 5.18

| 驱　动 | TXD | OCTPx | OCTNx | OCPOLx | TPx | TNx | TXx |
|---|---|---|---|---|---|---|---|
| 下拉 | 0 | 1 | 0 | 0 | 关 | 关 | 悬空 |
| | 1 | 1 | 0 | 0 | 开 | 关 | 高 |
| | 0 | 1 | 0 | 1 | 开 | 关 | 高 |
| | 1 | 1 | 0 | 1 | 关 | 关 | 悬空 |
| 推挽 | 0 | 1 | 1 | 0 | 关 | 开 | 低 |
| | 1 | 1 | 1 | 0 | 开 | 关 | 高 |
| | 0 | 1 | 1 | 1 | 开 | 关 | 高 |
| | 1 | 1 | 1 | 1 | 关 | 开 | 低 |

注:① ×=不影响。

　② TPx 是片内输出发送器 X,连接 $V_{DD}$。

　③ TNx 是片内输出发送器 X,连接 $V_{SS}$。

　④ TXx 是在引脚 TX0 或 TX1 上的串行输出电平。要求当 TXD=0 时,CAN 总线上的
　　　输出电平是显性的;而当 TXD=1 时,这个输出电平是隐性的。

位序列(TXD)通过 TX0 和 TX1 发送。输出驱动器引脚上的电平取决于被 OCTPx、OCTNx(悬空、上拉、下拉、推挽)编程的驱动器的特性和被 OCPOLx 编程的输出端极性。

### 4. 时钟分频寄存器

时钟分频寄存器(CDR)控制输出给微控制器的 CLKOUT 频率,它可以使 CLKOUT 引脚失效。另外,它还控制着 TX1 上的专用接收中断脉冲、接收比较器旁路和 BasicCAN 模式与 PeliCAN 模式的选择。硬件复位后寄存器的默认状态是 Motorola 模式(0000 0101,12 分频)和 Intel 模式(0000 0000,2 分频)。

软件复位(复位请求/复位模式)或总线关闭时,此寄存器不受影响。

保留位(CDR.4)总是 0。应用软件应向此位写 0,目的是与将来可能使用此位的特性兼容。

时钟分频寄存器(CDR)见表 5.19。

表 5.19　时钟分频寄存器(地址 31)

| BIT7 | BIT6 | BIT5 | BIT4 | BIT3 | BIT2 | BIT1 | BIT0 |
|---|---|---|---|---|---|---|---|
| CAN 模式 | CBP | RXINTEN | 0 | CLOCK OFF | CD.2 | CD.1 | CD.0 |

注:BIT4 位不能写。读值总为 0。

**(1) 位域 CD.2~CD.0 的定义**

无论是在复位模式还是在操作模式中,CD.2~CD.0 都是可以随意访问的。这些位是用来定义外部 CLKOUT 引脚上的频率的。可选频率见表 5.20,$f_{osc}$ 是外部振荡器(XTAL)频率。

**(2) 时钟关闭位**

时钟关闭位(CLOCK OFF)置 1 使 SJA1000 的外部 CLKOUT 引脚失效。只有在复位模式中才可以写访问(在 BasicCAN 模式中复位请求位设置为 1)。如果此位置 1,则 CLKOUT

引脚在睡眠模式中是低而其他情况下是高。

表 5.20　CKLOUT 频率选择

| CD.2 | CD.1 | CD.0 | 时钟频率 | CD.2 | CD.1 | CD.0 | 时钟频率 |
|---|---|---|---|---|---|---|---|
| 0 | 0 | 0 | $f_{osc}/2$ | 1 | 0 | 0 | $f_{osc}/10$ |
| 0 | 0 | 1 | $f_{osc}/4$ | 1 | 0 | 1 | $f_{osc}/12$ |
| 0 | 1 | 0 | $f_{osc}/6$ | 1 | 1 | 0 | $f_{osc}/14$ |
| 0 | 1 | 1 | $f_{osc}/8$ | 1 | 1 | 1 | $f_{osc}$ |

**(3) 位 RXINTEN**

此位允许 TX1 输出用来做专用接收中断输出。当一条已接收的报文成功地通过验收滤波器时,一个位时间长度的接收中断脉冲就会在 TX1 引脚输出(在帧的最后一位期间)。极性和输出驱动可以通过输出控制寄存器编程。在复位模式中只能写(在 BasicCAN 模式中复位请求位设置为 1)。

**(4) 位 CBP**

置位 CDR.6(CBP)可以旁路 CAN 输入比较器,但这只能在复位模式中设置,主要用于 SJA1000 外接发送接收电路。此时,内部延时减少,这将使总线长度最大可能地增加。如果 CBP 被置位,则只有 RX0 起作用。没有被使用的 RX1 输入应被连接到一个确定的电平,如 $V_{ss}$。

**(5) 位 CAN 模式**

位 CDR.7 定义 CAN 模式。如果 CDR.7 是 0,则 CAN 控制器工作于 BasicCAN 模式;否则,CAN 控制器工作于 PeliCAN 模式。只有在复位模式中可以写此位。

# 5.4　CAN 总线收发器

CAN 作为一种技术先进、可靠性高、功能完善和成本低的远程网络通信控制方式,已广泛应用于汽车电子、自动控制、电力系统、楼宇自控、安防监控、机电一体化和医疗仪器等自动化领域。

目前,世界众多著名半导体生产商推出了独立的 CAN 通信控制器,而有些半导体生产商(例如 Intel、NXP、Microchip、Samsung、NEC、ST 和 TI 等公司)还推出了内嵌 CAN 通信控制器的 MCU、DSP 和 ARM 微控制器。为了组成 CAN 总线通信网络,NXP 和安森美(ON 半导体)等公司推出了 CAN 总线驱动器。

## 5.4.1　PCA82C250/251 CAN 总线收发器

PCA82C250/251 CAN 总线收发器是协议控制器和物理传输线路之间的接口。此器件对总线提供差动发送能力,对 CAN 控制器提供差动接收能力,可以在汽车和一般的工业应用上使用。

PCA82C250/251 收发器的主要特点如下:

① 完全符合 ISO 11898 标准;

② 高速率(最高达 1 Mb/s);

③ 具有抗汽车环境中的瞬间干扰,保护总线能力;

④ 斜率控制,降低射频干扰(RFI);

⑤ 差分收发器,抗宽范围的共模干扰,抗电磁干扰(EMI);

⑥ 热保护;

⑦ 防止电源和地之间发生短路;

⑧ 低电流待机模式;

⑨ 未上电的节点对总线无影响;

⑩ 可连接 110 个节点;

⑪ 工作温度范围:－40～＋125 ℃。

## 1. 功能说明

PCA82C250/251 的功能框图如图 5.20 所示。

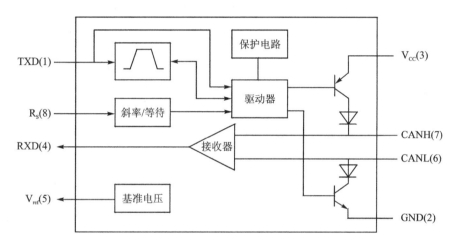

**图 5.20　PCA82C250/251 功能框图**

　　PCA82C250/251 驱动电路内部具有限流电路,可防止发送输出级对电源、地或负载短路。虽然短路出现时功耗增加,但不至于使输出级损坏。若结温超过大约 160 ℃,则两个发送器输出端极限电流将减小,由于发送器是功耗的主要部分,因而限制了芯片的温升。器件的所有其他部分将继续工作。PCA82C250 采用双线差分驱动,有助于抑制汽车等恶劣电气环境下的瞬变干扰。

　　引脚 $R_s$ 用于选定 PCA82C250/251 的工作模式。有 3 种不同的工作模式可供选择:高速、斜率控制和待机。

　　对于高速工作模式,发送器输出级晶体管被尽可能快地启动和关闭。在这种模式下,不采取任何措施限制上升和下降的斜率。此时,建议采用屏蔽电缆以避免射频干扰问题的出现。通过把引脚 $R_s$ 接地可选择高速工作模式。

　　对于较低速度或较短的总线长度,可使用非屏蔽双绞线或平行线作总线。为降低射频干扰,应限制上升和下降的斜率。上升和下降的斜率可以通过由引脚 8 至地连接的电阻进行控制,斜率正比于引脚 $R_s$ 上的电流输出。

　　如果引脚 $R_s$ 接高电平,则电路进入低电平待机模式。在这种模式下,发送器被关闭,接收器转至低电流。如果检测到显性位,RXD 将转至低电平。微控制器应通过引脚 8 将驱动器变为正常工作状态来对这个条件做出响应。由于在待机模式下接收器是慢速的,因此将丢失第一个报文。

利用 PCA82C250/251 还可方便地在 CAN 控制器与驱动器之间建立光电隔离,以实现总线上各节点间的电气隔离。

双绞线并不是 CAN 总线的唯一传输介质。利用光电转换接口器件及星形光纤耦合器可建立光纤介质的 CAN 总线通信系统。此时,光纤中有光表示显性位,无光表示隐性位。

利用 CAN 控制器的双相位输出模式,通过设计适当的接口电路,也不难实现人们希望的电源线与 CAN 通信线的复用。另外,CAN 协议中卓越的错误检出及自动重发功能为建立高效的基于电力线载波或无线电介质(这类介质往往存在较强的干扰)的 CAN 通信系统提供了方便。

### 2. 引脚介绍

PCA82C250/251 为 8 引脚 DIP 和 SO 两种封装,引脚如图 5.21 所示。

引脚介绍如下:

TXD:发送数据输入;

GND:地;

$V_{cc}$:电源电压 4.5~5.5 V;

RXD:接收数据输出;

$V_{ref}$:参考电压输出;

CANL:低电平 CAN 电压输入/输出;

CANH:高电平 CAN 电压输入/输出;

$R_s$:斜率电阻输入。

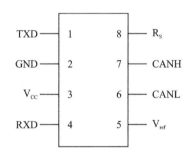

图 5.21　PCA82C250/251 引脚图

PCA82C250/251 收发器是协议控制器和物理传输线路之间的接口。如在 ISO 11898 标准中描述的,它们可以用高达 1 Mb/s 的位速率在两条有差动电压的总线电缆上传输数据。

这两个器件都可以在额定电源电压分别是 12 V(PCA82C250)和 24 V(PCA82C251)的 CAN 总线系统中使用。它们的功能相同,根据相关的标准,可以在汽车和普通的工业应用上使用。PCA82C250 和 PCA82C251 还可以在同一网络中互相通信。而且,它们的引脚和功能兼容。

### 3. 应用电路

PCA82C250/251 收发器的典型应用如图 5.22 所示。

协议控制器 SJA1000 的串行数据输出线(TX)和串行数据输入线(RX)分别通过光电隔离电路连接到收发器 PCA82C250。收发器 PCA82C250 通过有差动发送和接收功能的两个总线终端 CANH 和 CANL 连接到总线电缆。输入 $R_s$ 用于模式控制。参考电压输出 $V_{ref}$ 的输出电压是 0.5×额定 $V_{cc}$。

其中,收发器 PCA82C250 的额定电源电压是 5 V。

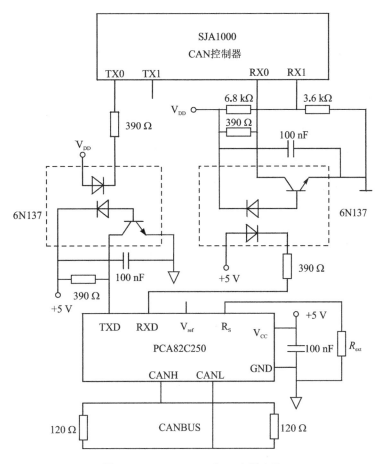

**图 5.22　PCA82C250/251 应用电路**

## 5.4.2　TJA1050 CAN 总线收发器

　　TJA1050 是 Philips 公司生产的,用以替代 PCA82C250 的高速 CAN 总线收发器。该器件提供了 CAN 控制器与物理总线之间的接口以及对 CAN 总线的差动发送和接收功能。TJA1050 除了具有 PCA82C250 的主要特性以外,还在某些性能方面做了很大的改善。TJA1050 的主要特性如下:

　　① 与 ISO 11898 标准完全兼容;

　　② 高速率(最高可达 1 Mb/s);

　　③ 总线与电源及地之间的短路保护;

　　④ 待机模式下,关闭发送器;

　　⑤ 由于优化了输出信号 CANH 和 CANL 之间的耦合,大大降低了信号的电磁辐射(EMI);

　　⑥ 具有强电磁干扰下,宽共模范围的差动接收能力;

　　⑦ 对于 TXD 端的显性位,具有超时检测能力;

　　⑧ 输入电平与 3.3 V 器件兼容;

　　⑨ 未上电节点不会干扰总线(对于未上电节点的性能做了优化);

　　⑩ 过热保护;

⑪ 总线至少可连接 110 个节点。

## 1．功能说明

TJA1050 的功能框图如图 5.23 所示。

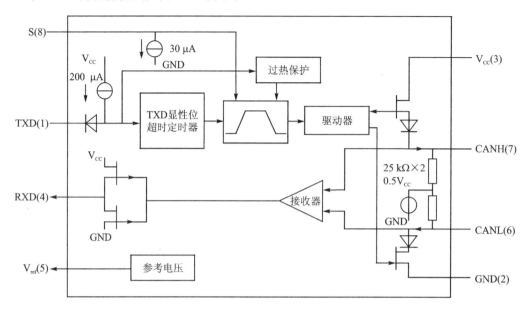

**图 5.23　TJA1050 功能框图**

TJA1050 的总线收发器与 ISO 11898 标准完全兼容。TJA1050 主要用于通信速率在 60 kb/s～1 Mb/s 的高速应用领域。在驱动电路中，TJA1050 具有与 PCA82C250 相同的限流电路，可防止发送输出级对电源、地或负载短路，从而起到保护作用。其过热保护措施与 PCA82C250 也大致相同，当结温超过约 160 ℃时，两个发送器输出端极限电流将减小。由于发送器是功耗的主要部分，因而限制了芯片的温升。器件的所有其他部分将继续工作。

引脚 S 用于选定 TJA1050 的工作模式，有 2 种工作模式可供选择：高速和静音。

如果引脚 S 接地，则 TJA1050 进入高速模式。当 S 端悬空时，其默认工作模式也是高速模式。高速模式是 TJA1050 的正常工作模式。如果引脚 S 接高电平，则 TJA1050 进入静音模式。在这种模式下，发送器被关闭，器件的所有其他部分仍继续工作。该模式可防止由于 CAN 控制器失控而造成网络阻塞。

在 TJA1050 中设计了一个超时定时器，用于对 TXD 端的低电位（此时 CAN 总线上为显性位）进行监视。该功能可以避免由于系统硬件或软件故障而造成 TXD 端长时间为低电位时，总线上所有其他节点也将无法进行通信的情况出现。这也是 TJA1050 与 PCA82C250 相比较改进较大的地方之一。TXD 端信号的下降沿可启动该定时器。

当 TXD 端低电位持续的时间超过了定时器的内部定时时间时，将关闭发送器，使 CAN 总线回到隐性电位状态。

而在 TXD 端信号的上升沿定时器将被复位，使 TJA1050 恢复正常工作。定时器的典型定时时间为 450 μs。

## 2．引脚介绍

TJA1050 的引脚如图 5.24 所示。

引脚介绍如下:

TXD:发送数据输入,从 CAN 总线控制器中输入发送到总线上的数据;

GND:接地;

$V_{cc}$:电源;

RXD:接收数据输出,将从总线接收的数据发送给
CAN 总线控制器;

$V_{ref}$:参考电压输出;

CANL:低电平 CAN 电压输入/输出;

CANH:高电平 CAN 电压输入/输出;

S:模式选定输入端,高速或静音模式。

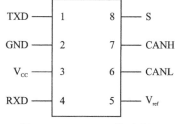

图 5.24　TJA1050 的引脚图

# 5.5　CAN 总线应用节点设计

## 5.5.1　硬件电路设计

采用 AT89S52 单片微控制器、独立 CAN 通信控制器 SJA1000、CAN 总线驱动器
PCA82C250 及复位电路 IMP708 的 CAN 应用节点电路如图 5.25 所示,图中 IMP708 具有两
个复位输出 RESET 和 $\overline{\text{RESET}}$,分别接 AT89S52 单片微控制器和 SJA1000 CAN 通信控制
器。当按下按键 S 时,为手动复位。

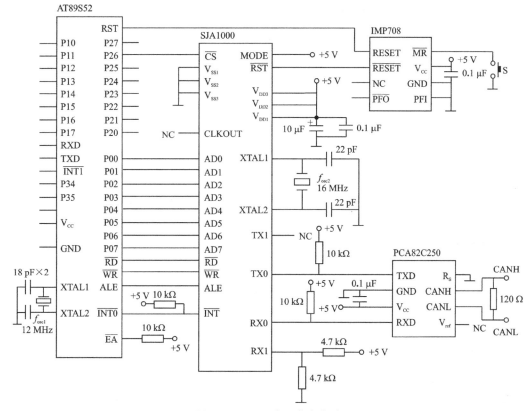

图 5.25　CAN 应用节点电路

## 5.5.2　程序设计

### 1. BasicCAN 程序设计

CAN 应用节点的程序设计主要分为三部分:初始化子程序、发送子程序和接收子程序。

**(1) CAN 初始化子程序**

1) 程序流程图

CAN 初始化子程序流程如图 5.26 所示。

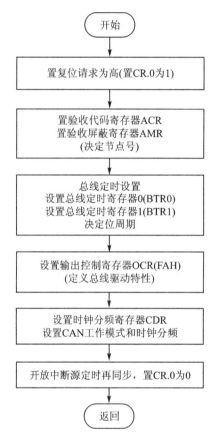

**图 5.26　CAN 初始化子程序流程图**

2) 程序清单

CAN 初始化子程序清单如下:

```
NODE    EQU    30H              ;节点号缓冲区
NBTRO   EQU    31H              ;总线定时器寄存器 0 缓冲区
NBTR1   EQU    32H              ;总线定时器寄存器 1 缓冲区
TXBF    EQU    40H              ;RAM 发送缓冲区
RXBF    EQU    50H              ;RAM 接收缓冲区
CR      EQU    0BF00H           ;控制寄存器
CMR     EQU    0BF01H           ;命令寄存器
SR      EQU    0BF02H           ;状态寄存器
IR      EQU    0BF03H           ;中断寄存器
```

| ACR | EQU | 0BF04H | ;验收代码寄存器 |
| AMR | EQU | 0BF05H | ;验收屏蔽寄存器 |
| BTR0 | EQU | 0BF06H | ;总线定时寄存器 0 |
| BTR1 | EQU | 0BF07H | ;总线定时寄存器 1 |
| OCR | EQU | 0BF08H | ;输出控制寄存器 |
| CDR | EQU | 0BF1FH | ;时钟分频寄存器 |
| RXB | EQU | 0BF14H | ;接收缓冲器 |
| TXB | EQU | 0BF0AH | ;发送缓冲器 |

入口条件:将本节点号存入 NODE 单元。

波特率控制字存入 NBTR0 和 NBTR1 单元。

出口:无。

```
CANNI:  MOV   DPTR, #CR      ;写控制寄存器
        MOV   A, #01H        ;置复位请求为高
        MOVX  @DPTR, A
CANI1:  MOVX  A, @DPTR       ;判复位请求有效
        JNB   ACC.0, CANI1
        MOV   DPTR, #ACR     ;写验收代码寄存器
        MOV   A, NODE        ;设置节点号
        MOVX  @DPTR, A
        MOV   DPTR, #AMR     ;写验收屏蔽寄存器
        MOV   A, #00H
        MOVX  @DPTR, A
        MOV   DPTR, #BTR0    ;写总线定时寄存器 0
        MOV   A, NBTR0       ;设置波特率
        MOVX  @DPTR, A
        MOV   DPTR, #BTR1    ;写总线定时寄存器 1
        MOV   A, NBTR1
        MOVX  @DPTR, A
        MOV   DPTR, #OCR     ;写输出控制寄存器
        MOV   A, #0FAH
        MOVX  @DPTR, A
        MOV   DPTR, #CDR     ;写时钟分频寄存器
        MOV   A, #00H        ;将 CAN 工作模式设为
                             ;BasicCAN 模式时钟 2 分频
        MOVX  @DPTR, A
        MOV   DPTR, #CR      ;写控制寄存器
        MOV   A, #0EH        ;开放中断源
        MOVX  @DPTR, A
        RET
```

3) 通信波特率的计算

假设 BTR0=43H,BTR1=2FH,计算通信波特率。通信波特率由 BTR0 和 BTR1 决定。

● 系统时钟 $t_{SCL}$ 和同步跳转宽度 $t_{SJW}$ 的计算

BTR0 各位功能如表 5.21 所列。

表 5.21　BTR0 各位功能

| BIT7 | BIT6 | BIT5 | BIT4 | BIT3 | BIT2 | BIT1 | BIT0 |
|------|------|------|------|------|------|------|------|
| SJW.1 | SJW.0 | BRP.5 | BRP.4 | BRP.3 | BRP.2 | BRP.1 | BRP.0 |

系统时钟 $t_{SCL}$ 的计算如下:

$$t_{SCL} = 2t_{CLK} \times (32 \times BRP.5 + 16 \times BRP.4 + 8 \times BRP.3 + 4 \times BRP.2 + 2 \times BRP.1 + BRP.0 + 1)$$

$$BTR0 = 43H = 01000011B$$

本例中,

$$t_{CLK} = \frac{1}{f_{CLK}} = \frac{1}{16 \times 10^6}\ s$$

故

$$t_{SCL} = 2 \times \frac{1}{16 \times 10^6} \times (0+0+0+0+2+1+1) = \frac{1}{2 \times 10^6}\ s$$

同步跳转宽度的计算如下:

为补偿不同总线控制器时钟振荡器之间的相移,任何总线控制器必须同步于当前进行发送的相关信号沿。

$$t_{SJW} = t_{SCL} \times (2 \times SJW.1 + SJW.0 + 1) = t_{SCL} \times (0+1+1) = 2t_{SCL}$$

● $t_{TSEG1}$ 和 $t_{TSEG2}$ 的计算

BTR1 各位功能如表 5.22 所列。

表 5.22　BTR1 各位功能

| BIT7 | BIT6 | BIT5 | BIT4 | BIT3 | BIT2 | BIT1 | BIT0 |
|------|------|------|------|------|------|------|------|
| SAM | TSEG2.2 | TSEG2.1 | TSEG2.0 | TSEG1.3 | TSEG1.2 | TSEG1.1 | TSEG1.0 |

根据 BTR1,计算 $t_{TSEG1}$ 和 $t_{TSEG2}$:

$$t_{TSEG1} = t_{SCL} \times (8 \times TSEG1.3 + 4 \times TSEG1.2 + 2 \times TSEG1.1 + TSEG1.0 + 1)$$

$$t_{TSEG2} = t_{SCL} \times (4 \times TSEG2.2 + 2 \times TSEG2.1 + TSEG2.0 + 1)$$

$$BTR1 = 2FH = 00101111B$$

故,可得

$$t_{TSEG1} = t_{SCL} \times (8 \times 1 + 4 \times 1 + 2 \times 1 + 1 + 1) = 16t_{SCL}$$

$$t_{TSEG2} = t_{SCL} \times (4 \times 0 + 2 \times 1 + 0 + 1) = 3t_{SCL}$$

● 位周期的计算

已知,

$$t_{SYNCSEG} = 1 \times t_{SCL}$$

位周期 $T$ 为

$$T = t_{SYNCSEG} + t_{TSEG1} + t_{TSEG2} = 1t_{SCL} + 16t_{SCL} + 3t_{SCL} = 20t_{SCL}$$

又

$$t_{SCL} = \frac{1}{2 \times 10^6}\ s$$

故

$$T = 20 t_{\text{SCL}} = 20 \times \frac{1}{2 \times 10^6} = \frac{1}{10^5} \text{ s}$$

● 通信波特率的计算

$$通信波特率 = 1/T = 10^5 \text{ b/s} = 100 \text{ kb/s}$$

在 CAN 总线系统的实际应用中,经常会遇到要估算一个网络的最大总线长度和节点数的情况。下面分析当采用 PCA82C250 作为总线驱动器时,影响网络的最大总线长度和节点数的相关因素以及估算的方法。采用其他驱动器,也可以参照该方法进行估算。

由 CAN 总线所构成的网络,其最大总线长度主要由以下三个方面的因素决定:

① 互连总线节点间的回路延时(由 CAN 总线控制器和驱动器等引入)和总线线路延时。

② 由于各节点振荡器频率的相对误差而导致的位时钟周期的偏差。

③ 由于总线电缆串联等效电阻和总线节点的输入电阻而导致的信号幅度的下降。

传输延迟时间对总线长度的影响主要是由 CAN 总线的特点(非破坏性总线仲裁和帧内应答)所决定的。比如,在每帧报文的应答场(ACK 场),要求接收报文正确的节点在应答间隙将发送节点的隐性电平拉为显性电平,作为对发送节点的应答。由于这些过程必须在一个位时间内完成,所以总线线路延时以及其他延时之和必须小于 1/2 个位时钟周期。非破坏性总线仲裁和帧内应答本来是 CAN 总线区别于其他现场总线最显著的优点之一,但在这里却成了一个缺点。缺点主要表现在其限制了 CAN 总线速度进一步提高的可能性,当需要更高的速度时则无法满足要求。

CAN 任意两个节点之间的传输距离与其通信波特率有关,当采用 SJA1000 CAN 通信控制器时,并假设晶振频率为 16 MHz,通信距离与通信波特率的关系如表 5.23 所列。

表 5.23　通信距离与通信波特率的关系

| 位速率 | 最大总线长度 | 总线定时 | |
|---|---|---|---|
| | | BTR0 | BTR1 |
| 1 Mb/s | 40 m | 00H | 14H |
| 500 kb/s | 130 m | 00H | 1CH |
| 250 kb/s | 270 m | 01H | 1CH |
| 125 kb/s | 530 m | 03H | 1CH |
| 100 kb/s | 620 m | 43H | 2FH |
| 50 kb/s | 1.3 km | 47H | 2FH |
| 20 kb/s | 3.3 km | 53H | 2FH |
| 10 kb/s | 6.7 km | 67H | 2FH |
| 5 kb/s | 10 km | 7FH | 7FH |

**(2) CAN 接收子程序**

1)程序流程图

CAN 接收子程序流程图如图 5.27 所示。

2)程序清单

CAN 接收子程序清单如下:

入口条件:无。

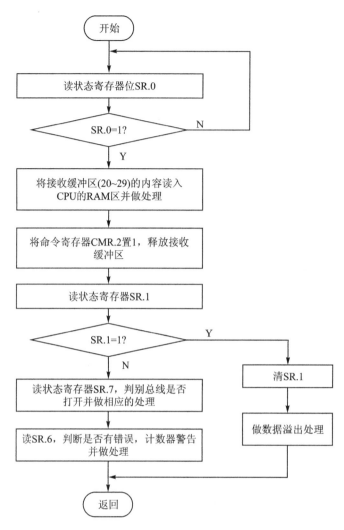

**图 5.27　CAN 接收子程序流程图**

出口：接收的描述符、数据长度及数据放在 RXBF 开始的缓冲区中。

```
RXSB:    MOV    DPTR，# SR           ;读状态寄存器,判断接收缓冲区满
         MOVX   A，@DPTR
         JNB    ACC.0，RXSB
RXSB1:   MOV    DPTR，# RXB          ;将接收的数据放在 CPU RAM 区
         MOV    R0，# RXBF
         MOVX   A，@DPTR
         MOV    @R0，A
         INC    R0
         INC    DPTR
         MOVX   A，@DPTR
         MOV    @R0，A
         MOV    B，A
RXSB2:   INC    DPTR
         INC    R0
```

```
MOVX    A, @DPTR
MOV     @R0, A
DJNZ    B, RXSB2
MOV     DPTR, ♯CMR           ;接收完毕,释放接收缓冲区
MOV     A, ♯04H
MOVX    @DPTR, A
MOV     DPTR, ♯SR            ;读此状态寄存器
MOVX    A, @DPTR
JB      ACC.1, DATAOVER      ;判断数据溢出
JB      ACC.7, BUSWRONG      ;判断总线状态
JB      ACC.6, CNTWRONG      ;判断错误计数器状态
SJMP    RECEEND
DATAOVER:
        ;做相应的数据溢出数据处理
SJMP    RECEEND
BUSWRONG:
        ;做总线错误处理
SJMP    RECEED
CNTWRONG:
        ;做计数错误处理
RECEEND:
RET
```

**(3) CAN 发送子程序**

1) 程序流程图

CAN 发送子程序流程图如图 5.28 所示。

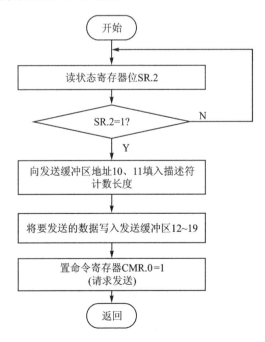

**图 5.28　CAN 发送子程序流程图**

2）程序清单

CAN 发送子程序清单如下：

入口条件：将要发送的描述符存入 TXBF；

　　　　　将要发送的数据长度存入 TXBF+1；

　　　　　将要发送的数据存入 TXBF+2 开始的单元。

出口：无。

```
TXSB:   MOV    DPTR, ♯SR           ;读状态寄存器
        MOVX   A, @DPTR            ;判断发送缓冲区状态
        JNB    ACC.2, TXSB
        MOV    R1, ♯TXBF
        MOV    DPTR, @TXB
TX1:    MOV    A, @R1              ;向发送缓冲区 10 填入标识符
        MOVX   @DPTR, A
        INC    R1
        INC    DPTR
        MOV    A, @R1              ;向发送缓冲区 11 填入数据长度
        MOVX   @DPTR, A
        MOV    B, A
TX2:    INC    R1
        INC    DPTR
        MOV    A, @R1              ;向发送缓冲区 12～19 发送数据
        MOVX   @DPTR, A
        DJNZ   B, TX2
        MOV    DPTR, ♯CMR          ;置 CMR.0 为 1,请求发送
        MOV    A, ♯01H
        MOVX   @DPTR, A
        RET
```

## 2．PeliCAN 程序设计

### （1）初始化子程序

程序清单如下：

```
NBTR0   EQU    30H                 ;波特率控制字 0
NBTR1   EQU    31H                 ;波特率控制字 1
AMRBF   EQU    32H                 ;验收屏蔽寄存器缓冲区
ACRBF   EQU    36H                 ;验收代码寄存器缓冲区
TXBF    EQU    40H                 ;RAM 内发送缓冲区
RXBF    EQU    50H                 ;RAM 内接收缓冲区
MOD     EQU    0BF00H              ;模式寄存器
CMR     EQU    0BF01H              ;命令寄存器
SR      EQU    0BF02H              ;状态寄存器
IE      EQU    0BF03H              ;中断寄存器
IER     EQU    0BF04H              ;中断使能寄存器
BTR0    EQU    0BF06H              ;总线定时寄存器 0
BTR1    EQU    0BF07H              ;总线定时寄存器 1
```

| OCR | EQU | 0BF08H | ;输出控制寄存器 |
|---|---|---|---|
| ALC | EQU | 0BF0BH | ;仲裁丢失捕捉寄存器 |
| ECC | EQU | 0BF0CH | ;错误代码捕捉寄存器 |
| EWLR | EQU | 0BF0DH | ;错误报警限额寄存器 |
| RXERR | EQU | 0BF0EH | ;RX 错误计数器 |
| TXERR | EQU | 0BF0FH | ;TX 错误计数器 |
| TXB | EQU | 0BF10H | ;发送缓冲区 |
| RXB | EQU | 0BF10H | ;接收缓冲区 |
| ACR | EQU | 0BF10H | ;验收代码寄存器 |
| AMR | EQU | 0BF14H | ;验收屏蔽寄存器 |
| RMC | EQU | 0BF1DH | ;RX 报文计数器 |
| RBSA | EQU | 0BF1EH | ;RX 缓冲区起始地址 |
| CDR | EQU | 0BF1FH | ;时钟分频器 |

入口条件:波特率控制字存入 NBTR0 和 NBTR1 中。

验收代码寄存器内容在 ACRBF 开始的 4 个单元。

验收屏蔽寄存器内容在 AMRBF 开始的 4 个单元。

出口:无。

| | | | |
|---|---|---|---|
| CANI: | MOV | DPTR,＃MOD | ;模式寄存器 |
| | MOV | A,＃09H | ;进入复位模式,对 SJA1000 进行初始化 |
| | MOVX | @DPTR,A | |
| | MOV | DPTR,＃CDR | ;时钟分频寄存器 |
| | MOV | A,＃88H | ;选择 PeliCAN 模式,关闭时钟输出 |
| | MOVX | @DPTR,A | |
| | MOV | DPTR,＃IER | ;中断允许寄存器 |
| | MOV | A,＃0DH | ;开放发送中断、溢出中断和错误警告中断 |
| | MOVX | @DPTR,A | |
| | MOV | DPTR,＃AMR | ;验收屏蔽寄存器 |
| | MOV | R6,＃4 | |
| | MOV | R0,＃AMRBF | ;验收屏蔽寄存器内容在单片机内 RAM 中的首址 |
| CANI1 | MOV | A,@R0 | |
| | MOVX | @DPTR,A | ;验收屏蔽寄存器赋初值 |
| | INC | DPTR | |
| | DJNZ | R6,CANI1 | |
| | MOV | DPTR,＃ACR | ;验收代码寄存器 |
| | MOV | R6,＃4 | |
| | MOV | R0,＃ACRBF | ;验收代码寄存器内容在单片机片内 RAM 中的首址 |
| CANI2: | MOV | A,@R0 | |
| | MOVX | @DPTR,A | ;验收代码寄存器赋初值 |
| | INC | DPTR | |
| | DJNZ | R6,CANI2 | |
| | MOV | DPTR,＃BTR0 | ;总线定时寄存器 0 |
| | MOV | A,＃03H | |
| | MOVX | @DPTR,A | |
| | MOV | DPTR,＃BTR1 | ;总线定时寄存器 1 |
| | MOV | A,＃0FFH | ;设置波特率 |

```
        MOVX    @DPTR，A
        MOV     DPTR，#OCR        ;输出控制寄存器
        MOV     A，#0AAH
        MOVX    @DPTR，A
        MOV     DPTR，#RBSA       ;接收缓存器起始地址寄存器
        MOV     A，#0            ;设置接收缓存器FIFO起始地址为0
        MOVX    @DPTR，A
        MOV     DPTR，#TXERR      ;发送错误计数寄存器
        MOV     A，#0            ;清除发送错误计数寄存器
        MOVX    @DPTR，A
        MOV     DPTR，#ECC        ;错误代码捕捉寄存器
        MOVX    A，@DPTR          ;清除错误代码捕捉寄存器
        MOV     DPTR，#MOD        ;方式寄存器
        MOV     A，#08H           ;设置单滤波接收方式，并返回工作状态
        MOVX    @DPTR，A
        RET
```

### (2) CAN 接收子程序

接收子程序负责节点报文的接收以及其他情况处理。接收子程序比发送子程序要复杂一些，因为在处理接收报文的过程中，同时要对诸如总线关闭、错误报警、接收溢出等情况进行处理。

SJA1000 报文的接收主要有两种方式：中断接收方式和查询接收方式。如果对通信的实时性要求不是很强，建议采用查询接收方式。两种接收方式的编程思路基本相同，下面给出以查询方式接收报文的接收子程序清单。

入口条件：无。

出口：接收的报文放在 RXBF 开始的缓冲区中。

```
RXSB：   MOV     DPTR，#SR         ;状态寄存器地址
        MOVX    A，@DPTR
        ANL     A，#0C3H          ;读取总线关闭、错误状态、接收溢出和有数据等位状态
        JNZ     RXSB0
        RET                      ;无上述状态，结束
RXSB0：  JNB     ACC.7，RXSB2
RXSB1：  MOV     DPTR，#IR         ;IR中断寄存器，出现总线关闭
        MOVX    A，@DPTR          ;读中断寄存器，清除中断位
        MOV     DPTR，#MOD        ;方式寄存器地址
        MOV     A，#08H
        MOVX    @DPTR，A          ;将方式寄存器复位请求位清0
        ⋮                        ;错误处理
        RET
RXSB2：  MOV     DPTR，#IR         ;总线正常
        MOVX    A，@DPTR          ;读取中断寄存器，清除中断位
        JNB     ACC.3，RXSB4
RXSB3：  MOV     DPTR，#CMR        ;数据溢出
        MOV     A，#0CH
        MOVX    @DPTR，A          ;在命令寄存器中清除数据溢出和释放接收缓冲区
```

```
              RET
              NOP
RXSB4:  JB      ACC.0，RXSB5        ;IR.0＝1,接收缓冲区有数据
        LJMP    RXSB8              ;IR.0＝0,接收缓冲区无数据,退出接收
        NOP
RXSB5:  MOV     DPTR，#RXB         ;接收缓冲区首地址(16),准备读取数据
        MOVX    A，@DPTR           ;读取数据帧格式字
        JNB     ACC.6，RXSB6       ;RTR＝1是远程请求帧,远程帧无数据场
        MOV     DPTR，#CMR
        MOV     A，#04H            ;CMR.2＝1释放接收缓冲区
        MOVX    @DPTR，A           ;只有接收了数据才能释放接收缓冲区
          ⋮                        ;发送对方请求的数据
        LJMP    RXSB8              ;退出接收
RXSB6:  MOV     DPTR，#RXB         ;读取并保存接收缓冲区的数据
        MOV     R1，#RXBF          ;CPU片内接收缓冲区首址
        MOVX    A，@DPTR           ;读取数据帧格式字
        MOV     @R1，A             ;保存
        ANL     A，#0FH            ;截取低4位是数据场长度(0～8)
        ADD     A，#4              ;加4个字节的标识符(ID)
        MOV     R6，A
RXSB7:  INC     DPTR
        INC     R1
        MOVX    A，@DPTR
        MOV     @R1，A
        DJNZ    R6，RXSB7          ;循环读取与保存
        MOV     DPTR，#CMR
        MOV     A，#04H            ;释放CAN接收缓冲区
        MOVX    @DPTR，A
RXSB8:  MOV     DPTR，#ALC         ;释放仲裁丢失捕捉寄存器和错误捕捉寄存器
        MOVX    A，@DPTR
        MOV     DPTR，#ECC
        MOVX    A，@DPTR
        RET
```

**(3) CAN 发送子程序**

发送子程序负责节点报文的发送。发送时用户只需将待发送的数据按特定格式组合成一帧报文,送入 SJA1000 发送缓存区中,然后启动 SJA1000 发送即可。当然在往 SJA1000 发送缓存区送报文之前,必须先进行判断。发送程序分发送远程帧和数据帧两种,远程帧无数据场。

入口条件:将要发送的报文存入 TXBF 开始的单元。

出口:无。

1) 发送数据帧子程序

```
TXDSB:  MOV     DPTR，#SR          ;状态寄存器
        MOVX    A，@DPTR           ;从SJA1000读入状态寄存器值
        JB      ACC.4，TXDSB       ;判断是否正在接收,正在接收则等待
```

```
TXDSB0： MOVX    A，@DPTR
         JNB     ACC.3，TXDSB0          ;判断上次发送是否完成,未完成则等待发送完成
TXDSB1： MOVX    A，@DPTR
         JNB     ACC.2，TXDSB1          ;判断发送缓冲区是否锁定,锁定则等待
TXDSB2： MOV     DPTR，#TXB             ;SJA1000 发送缓存区首址
         MOV     A，#88H                ;发送扩展帧格式数据帧,数据场长度为 8 个字节
         MOVX    @DPTR，A
         INC     DPTR
         MOV     A，#ID0                ;4 个字节标识符(ID0～ID3,共 29 位),根据实际情况赋值
         MOVX    @DPTR，A
         INC     DPTR
         MOV     A，#ID1
         MOVX    @DPTR，A
         INC     DPTR
         MOV     A，#ID2
         MOVX    @DPTR，A
         INC     DPTR
         MOV     A，#ID3
         MOVX    @DPTR，A
         MOV     R0，#TXBF              ;单片微控制器片内 RAM 发送数据区首址,数据内容由用户定义
TXDSB3： MOV     A，@R0
         INC     DPTR
         MOVX    @DPTR，A
         INC     R0
         CJNE    R0，#TXBF＋8，TXDSB3    ;向发送缓冲区写 8 个字节
         MOV     DPTR，#CMR             ;命令寄存器地址
         MOV     A，#01H
         MOVX    @DPTR，A               ;启动 SJA1000 发送
```

2) 发送远程帧

```
TXRSB： MOV     DPTR，#SR              ;状态寄存器
        MOVX    A，@DPTR               ;从 SJA1000 读入状态寄存器值
        JB      ACC.4，TXRSB           ;判断是否正在接收,正在接收则等待
TXDSB0： MOVX   A，@DPTR
         JNB    ACC.3，TXRSB0          ;判断上次发送是否完成,未完成则等待发送完成
TXRSB1： MOVX   A，@DPTR
         JNB    ACC.2，TXRSB1          ;判断发送缓冲区是否锁定,锁定则等待
TXRSB2： MOV    DPTR，#TXB             ;SJA1000 发送缓存区首址
         MOV    A，#0C8H               ;发送扩展帧格式远程帧,请求数据长度为 8 个字节,可改变
         MOVX   @DPTR，A
         INC    DPTR
         MOV    A，#ID0                ;4 个字节标识符(ID0～ID3,共 29 位),根据实际情况赋值
         MOVX   @DPTR，A
         INC    DPTR
         MOV    A，#ID1
         MOVX   @DPTR，A
```

```
INC      DPTR
MOV      A，♯ID2
MOVX     @DPTR，A
INC      DPTR
MOV      A，♯ID3
MOVX     @DPTR，A            ;远程帧无数据场
MOV      DPTR，♯CMR          ;命令寄存器地址
MOV      A，♯01H
MOVX     @DPTR，A            ;启动 SJA1000 发送
RET
```

# 本章小结

　　控制器局域网(CAN)为串行通信协议,能有效地支持具有很高安全等级的分布实时控制。CAN 的应用范围很广,从高速的网络到低价位的多路接线都可以使用 CAN。在汽车电子行业中可连接发动机控制器、传感器、刹车系统等,传输速率为 1 Mb/s,可代替接线配置。

　　本章首先讲述 CAN 总线的基本概念、分层结构、技术规范等内容;然后介绍常用的 CAN 通信控制器 SJA1000 的特点、内部结构、引脚说明及应用说明,并以 PCA82C250/251、TJA1050 为例介绍了典型的 CAN 总线收发器;最后举例详细描述 CAN 总线应用节点硬件电路设计和软件设计的原理。

# 思考题

　　1. CAN 现场总线的主要特点有哪些?
　　2. BasicCAN 与 PeliCAN 有何不同?
　　3. CAN 总线报文帧分为哪几种类型? 其功能分别是什么?
　　4. CAN 总线收发器的作用是什么?
　　5. 常用的 CAN 总线收发器有哪些?
　　6. 采用熟悉的一种单片机设计一 CAN 总线硬件节点电路,使用 SJA1000 独立 CAN 控制器,假设节点号为 16,通信波特率为 100 kb/s。
　　① 画出硬件电路图;
　　② 画出 CAN 初始化程序流程图;
　　③ 编写 CAN 初始化程序;
　　④ 编写发送 03H、05H、28H、44H、48H、65H、29H、8AH 一组数据的程序。

# 第6章　PROFIBUS 现场总线

目前工业上普遍使用的 PLC 是以微处理器为核心的数字式电子装置,能够存储各种指令,实现顺序控制、定时、计数、算术运算、数据处理和通信等功能,对工业设备或过程进行控制。PLC 的中心控制单元与现场设备相连的接口电路是为在工业环境下应用而特殊设计的,因此它具有很强的抗干扰能力、广泛的适应能力和应用范围。毋庸置疑,PLC 在未来的工业生产中仍将扮演重要角色。

PROFIBUS 是 Process Fieldbus 的缩写,是一个用在自动化技术的现场总线标准,常用于 PLC 与现场设备的数据通信和控制。PROFIBUS 不仅注重系统技术,而且侧重应用行规的开发,它是能够全面覆盖工厂自动化和过程自动化应用领域的现场总线。PROFIBUS 是在世界范围内应用最广泛的现场总线技术。

# 6.1　PROFIBUS 概述

## 6.1.1　PROFIBUS 简介

PROFIBUS 是面向工厂自动化和流程自动化的一种国际化、开放的、不依赖于设备生产商的现场总线标准。它已被广泛应用于制造业自动化(汽车制造、装瓶系统、仓储系统)、过程自动化(石油化工、造纸和纺织品工业企业)、楼宇自动化(供热空调系统)、交通管理自动化、电子工业和电力输送等行业。其在可编程控制器、传感器、执行器、低压电器开关等设备之间传递数据信息,承担控制网络的各项任务。

PROFIBUS 技术的发展经历了如下过程:

➢ 1987 年由德国 SIEMENS 公司等 13 家企业和 5 家研究机构联合开发;
➢ 1989 年成为德国工业标准 DIN 19245;
➢ 1996 年成为欧洲标准 EN 50170 V.2(PROFIBUS - FMS - DP);
➢ 1998 年 PROFIBUS - PA 被纳入 EN 50170 V.2;
➢ 1999 年 PROFIBUS 成为国际标准 IEC 61158 的组成部分(TYPE Ⅲ);
➢ 2001 年成为中国的机械行业标准 JB/T 10308.3—2001。

PROFIBUS 主要包含 PROFIBUS - DP、PROFIBUS - FMS、PROFIBUS - PA 三个子集,以满足工厂网络中的多种应用需求。

PROFIBUS 的典型应用如图 6.1 所示。

PROFIBUS 这三个子集的特点如下:

### 1. PROFIBUS - DP

DP 是 Decentralized Periphery(分布式外部设备)的缩写。PROFIBUS - DP(简称 DP)是专为自动控制系统与设备级分散 I/O 之间的通信而设计的,用于分布式控制系统设备间的高速数据传输。它的传输速率可达 12 Mb/s,可以建成单主站或多主站系统,主站、从站间采用周期性(循环)数据传输方式工作。它的设计旨在用于设备一级的高速数据传输。在这一级,

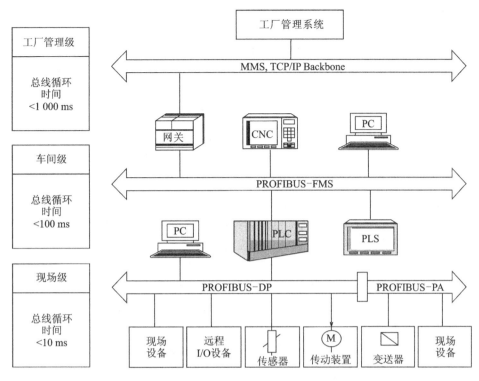

**图 6.1    PROFIBUS 的典型应用**

中央控制器(如 PLC/PC)通过高速串行线同分散的现场设备(如 I/O、驱动器和阀门等)进行通信,同这些分散的设备进行数据交换多数是周期性的。

PROFIBUS - DP 主要面向工厂现场层应用。截至目前,DP 的应用占整个 PROFIBUS 应用的 80% 以上,代表了 PROFIBUS 的技术精华和特点,因而有时也会把 PROFIBUS - DP 泛指为 PROFIBUS。PROFIBUS - DP 本身包含有随历史发展而形成的三个版本 DP - V0、DP - V1、DP - V2。

DP - V0:规定了周期性数据交换所需要的基本通信功能,提供了对 PROFIBUS 的数据链路层(Fieldbus Data Link layer,FDL)的基本技术描述以及站点诊断、模块诊断和特定通道的诊断功能。

DP - V1:包括有依据过程自动化的需求而增加的功能,特别是用于参数赋值、操作、智能现场设备的可视化和报警处理等(类似于循环的用户数据通信)的非周期的数据通信以及更复杂类型的数据传输。DP - V1 有三种附加的报警类型:状态报警、刷新报警和制造商专用报警。

DP - V2:包括有根据驱动技术的需求而增加的其他功能,如同步从站模式(Isochronous Slave Mode),实现运动控制中时钟同步的数据传输、从站对从站通信、驱动器设定值的标准化配置等。

## 2. PROFIBUS - FMS

FMS 是 Field Message Specification(现场总线报文规范)的缩写。PROFIBUS - FMS(简称 FMS)适用于承担车间级通用性数据通信,可提供通信量大的相关服务,完成中等传输速度的周期性和非周期性通信任务。由于它是完成控制器和智能现场设备之间的通信以及控制器之间的信息交换,因此它考虑的主要是系统的功能而不是系统响应时间,应用过程通常要求的是随机的信息交换(如改变设定参数等)。强有力的 FMS 服务提供了广泛的应用范围和更大的灵活性,可用于大范围和复杂的通信系统。

这里需特别指出的是,作为最早出现的 PROFIBUS - FMS 规约并没有被纳入国际标准 IEC 61158 中,它仍保留在 EN 50170 中,FMS 目前的市场份额非常小,已经被基于工业以太网的产品所替代而逐渐退出了竞争。只有 PROFIBUS - DP 和 PROFIBUS - PA 被选列入 IEC 61158。

### 3. PROFIBUS - PA

PA 是 Process Automation(过程自动化)的缩写。PROFIBUS - PA(简称 PA)是专为过程自动化而设计的,采用 IEC 1158 - 2 中规定的通信规程,适用于安全性要求较高的本质安全应用以及需要总线供电的场合。其物理层采用了完全不同于 PROFIBUS - FMS 和 PROFIBUS - DP 的标准 IEC 1158 - 2,能支持总线供电,具有本质安全特点,通信速度固定为 31.25 kb/s,主要用于防爆安全要求高、通信速度低的过程控制场合。

PROFIBUS - PA 将自动化系统和过程控制系统与现场设备,如压力、温度和液位变送器等连接起来,代替了 4～20 mA 模拟信号传输技术,在现场设备的规划、敷设电缆、调试、投入运行和维修等方面可节约 40% 以上成本,并大大提高了系统功能和安全可靠性,因此 PA 尤其适用于石油、化工和冶金等行业的过程自动控制系统。

为了满足苛刻的实时要求,PROFIBUS 协议具有如下特点:

① 不支持长信息段 > 235 B。

② 不支持短信息组块功能。由许多短信息组成的长信息包不符合短信息的要求,因此,PROFIBUS 不提供这一功能(实际使用中可通过应用层或用户层的制定或扩展来克服这一约束)。

③ 本规范不提供由网络层支持运行的功能。

④ 除规定的最小组态外,根据应用需求可以建立任意的服务子集。这对小系统(如传感器等)尤其重要。

⑤ 其他功能是可选的,如口令保护方法等。

⑥ 网络拓扑是总线型,两端带终端器或不带终端器。

⑦ 介质、距离、站点数取决于信号特性,如对屏蔽双绞线,单段长度小于或等于 1.2 km,不带中继器,每段 32 个站点(网络规模:双绞线,最大长度 9.6 km;光纤,最大长度 90 km;最大站点数,127 个)。

⑧ 传输速率取决于网络拓扑和总线长度,从 9.6 kb/s 到 12 Mb/s 不等。

⑨ 可选第二种介质(冗余)。

⑩ 在传输时,使用半双工、异步、滑差(Slipe)保护同步(无位填充)。

⑪ 报文数据的完整性,用汉明距离 HD = 4,同步滑差检查和特殊序列,以避免数据的丢失和增加。

⑫ 地址定义范围为 0～127(对广播和群播而言,127 是全局地址),对区域地址、段地址的服务存取地址(服务存取点 LSAP)的地址扩展,每个 6 bit。

⑬ 使用两类站:主站(主动站,具有总线存取控制权)和从站(被动站,没有总线存取控制权)。如果对实时性要求不苛刻,则最多可用 32 个主站,总站数可达 127 个。

⑭ 总线存取基于混合、分散和集中三种方式:主站间用令牌传输,主站与从站之间用主-从方式。令牌在由主站组成的逻辑令牌环中循环。如果系统中仅有一主站,则不需要令牌传

输。这是一个单主站-多从站的系统。最小的系统配置由一个主站和一个从站或两个主站组成。

⑮ 数据传输服务有两类：

第一，非循环的：

➤ 有/无应答要求的发送数据；

➤ 有应答要求的发送和请求数据。

第二，循环的（轮询）：

➤ 有应答要求的发送和请求数据。

近年来，PROFIBUS 家族又新添了几种重要的新行规，比如 PROFIdrive、PROFIsafe 等。

PROFIdrive 用于将驱动设备（从简单的变频器到高级的动态伺服控制器）集成到自动控制系统中。它主要应用于运动控制方面，用于诸如各种变频器和精密动态伺服控制器的数据传输通信。PROFIdrive 定义了用 PROFIBUS 访问驱动器数据的设备性能和方法。

PROFIsafe 用于面向安全设备的故障安全通信，针对控制可靠性要求特别高的场合，如核电站、快速制造设备的关键控制。PROFIsafe 提供了严格的通信保证机制。PROFIsafe 是一种软件解决方案，在 CPU 的操作系统中以附加的 PROFIsafe 层的形式实现故障安全通信。PROFIsafe 考虑了数据的延迟、丢失、不正确的时序、地址和数据的损坏，采用了很多措施来保证故障安全数据传输的完整性。

## 6.1.2　PROFIBUS 的通信参考模型

PROFIBUS 以 OSI 开放系统互连模型为参考。PROFIBUS 的 FMS、DP、PA 这三个部分的通信参考模型及其相互关系如图 6.2 所示。

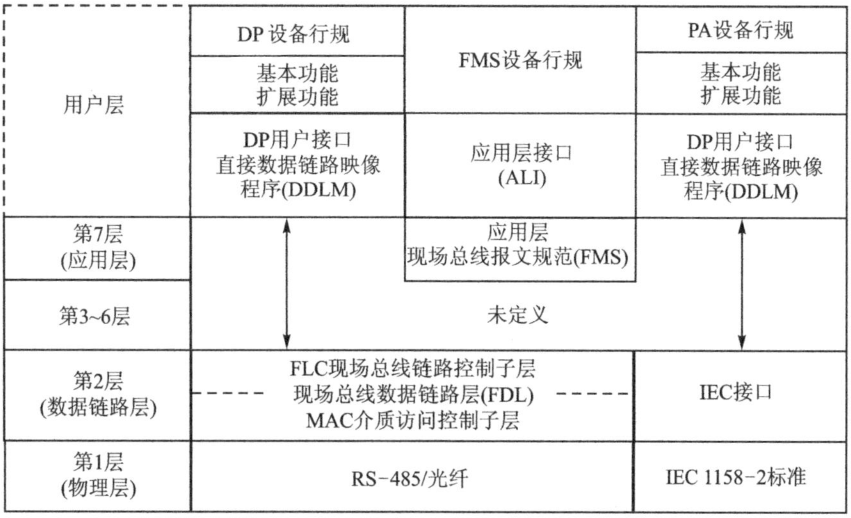

| 用户层 | DP 设备行规 | FMS设备行规 | PA 设备行规 |
|---|---|---|---|
| | 基本功能<br>扩展功能 | | 基本功能<br>扩展功能 |
| | DP用户接口<br>直接数据链路映像程序(DDLM) | 应用层接口(ALI) | DP用户接口<br>直接数据链路映像程序(DDLM) |
| 第7层<br>(应用层) | | 应用层<br>现场总线报文规范(FMS) | |
| 第3~6层 | | 未定义 | |
| 第2层<br>(数据链路层) | FLC现场总线链路控制子层<br>现场总线数据链路层(FDL)<br>MAC介质访问控制子层 | | IEC接口 |
| 第1层<br>(物理层) | RS-485/光纤 | | IEC 1158-2标准 |

**图 6.2　PROFIBUS 的通信参考模型**

PROFIBUS-DP 采用了通信参考模型的第 1 层、第 2 层和用户接口，略去了第 3～7 层。这种精简结构的好处是数据传输的快速和高效率。

PROFIBUS-DP 的第 1 层即物理层提供了用于传输的 RS-485 传输技术或光纤。第 2 层即现场总线数据链路层（Fieldbus Data Link layer，FDL），包括总线介质访问控制（Media

Access Control,MAC)以及现场总线链路控制(Fieldbus Link Control,FLC)。MAC 子层采用基于 Token - Passing 的主-从分时轮询协议,完成总线访问控制和可靠的数据传输。FLC向上层提供服务存取点的管理和数据的缓存。第 1 层和第 2 层的现场总线管理(Field Bus Management Layer 1 and 2,FMA1/2)完成第 2 层待定总线参数的设定和第 1 层参数的设定,还完成这两层出错信息的上传。

PROFIBUS - DP 的用户层包括直接数据链路映射(Direct Data Link Mapper,DDLM)、DP 的基本功能、扩展功能以及设备行规。它规定了用户、系统以及不同设备可以调用的应用功能,使第三方的应用程序可以被直接调用,并详细说明了各种不同的 PROFIBUS - DP 设备的设备行为。这种为高速传输用户数据而优化的 PROFIBUS 协议特别适用于可编程控制器与现场级分散 I/O 设置之间的通信。

PROFIBUS - FMS 的通信参考模型定义了第 1、2 和 7 层。PROFIBUS - FMS 和 PROFIBUS - DP 的第 1、2 层完全相同。它使用和 PROFIBUS - DP 相同的传输技术和统一的总线访问协议,这两套系统可同时运行在同一根电缆上。物理层使用 RS - 485 或光纤连接。PROFIBUS - FMS 的第 7 层即应用层为现场总线报文规范(Fieldbus Message Specification,FMS)。FMS 包括了应用协议,并向用户提供了可广泛选用的强有力的通信服务。

PROFIBUS - PA 在数据链路层采用扩展的基于 Token - Passing 的主-从分时轮询协议,与 DP 所用基本等同。此外,它执行规定现场设备特性的 PA 设备行规。不同于 FMS 和 DP 的是,PROFIBUS - PA 的物理层采用 IEC 1158 - 2 标准。通信信号采用曼彻斯特编码,其传输速率为 31.25 kb/s。支持总线供电,能通过通信电缆向设备供电,具有本质安全的特点。由于物理层的不同,PROFIBUS - PA 和 PROFIBUS - DP 网段间必须通过耦合器才能相联。

## 6.1.3　PROFIBUS 系统组成

PROFIBUS 系统一般由主站(主动站,有总线访问控制权,包括 1 类主站和 2 类主站)和从站(被动站,无总线访问控制权)构成,如图 6.3 所示。当主站获得总线访问控制权(令牌)时,它能占用总线,可以传输报文,从站仅能应答所接收的报文或在收到请求后传输数据。

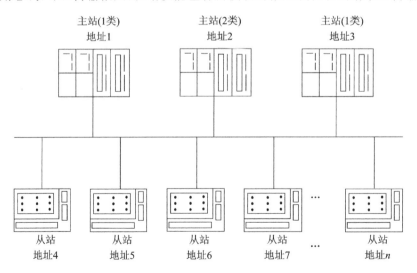

图 6.3　典型的 PROFIBUS 系统

## 1. 1 类主站(Class1 Master)

1 类主站指有能力控制若干从站、完成总线通信控制与管理的设备,如 PLC、PC 等均可作为 1 类主站。

1 类主站能够对从站设置参数,检查从站的通信接口配置,读取从站诊断报文,并根据已经定义好的算法与从站进行用户数据交换。1 类主站还能用一组功能与 2 类主站进行通信。

## 2. 2 类主站(Class2 Master)

2 类主站指有能力管理 1 类主站的组态数据和诊断数据的设备,它还可以具有 1 类主站所具有的通信能力,用于完成各站点的数据读/写、系统组态、监视、故障诊断等。如编程器、操作员工作站、操作员接口等都是 2 类主站的例子。

## 3. 从站(Slaves)

从站是提供 I/O 数据并可分配给 1 类主站的现场设备,它也可以提供报警等非周期性数据。从站在主站的控制下完成组态、参数修改、数据交换等。从站由主站统一编址,接收主站指令,按主站的指令驱动 I/O,并将 I/O 输入及故障诊断等信息返回给主站。驱动器、传感器、执行机构等带有 PROFIBUS 接口的 I/O 现场设备,均为从站的示例。

一个 PROFIBUS 系统既可以是一个单主站结构,也可以是一个多主站结构。单主站结构是指网络中只有一个主站,且该主站为 1 类主站,网络中的从站都隶属于这个主站,从站与主站进行主-从数据交换。多主站结构是指在一条总线上连接几个主站,主站之间采用令牌传递方式获得总线控制权,获得令牌的主站和其控制的从站之间进行主-从数据交换。总线上的主站和各自控制的从站构成多个独立的主-从结构子系统。

PROFIBUS 系统的站地址空间为 0~127,其中的 127 为广播用的地址,所以最多能连接 127 个站点。一个总线段最多 32 个站,超过了必须分段,段与段之间用中继器连接。中继器没有站地址,但是被计算在每段的最大站点数中。此外,段耦合器也可用于 DP 段和 PA 段之间的信号转换。

PROFIBUS 的传输速率从 9.6 kb/s~12 Mb/s 不等,整个网络的长度以及每个网段的长度和信号传输的波特率有关,在不同的波特率下,PROFIBUS 网络的规模也不同。表 6.1 列出了在不同的波特率下所允许的网络及网段的长度。

表 6.1　不同的波特率下所允许的网络及网段的长度

| 信号传输速率 | 最大网段长度/m | 网络最大延伸长度/m |
|---|---|---|
| 9.6 kb/s | 1 200 | 6 000 |
| 19.2 kb/s | 1 200 | 6 000 |
| 45.45 kb/s | 1 200 | 6 000 |
| 93.75 kb/s | 1 200 | 6 000 |
| 187.5 kb/s | 1 000 | 5 000 |
| 500 kb/s | 400 | 2 000 |
| 1.5 Mb/s | 200 | 1 000 |
| 3 Mb/s | 100 | 500 |
| 6 Mb/s | 100 | 500 |
| 12 Mb/s | 100 | 500 |

## 6.1.4　PROFIBUS 总线访问控制

PROFIBUS 系统的总线访问控制要保证两个方面的需求:一是总线主站节点必须在确定的时间范围内获得足够的机会来处理它自己的通信任务;二是主站与从站之间的数据交换必须快速且具有很少的协议开销。

如图 6.4 所示,PROFIBUS 的总线访问控制包括主站之间的令牌传递方式、主站与从站之间的主-从方式。在任何时刻必须确保只能有一个站点发送数据。当一个主站获得了令牌后,它就可以执行主站功能,与其他主站节点或所控制的从站节点进行通信。总线上的报文用节点地址来组织,每个 PROFIBUS 主站节点和从站节点都有一个地址,而且此地址在整个总线上必须是唯一的。

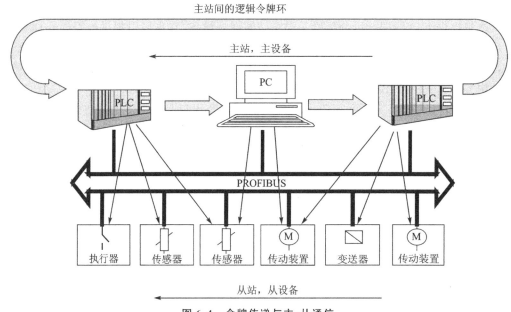

图 6.4　令牌传递与主-从通信

### 1. 令牌传递过程

在 PROFIBUS 中采用实令牌,即令牌是一条特殊的报文。令牌只在各主站之间通信时使用,它在所有主站中循环一周的最长时间是事先规定的。控制主站之间通信的令牌传递程序应保证每个主站在一个确切的时间间隔内得到令牌,取得总线访问权。令牌环是所有主站的组织链,按照主站的地址构成逻辑环,在这个环中,令牌在规定的时间内按照地址的升序在各主站中依次传递。

令牌经过所有主站节点轮转一次所需的时间叫做令牌循环(轮转)时间(Token Rotation Time)。现场总线系统中令牌轮转一次所允许的最大时间叫做目标循环(轮转)时间($T_{TR}$,Target Rotation Time),其值是可调整的。

在 PROFIBUS 系统初始化时,要制定总线上的站点分配并建立逻辑环,将主站地址都记录在活动主站表(List of Active Master Station,LAS,记录系统中所有主站地址)中。令牌的循环时间和各主站令牌的持有时间长短取决于系统配置的参数。对于令牌管理而言,有 3 个地址概念特别重要:前驱站/前一站(Previous Station,PS)地址,即传递令牌给自己站的地址;本站(This Station,TS)地址;后继站/下一站(Next Station,NS)地址,即将要传递令牌的目的站地址。

在总线运行期间,应保证令牌按地址升序依次在各主站间传送,必须能将断电或损坏的主站从逻辑环中移除,而新上电的主站必须能加入逻辑环,这就需要修改 LAS。此外,还应监测传输介质及收发器是否损坏,检查站点地址是否出错(如地址重复),以及是否出现令牌错误(如多个令牌或令牌丢失)。

### 2. 主-从数据通信过程

一个主站在得到令牌后,该主站可在一定的时间内执行主站的任务。在这段时间内,它可以依照主-主关系表与所有主站通信,也可以依照主-从关系表与所有从站通信。主站与从站之间采用主-从通信方式。主-从访问过程允许主站访问主站所控制的从站设备,主站可以发送信息给从站或从从站获取信息。

可见,通过主站间的令牌逻辑环和主-从通信方式,可以将系统组态为纯主系统、主-从系统以及这两者的混合系统。

# 6.2　PROFIBUS 的通信协议

## 6.2.1　PROFIBUS 的物理层

PROFIBUS 可以使用灵活的拓扑结构,支持线形、树形、环形结构以及冗余的通信模型。支持基于总线的驱动技术和符合 IEC 61508 的总线安全通信技术。

### 1. DP/FMS 的 RS-485 传输

RS-485 是 PROFIBUS 系统中最常见的物理连接方式。PROFIBUS-DP 与 PROFIBUS-FMS 均使用 RS-485 异步传输技术和统一的总线存取协议,可以在同一根电缆上同时运行。由 EIA 定义的 RS-485 采用平衡差分传输方式。在一个有屏蔽层的双绞电缆上传输大小相同而方向相反的通信信号,以削弱工业现场的噪声影响。系统采用总线型拓扑结构,其数据传输的速率从 9.6 kb/s 到 12 Mb/s 可选。每一个网段可以接入的最大设备数为 32,每个网段的最大长度为 1 200 m。当设备数多于 32 时,或扩大网络范围时,可使用中继器连接不同的网段,最多能连接 127 个站点。

#### (1) 连接电缆的技术参数

标准的 PROFIBUS 电缆一般都是 A 型电缆。它为屏蔽双绞线电缆,其中数据线有两根:A(绿色)和 B(红色),电缆的外部包裹着编织网和铝箔两层屏蔽,最外面是紫色的外皮。过去使用的 B 型电缆现已淘汰。PROFIBUS 电缆的技术特征如表 6.2 所列。

表 6.2　PROFIBUS 电缆特性

| 参　数 | A　型 | B　型 |
|---|---|---|
| 特征阻抗/Ω | 135~165 ($f=3$~20 MHz) | 100~130 ($f>$100 kHz) |
| 电容/(pF·m$^{-1}$) | <30 | <60 |
| 回路电阻/(Ω·km$^{-1}$) | ≤110 | — |
| 线径/mm | >0.64 | >0.32 |
| 导线截面积/mm$^2$ | >0.34 | >0.22 |

**(2) 线缆连接器**

PROFIBUS 组织推荐了 3 种符合保护标准 IP65/67 的连接器。但在 RS-485 总线电缆上主要使用 9 针的 D 型接头,它符合 IP20 保护级别要求。D 型连接器分插头、插座两种形式。插座在总线站一侧,插头与 RS-485 电缆相连。

9 针 D 型接头中各引脚的定义如表 6.3 所列,外观如图 6.5 所示。

表 6.3 D 型接头的引脚定义

| 编 号 | 引脚名称 | 功 能 |
|---|---|---|
| 1 | Shield | 屏蔽层保护地 |
| 2 | M24 | 24 V 输出电压— |
| 3 | RXD/TXD-P | 数据接收/发送线+ |
| 4 | CNTR-P | 中继器控制+ |
| 5 | DGND | 数字地即 0 电位 |
| 6 | VP | 终端器电阻供电端(+5 V) |
| 7 | P24 | 24 V 输出电压+ |
| 8 | RXD/TXD-N | 数据接收/发送线— |
| 9 | CNTR-N | 中继器控制— |

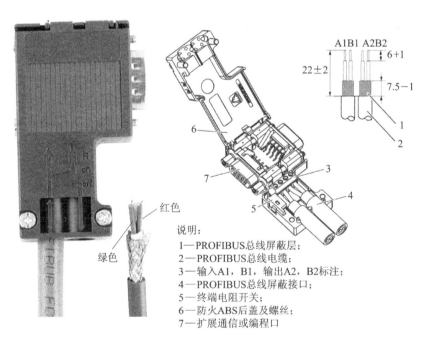

说明:
1—PROFIBUS总线屏蔽层;
2—PROFIBUS总线电缆;
3—输入A1,B1,输出A2,B2标注;
4—PROFIBUS总线屏蔽接口;
5—终端电阻开关;
6—防火ABS后盖及螺丝;
7—扩展通信或编程口

图 6.5 9 针 D 型接头示意图

PROFIBUS 的 RS-485 总线电缆由一对双绞线组成。这 2 根数据线常视为 A 线(绿色)和 B 线(红色)。B 线对应数据发送/接收的正端即 RXD/TXD-P(+)脚,A 线对应数据发送/接收的负端即 RXD/TXD-N(—)脚。在每一个典型的 PROFIBUS 的 D 型接头内部都有 1 个备用的 220 Ω 终端电阻和 2 个 390 Ω 偏置电阻,其电路连接如图 6.6 所示。

根据传输线理论,终端电阻可以吸收网络上的发射波,有效地增强信号强度。两端的终端电阻并联后的值应基本上等于传输线相对于通信频率的特性阻抗。终端电阻由 D 型接头外部的一个微型拨码开关来控制是否接入,此开关在 On 位置时终端电阻被连接到网络上,开关在 Off 位置时终端电阻从网络上断开。每个网段两端的站必须接入终端电阻,中间的站不能接入终端电阻。

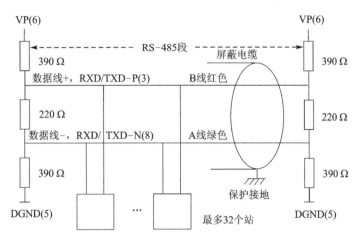

**图 6.6　D 型接头内部电阻及其与总线电缆的连接**

由于总线上接入的所有设备在非通信的静止状况下均处于高阻状态(三态门),此高阻态可能导致总线处于不确定的电平状态而容易损坏电流驱动部件。为避免此情况出现,一般应在电路中对称使用两个 390 Ω 的总线偏置电阻,分别把 A、B 数据线通过这两个总线偏置电阻连接到 VP(第 6 引脚 5 V)和 DGND(第 5 引脚)上,使总线的稳态(静止)电平保持在一个稳定的数值上。

传输速率从 9.6 kb/s～12 Mb/s,所选的传输速率用于总线段上的所有设备。当总线系统运行的传输速率大于 1.5 Mb/s 时,由于所连接站的电容性负载而引起导线反射,因此必须使用附加有轴向电感的总线连接插头,如图 6.7 所示。

**(3) DP 信号的编码波形**

RS-485 采用半双工、异步的传输方式,以字符为单位传输,按 UART(Universal Asynchronous Receiver/Transmitter,通用异步收发器)格式编码,每个字符有 11 bit 长,包括 1 个起始位(总是为 0)、8 个数据位、1 个奇偶校验位和 1 个停止位(总是为 1),如图 6.8 所示。

信号传输的调制形式为 NRZ(不归零)编码,其在线路上的编码波形如图 6.9 所示。

**2. DP/FMS 的光缆传输**

光纤电缆适用于有强电磁干扰的环境,可满足高速率下长距离的信号传输要求。近年来,由于光纤连接技术的发展,特别是塑料光纤单工连接器性能价格比的提高,使得光纤传输技术被普遍应用于工业现场设备的数据通信中。

用玻璃或塑料纤维制成的光缆可用作传输介质。根据所用导线的类型,目前玻璃光纤能处理的连接距离达到 15 km,而塑料光纤只能达到 80 m。

PROFIBUS 光缆网络连接采用环形或星形拓扑结构。光缆的使用中还有一个重要问题是如何使光缆与普通电缆互连,下面给出几种常见的互连方法的说明。

**(1) 光纤连接模块 OLM(Optical Link Module)**

OLM 模块在网络中的位置有点类似于 RS-485 的中继器。它一般有一个或两个光通

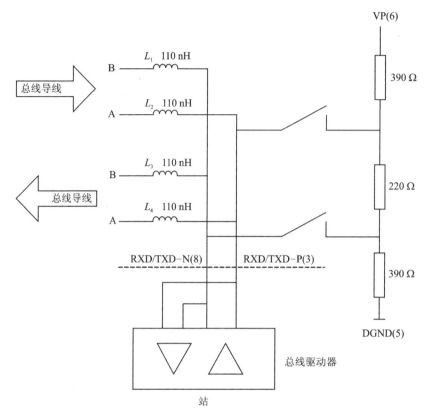

图 6.7　传输速率大于 1.5 Mb/s 的连接结构

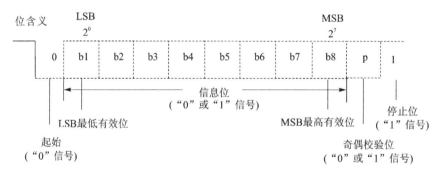

图 6.8　PROFIBUS UART 数据帧

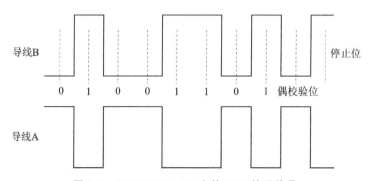

图 6.9　PROFIBUS‐DP 上的 NRZ 编码信号

道，以及带 RS - 485 接口的电气通道。OLM 通过一根 RS - 485 线缆与总线上的各个现场设备或总线段相连接。

**(2) 光纤连接插头 OLP(Optical Link Plug)**

OLP 光纤连接插头可将总线上的从站设备简单地连接到单光纤电缆上。OLP 插头可以直接插入总线设备的 9 针 D 型连接器。

**(3) 集成的光纤电缆连接器**

使用集成在现场设备中的光纤接口，可以非常简单地直接将 PROFIBUS 设备与光纤线缆连接起来。

### 3. PA 的 IEC 1158 - 2 传输

PROFIBUS - PA 的物理连接采用 IEC 1158 - 2 标准，也被称作本质安全的连接方式。其通信信号采用曼彻斯特编码方式，其编码中含有时间同步信息。它采用单一固定的传输速率 31.25 kb/s。传输介质为双绞线，允许使用线形、树形和星形网络。支持总线向现场设备供电，即 2 芯电缆除了传输数字信号外，还用于对总线上接入的各现场设备提供工作电源。可广泛应用在化工、石油工业等对用电设备有防爆要求的现场环境中。

**(1) PA 电缆的技术数据**

PROFIBUS - PA 的传输介质采用带屏蔽层的双绞电缆，外层颜色呈深蓝色。PROFIBUS - PA 的电缆特性如表 6.4 所列。

表 6.4　PROFIBUS - PA 的电缆特性

| 电缆结构 | 屏蔽双绞线 |
|---|---|
| 电缆芯截面积（标称值） | $0.8 \text{ mm}^2$（AWG18） |
| 回路电阻 | $44 \ \Omega/\text{km}$ |
| 31.25 kHz 时的波阻抗 | $100 \times (1 \pm 0.2) \Omega$ |
| 39 kHz 时的波衰减 | 3 dB/km |
| 非对称电容 | 2 nF/km |
| 屏蔽覆盖程度 | 90% |
| 最大传输延迟（7.9～39 kHz 时） | $1.7 \ \mu s/\text{km}$ |
| 推荐网络长度（包括支线） | 1 900 m |

**(2) PA 总线的信号编码**

PROFIBUS - PA 使用了曼彻斯特编码方式和同步传输技术，其信号波形如图 6.10 所示。

在每一个比特时间中间都有一次信号电平的变化，因此它本身携带有同步信息，这样就无需另外传送同步信号。该编码中的正、负电平各占一半，因而信号本身不存在直流分量，符合现场总线本质安全概念(Fieldbua Intrinsically Safe Concept,FISCO)模型对本安保护的要求。

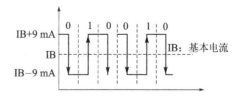

图 6.10　PROFIBUS - PA 的信号编码波形图

与异步传输相比，同步传输中的每个字节都是 8 位位组。

PROFIBUS - PA 总线段的两端用一个无源的 RC 总线终端器($R = 100 \ \Omega$，$C = 1 \ \mu F$)来终止，如图 6.11 所示。

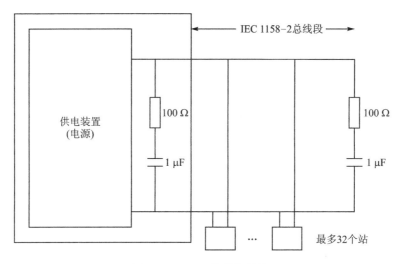

图 6.11　PA 总线段的结构

一个 PA 总线段最多可以连接 32 个站,最多可以扩展 4 台中继器,站的总数最多为 127 个。最大的总线段长度取决于供电装置、导线类型和所连接的站的电流消耗。DP/PA 耦合器链接器可用于 PA 总线段与 DP 总线段的连接。

## 6.2.2　PROFIBUS 的数据链路层

网络互连系统通信参考模型的第二层为数据链路层。现场总线数据链路层(Fieldbus Data Link Layer,FDL)规定总线存取控制、数据安全性以及传输协议和报文的处理。它的任务在于建立、维持和拆除链路的连接,实现无差错传输的功能。数据链路层的性能在很大程度上决定了一个网络通信系统的性能。

### 1. FDL 数据传输服务

在主站(控制器)和从站(前端站点)之间,PROFIBUS 能够周期性(循环)或非周期性(非循环)地传递各种检测、控制参数,实现设备间的数据交换。

FDL 可以为其用户,也就是为 FDL 的上一层提供 4 种服务:发送数据需应答 SDA、发送数据无需应答 SDN、发送且请求数据需应答 SRD 以及循环发送且请求数据需应答 CSRD。

FDL 数据传输服务如表 6.5 所列。

表 6.5　FDL 数据传输服务

| 服务类型 | 服务内容 | DP(V0,V1,V2) | FMS | PA |
|---|---|---|---|---|
| SDA | Send Data with Acknowledge<br>发送数据需应答 | | ■ | |
| SDN | Send Data with No Acknowledge<br>发送数据无需应答 | ■ | ■ | ■ |
| SRD | Send and Request Data<br>发送且请求数据需应答 | ■ | ■ | ■ |
| CSRD | Cyclic Send and Request Data<br>循环发送且请求数据需应答 | | ■ | |

用户想要 FDL 提供服务,必须向 FDL 申请,而 FDL 执行之后会向用户提交服务结果。用户和 FDL 之间的交互过程是通过一种接口来实现的,在 PROFIBUS 规范中称为服务原语。

**(1) 发送数据需应答 SDA**

SDA 服务是一种基本服务,由一个主动发起者向另外的站点发送数据且接收其确认响应。SDA 服务只在 FMS 中使用。

SDA 服务的执行过程中原语的使用如图 6.12 所示。

在图 6.12 中,两条竖线表示 FDL 层的界限,两线之间的部分就是整个网络的数据链路层。左边竖线的外侧为本地 FDL 用户,假设本地 FDL 地址为 $m$;右边竖线外侧为远程 FDL 用户,假设远程 FDL 地址为 $n$。

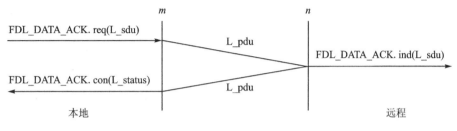

图 6.12　SDA 服务

服务的执行过程是:本地的用户首先使用服务原语 FDL_DATA_ACK. request 向本地 FDL 设备提出 SDA 服务申请。本地 FDL 设备收到该原语后,按照链路层协议组帧,并发送到远程 FDL 设备,远程 FDL 设备正确收到后利用原语 FDL_DATA_ACK. indication 通知远程用户并把数据上传。与此同时,又将一个应答帧发回本地 FDL 设备。本地 FDL 设备则通过原语 FDL_DATA_ACK. confirm 通知发起这项 SDA 服务的本地用户。

本地 FDL 设备发送数据后,它会在一段时间内等待应答,这个时间称为时隙时间 $T_{SL}$ (Slot Time,可设定的 FDL 参数)。如果在这个时间内没有收到应答,则本地 FDL 设备将重新发送,最多重复 $k = $ max_retry_limit(最大重试次数,是可设定的 FDL 参数)次。若在重试 $k$ 次后仍无应答,则将无应答结果通知本地用户。

**(2) 发送数据无需应答 SDN**

SDN 服务用于由一个主站向多个站点广播发送(Broadcast)及群发(Multicast)数据,它不需要回复响应,主要用于数据的同步发送、状态宣告等。

在 SDN 服务的执行过程中原语的使用如图 6.13 所示。

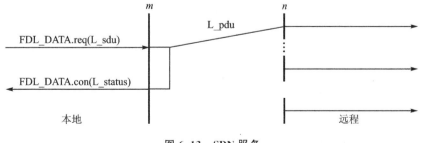

图 6.13　SDN 服务

从图 6.13 中可以看出 SDN 服务与 SDA 服务的区别:①SDN 服务允许本地用户同时向多个甚至所有远程用户发送数据;②所有接收到数据的远程站不做应答。当本地用户使用原语 FDL_DATA.request 申请 SDN 服务后,本地 FDL 设备向所要求的远程站发送数据的同时立刻传递原语 FDL_DATA.confirm 给本地用户,原语中的参数 L_status 此时仅可以表示发送成功,或者本地的 FDL 设备错误,不能显示远程站是否正确接收。

**(3) 发送且请求数据需应答 SRD**

在 SRD 服务的执行过程中原语的使用如图 6.14 所示。

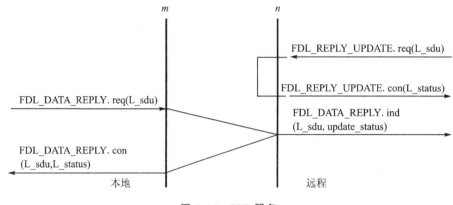

图 6.14 SRD 服务

SRD 服务除了可以像 SDA 服务那样向远程用户发送数据外,自身还是一个请求,请求远程站的数据回传,远程站把应答和被请求的数据组帧,回传给本地站。对只有输出功能的从站,则回复一个确认短帧"0xE5"。它常用在主站对从站的轮询中。发起者通过发送"空"报文到对方,并要求响应方回传数据。

执行顺序是:远程用户将要被请求的数据准备好,通过原语 FDL_REPLY_UP‐DATE. request 把要被请求的数据交给远程 FDL 设备,并收到远程 FDL 设备回传的 FDL_REPLY_ UPDATE. confirm。参数 Transmit 用来确定远程更新数据回传一次还是多次,如果回传多次,则在后续 SRD 服务到来时,更新数据都会被回传。L_status 参数显示数据是否成功装入,无误后等待被请求。本地用户使用原语 FDL_DATA_TEPLY. request 发起这项服务,远程站 FDL 设备收到发送数据后,立刻把准备好的被请求数据回传,同时向远程用户发送 FDL_ DATA_REPLY. indication,其中参数 updata_status 显示被请求数据是否被成功地发送出去。最后,本地用户就会通过原语 FDL_DATA_REPLY. confirm 接收到被请求数据 L_sdu 和传输状态结果 L_status。

**(4) 循环发送且请求数据需应答 CSRD**

CSRD 即是由主站周期性地轮询从站,以采集前端的数据,在理解上可以认为是对多个远程站自动循环地执行 SRD 服务。CSRD 服务只在 FMS 规约中有定义。

特别强调的是服务 SDN 和 SRD,因为 PROFIBUS‐DP 总线的数据传输依靠的是这两种 FDL 服务,而 FMS 总线使用了 FDL 的全部 4 种服务。

此外,这 4 种服务显然都可以发送数据,但前两种 SDA、SDN 发送的数据不能为空,而后两种 SRD、CSRD 则可以,这种情况其实就是单纯请求数据。

## 2. 报文帧的格式和定义

对于异步传输,数据链路层的数据帧由若干帧字符(UART 字符)组成。每个 UART 字符由 11 位组成,即 1 个起始位(总是为 0)、8 个数据位、1 个奇偶校验位和 1 个停止位(总是为 1);对于同步传输,其数据链路层的每个字节用 8 位位组表示,即和原字节相同。

异步传输时,PROFIBUS 数据链路层的报文帧结构如图 6.15 所示。

SD1　无数据字段的固定长度的帧,
　　　只用作查询总线上的激活站点

| SD1<br>(0x10) | DA | SA | FC | FCS | ED<br>(0x16) |
|---|---|---|---|---|---|

L=3(固定)

SD3　有数据字段的固定长度的帧

| SD3<br>(0xA2) | DA | SA | FC | DU<br>(数据单元) | FCS | ED<br>(0x16) |
|---|---|---|---|---|---|---|

L=11(固定)

SD2　有可变数据字段长度的帧,参数域的配置多且功能强大,是PROFIBUS中
　　　应用最多的一种帧结构,常用于SRD服务

| SD2<br>(0x68) | LE | LEr | SD2<br>(0x68) | DA | SA | FC | DU | FCS | ED<br>(0x16) |
|---|---|---|---|---|---|---|---|---|---|

L=4~249

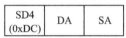

SD4　Token令牌帧,固定结构

| SD4<br>(0xDC) | DA | SA |
|---|---|---|

SC　短应答帧,仅用于对请求服务的简短回复

| SC<br>(0xE5) |
|---|

**图 6.15　数据链路层的报文帧格式**

这些帧通过携带不同的参数或参数组合,来完成不同的服务功能。

SD(Start Delimiter):起始符,区别不同类型的帧格式,即

$$SD1=0x10,\quad SD2=0x68,\quad SD3=0xA2,\quad SD4=0xDC$$

LE(Net Data Length):数据长度,包括 DA、SA、FC、DSAP(目的服务访问点)、SSAP(源服务访问点)在内的所有用户数据的字节数。因为 PROFIBUS 中规定了最长的帧是 255 字节,故可得 $4 \leqslant LE \leqslant 249$。

LEr:重复 LE,因数据长度的海明码距离不保证为 4,为了保险起见设 LEr。

DA(Destination Address):目的地址,指示接收该帧的站。

SA(Source Address):源地址,指示发送该帧的站。

FC(Function Code):功能码,用于标识本帧的类型,表明该帧是主动请求帧还是应答/回答帧,而且还包括了防止信息丢失或重复的控制信息。

DU(或 PDU,Protocol Data Unit):数据单元或协议数据单元,用于放置要"携带"的用户数据,它由 2 部分组成,扩展地址部分和真正要传输的用户数据。DU 的最大长度为 246 字节,去除 DSAP 和 SSAP 两个扩展地址(服务节点 SAP)后,用户数据的最大长度为 244 字节。

FCS(Frame Check Sequence):帧检查序列,即校验码,它等于帧中除了起始符 SD 和结束符 ED 域之外所有各域的二进制代数和。

ED(End Delimiter):结束符,标志着该报文帧的结束,固定为 0x16。

这些帧既包括主动帧,也包括应答/回答帧,帧中字符间不存在空闲位(二进制 1)。主动帧和应答/回答帧的帧前的间隙有一些不同。每个主动帧帧头都有至少 33 个同步位,也就是

说,每个通信建立握手报文前必须保持至少 33 位长的空闲状态(二进制 1 对应电平信号),这 33 个同步位长作为帧同步时间间隔,称为同步位 SYN。而应答和回答帧前没有这个规定,响应时间取决于系统设置。

应答帧与回答帧也有一定的区别:应答帧是指在从站向主站的响应帧中无数据字段(DU)的帧,而回答帧是指响应帧中存在数据字段(DU)的帧。

另外,短应答帧只作应答使用,它是无数据字段固定长度的帧的一种简单形式。

下面主要对 DA/SA 地址域、FC 功能码域进行详细介绍。

**(1) DA/SA 地址域**

SD1、SD2、SD3 类帧中包含了地址域,其 DA 域中的低 7 位表示实际的地址(b0～b6),在 0～127 间。其中的 127 作为广播地址保留(向一个段中所有站点广播发送或群送),而地址 126 则是作为初始化时的默认现场设备地址。在一个 PROFIBUS 系统进入运行状态之前必须预先赋给各个站点一个明确的地址。这样在实际运行状态下,在一个网段中最多只能有 126 个站点(0～125)。

DA、SA 的 b7 位表示扩展地址的信息。当其为 1 时,表明 DU 用户数据域的前两个字节表示 SAP(Service Access Point)服务访问节点,而不再是普通的用户数据,位置顺序如图 6.16 所示。

| SD2 (0x68) | LE | LEr | SD2 (0x68) | DA | SA | FC | DSAP | SSAP | DU | FCS | ED (0x16) |
|---|---|---|---|---|---|---|---|---|---|---|---|

**图 6.16　PROFIBUS - DP 报文帧格式**

SAP 的作用是在数据链路层给各种不同的数据传输任务一个标识,其作用类似于 TCP/IP 协议中的 IP 端口号,即每一个 SAP 点对应了一种类型的传输数据,当携带有 SAP 的数据进入到数据链路层接口时,会有相应的软件进程加以处理。

SAP 分为源服务访问节点 SSAP(Source Service Access Point)和 DSAP 目标服务访问节点两种。

➢ SSAP:源数据出处,即由哪个数据链路层进程处理得来的;

➢ DSAP:指示被传输过来的数据将由哪个进程来处理。

与 PROFIBUS 链路层标准报文帧格式相比可知,PROFIBUS - DP 标准报文帧格式(见图 6.16)符合 PROFIBUS 数据链路层的基本格式要求,但多了 DSAP 和 SSAP 两个字节。因为同时使用 PROFIBUS 数据链路层 FDL 的可能不止有 DP(可能还有 FMS),为了保证 DP 的报文区别于其他报文,所以 DP 的报文加上了这 2 个特殊字节。DSAP 和 SSAP 主要用来指明具体的服务类型,它们能揭示这个报文的具体含义。但有一个特殊情况,即"数据交换"的报文中采用"Default - SAP"(缺省 SAP,或不使用 SAP)格式,因为 FMS 不使用这种方式,所以仍能保证正确区分各自的报文。

因此,当在 RS-485 网段上有 FMS 和 DP 两种 PROFIBUS 的子系统时,依据 SAP 可以区分两者的数据。ASICs 通过 SAP 保证了 DP 报文的准确接收。

从 DP 的标准报文帧格式中可以看出除数据单元 DU 外,报头长度为 11 字节,因为 PROFIBUS 协议中规定的报文帧长度(包括字头)最长不能超过 255 字节,所以在 DP 通信中,数据单元长度最长为 244 字节。

PROFIBUS - DP 主站-从站之间通信的服务点表示和服务类型如表 6.6 所列。

表 6.6　PROFIBUS - DP 主站-从站之间通信的服务点表示和服务类型

| 服务类型 | 主站 SAP | 从站 SAP |
|---|---|---|
| 数据交换 | None | None |
| 设置从站地址 | 3E(62) | 37(55) |
| 读输入 | 3E(62) | 38(56) |
| 读输出 | 3E(62) | 39(57) |
| 全局控制 | 3E(62) | 3A(58) |
| 获取组态信息 | 3E(62) | 3B(59) |
| 从站诊断信息 | 3E(62) | 3C(60) |
| 设置参数 | 3E(62) | 3D(61) |
| 检查组态信息 | 3E(62) | 3E(62) |

注:① 表中 SAP 的值是用十六进制数表示的,括号中为其对应的十进制。
　　② 主站-主站之间通信的服务点比较特殊:DSAP 和 SSAP 均为 36(54)。
　　③ 只有当从站支持该项功能时,从站 37(55)才有效。
　　④ 在 DP 报文中的目标地址和源地址,即 DA 和 SA,它们分别为一个字节,其中,低 7 位(26~20)
　　　 表示设备地址,而 27 位是非常重要的位,当该位为 0 时,表示在该报文中,没有使用 DSAP/
　　　 SSAP;当该位为 1 时,表示在该报文中,有 DSAP/SSAP 来指定相应的服务。

### (2) FC 功能码域

FC 功能码域是一个重要的域,用来定义报文帧的类型,表明该帧是主动请求帧还是应答/回答帧,而且还包括了防止信息丢失或重复的控制信息。

FC 功能码字节的含义如图 6.17 所示。

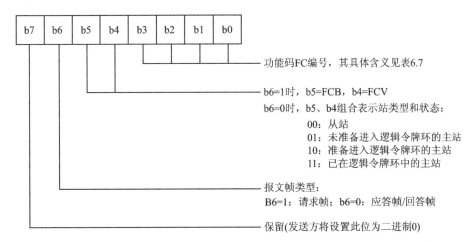

图 6.17　FC 功能码字节

对请求报文,FCB 和 FCV 的含义如下:

➤ FCB(Frame Count Bit):帧计数位,0、1 交替出现(帧类型 b6=1);

➤ FCV(Frame Count Bit Valid):帧计数位有效(帧类型 b6=1),为 0 时,FCB 的交替功能无效;为 1 时,FCB 的交替功能有效。

通过 FCB 和 FCV 的组合,能有效避免数据交换过程中发起方的报文丢失和响应方报文重复情况的发生。

这里需要指出的是,和异步传输相比,同步传输中的每个字节都是 8 位位组,而异步传输中的每个字节都要表示成 11 位的字符。同步传输中的报文中没有 ED(结束符 ED＝0x16),链路层数据差错检查的机制也不一样。同步传输采用的是 CRC 循环冗余校验码,2 字节,它是使用特定的多项式对有效域进行计算得出的 CRC 校验码。在报文结构的其他方面,两者都是相同的。

表 6.7　功能码 FC 编号及含义

| 编码号 | 请求功能(b6＝1) | 响应功能(b6＝0) |
| --- | --- | --- |
| 0 | 保留 | 应答肯定 |
| 1 | 保留 | 应答肯定,FDL/FMA 1/2 用户错 |
| 2 | 保留 | 应答否定,对于请求无资源(且无回答 FDL 数据) |
| 3 | 具有低优先级的有应答要求的发送数据 | 应答否定,无服务被激活 |
| 4 | 具有低优先级的无应答要求的发送数据 | 保留 |
| 5 | 具有高优先级的有应答要求的发送数据 | 保留 |
| 6 | 具有高优先级的无应答要求的发送数据 | 保留 |
| 7 | 保留(请求诊断数据) | 保留(请求诊断数据) |
| 8 | 保留 | 低优先级回答 FDL/FMA 1/2 数据(且发送数据 ok) |
| 9 | 有回答要求的 FDL 状态请求 | 应答否定,无回答 FDL/FMA 1/2 数据(且发送数据 ok) |
| 10 | 保留 | 高优先级回答 FDL 数据(且发送数据 ok) |
| 11 | 保留 | 保留 |
| 12 | 具有低优先级的发送并请求数据 | 低优先级回答 FDL 数据,对于请求无资源 |
| 13 | 具有高优先级的发送并请求数据 | 高优先级回答 FDL 数据,对于请求无资源 |
| 14 | 有回答要求的标识用户数据请求 | 保留 |
| 15 | 有回答要求的链路服务,存取点(LSAP)状态请求 | 保留 |

### 3. 以令牌传输为核心的总线访问控制体系

在前面的 PROFIBUS 总线访问控制中已经简单介绍了令牌环的基本内容,为了更好地理解 PROFIBUS 系统的令牌传输过程,下面将对此进行详细的说明。

#### (1) GAP 表及其维护

GAP 是指令牌环中从本站地址到后继站地址之间的地址范围,GAPL 为 GAP 范围内所有站的状态表。

每一个主站中都有一个 GAP 维护定时器,定时器溢出即向主站提出 GAP 维护申请。主站收到申请后,使用询问 FDL 状态的 Request FDL Status 主动帧询问自己 GAP 范围内的所有地址。通过是否有返回的状态,主站就可以知道自己的 GAP 范围内是否有从站从总线脱落,是否有新站添加,并且及时修改自己的 GAPL。

GAP 表的维护过程如下:

➤ 如果在 GAP 表维护中发现有新站,则把它们记入 GAPL。

> 如果在 GAP 表维护中发现原先在 GAP 表中的从站在多次重复请求的情况下没有应答,则把该站从 GAPL 中除去,并登记该地址为未使用地址。

> 如果在 GAP 维护中发现有一个新主站且处于准备进入逻辑令牌环的状态,则该主站将自己的 GAP 范围改变到新发现的这个主站,并且修改活动主站表(LAS),在传出令牌时把令牌交给此新主站。

> 如果在 GAP 维护中发现在自己的 GAP 范围中有一个处于已在逻辑令牌环中状态的主站,则认为该站为非法站,接下来询问 GAP 表中的其他站点。传递令牌时仍然传给自己的后继站(NS),从而跳过该主站。该主站发现自己被跳过后,会从总线上自动撤下,即从 Active_Idle(主动空闲)状态进入 Listen_Token(听令牌)状态,重新等待进入逻辑令牌环。

**(2) 令牌传递**

某主站要交出令牌时,按照活动主站表(LAS)传递令牌帧给后继站。传出后,该主站开始监听总线上的信号,如果在一定时间(时隙时间)内听到总线上有帧开始传输,则不管该帧是否有效,都认为令牌传递成功,该主站就进入 Active_Idle 状态。

如果时隙时间内总线没有活动,就再次发出令牌帧。如此重复至最大重试次数,如果仍然不成功,则传递令牌给活动主站表中后继主站的后继主站。以此类推,直到最大地址范围内仍然找不到后继主站,则认为自己是系统内唯一的主站,将保留令牌,直到 GAP 维护时找到新的主站。

**(3) 令牌接收**

如果一个主站从活动主站表中自己的前驱站(PS)收到令牌,则保留令牌并使用总线。如果主站收到的令牌帧不是前驱站发出的,则认为是一个错误而不接收令牌。如果此令牌帧被再次收到,则该主站认为令牌环已经修改,将接收令牌并修改自己的活动主站表。

**(4) 令牌持有站的传输**

一个主站持有了令牌后,其工作过程如下:首先计算上次令牌获得时刻到本次令牌获得时刻经过的时间,该时间为实际轮转时间 $T_{RR}$,表示的是令牌实际在整个系统中轮转一周耗费的实际时间,每一次令牌交换都会计算产生一个新 $T_{RR}$;主站内有参数目标轮转时间 $T_{TR}$,其值由用户设定,它是预设的令牌轮转时间。一个主站在获得令牌后,就是通过计算 $T_{TR} - T_{RR}$ 来确定自己可以持有令牌的时间 $T_{TH}$。

**(5) PROFIBUS 站点 FDL 状态及工作过程**

为了方便理解 PROFIBUS 站点 FDL 的工作过程,将其划分为几个 FDL 状态,其工作过程就是在这几个状态之间不停转换的过程。

PROFIBUS 站点 FDL 状态转换图如图 6.18 所示。

PROFIBUS 从站有两个 FDL 状态:Offline(离线)和 Passive_Idle(被动空闲)。当从站上电、复位或发生某些错误时进入 Offline 状态。在这种状态下从站会自检,完成初始化及运行参数设定,此状态下不做任何传输。从站运行参数设定完成后自动进入 Passive_Idle 状态,在此状态下监听总线并对询问自己的数据帧做相应反应。

PROFIBUS 主站的工作过程及状态转换比较复杂,这里以三种典型情况进行说明。

1) 令牌环的形成

假定一个 PROFIBUS 系统开始上电,该系统有几个主站,令牌环的形成过程如下:

每个主站初始化完成后从 Offline(离线)状态进入 Listen_Token(听令牌)状态,监听总

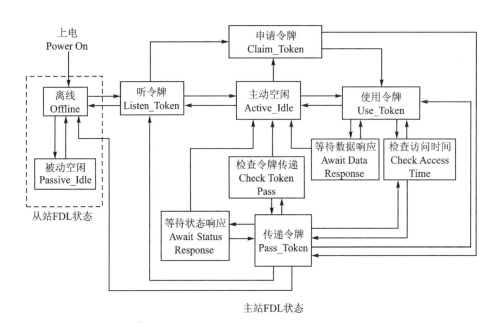

图 6.18　PROFIBUS 站点 FDL 状态转换图

线。主站在一定时间 $T_{\text{time-out}}$（$T_{\text{TO}}$，超时时间）内没有听到总线上有信号传递，就进入 Claim_Token（申请令牌）状态，自己生成令牌并初始化令牌环。由于 $T_{\text{TO}}$ 是一个关于地址 $n$ 的单调递增函数，同样条件下整个系统中地址最低的主站最先进入 Claim_Token（申请令牌）状态。

最先进入 Claim_Token（申请令牌）状态的主站，获得自己生成的令牌后，马上向自己传递令牌帧两次，通知系统内的其他还处于 Listen_Token（听令牌）状态的主站令牌传递开始，其他主站把该主站记入自己的活动主站表（LAS）。然后该主站做一次对全体可能地址的询问 Request FDL Status，根据收到应答的结果确定自己的 LAS 和 GAP。LAS 的形成即标志着逻辑令牌环初始化的完成。

2）主站加入已运行的 PROFIBUS 系统的过程

假定一个 PROFIBUS 系统已经运行，一个主站加入令牌环的过程如下：

主站上电后在 Offline（离线）状态下完成自身初始化。之后进入 Listen_Token（听令牌）状态，在此状态下，主站听总线上的令牌帧，分析其地址，从而知道该系统上已有哪些主站。主站会听两个完整的令牌循环，即每个主站都被它作为令牌帧源地址记录两次。这样主站就获得了可靠的活动主站表（LAS）。

如果在听令牌的过程中发现两次令牌帧的源地址与自己地址一样，则认为系统内已有自己地址的主站，于是进入 Offline（离线）状态并向本地用户报告此情况。

在听两个令牌循环的时间里，如果主站的前驱站进入 GAP 维护，询问 Request FDL Status，则回复未准备好。而在主站表已经生成之后，如果主站再询问 Request FDL Status，则主站回复准备进入逻辑令牌环，并从 Listen_Token（听令牌）状态进入 Active_Idle（主动空闲）状态。这样，主站的前驱站（PS）会修改自己的 GAP 和 LAS，并把该主站作为自己的后继站（NS）。

主站在 Active_Idle（主动空闲）状态，监听总线，能够对寻址自己的主动帧做应答，但没有发起总线活动的权力。直到前驱站传送令牌帧给它，它保留令牌并进入 Use_Token（使用令牌)状态。如果在监听总线的状态下,主站连续听到两个 SA＝TS(源地址＝本站地址)的令牌帧,则认为整个系统出错,令牌环开始重新初始化,主站转入 Listen_Token(听令牌)状态。

主站在 Use_Token(使用令牌)状态下,按照前面所说的令牌持有站的传输过程进行工作。令牌持有时间到达后,进入 Pass_Token(传递令牌)状态。

特别说明,主站的 GAP 维护是在 Pass_Token(传递令牌)状态下进行的。如不需要 GAP 维护或令牌持有时间用尽,则主站将令牌传递给后继站(NS)。

主站在令牌传递成功后,进入 Active_Idle(主动空闲)状态。直到再次获得令牌。

3) 令牌丢失

假设一个已经开始工作的 PROFIBUS 系统出现令牌丢失,这样也会出现总线空闲的情况。每一个主站此时都处于 Active_Idle(主动空闲)状态,FDL 发现在超时时间 $T_{TO}$ 内无总线活动,则认为令牌丢失并重新初始化逻辑令牌环,进入 Claim_Token(申请令牌)状态,此时重复第一种情况的处理过程。

## 6.2.3　PROFIBUS 的应用层

ISO/OSI 参考模型对第 7 层的要求是提供用户应用进程和系统应用管理进程。在 PROFIBUS 的 DP、FMS 和 PA 这三个通信协议中,只有 PROFIBUS - FMS 使用了应用层,这是因为 PROFIBUS - FMS 的主要作用是车间级通信,而车间级通信的特点是比现场级的数据传送量大,但通信的实时性要求低于现场级。

PROFIBUS - FMS 应用层提供了供用户访问变量、程序传递、事件控制等方面的服务。其主要包括下列两个部分:描述通信对象和应用服务的现场总线报文规范(FMS);FMS 服务到 FDL 层的低层接口(LLI)。

### 1. 虚拟现场设备

在 PROFIBUS - FMS 的通信体系结构中,允许分散的应用过程经由通信关系一到一个共同的过程中去。在 PROFIBUS - FMS 现场设备中,可实现通信的那部分应用过程称为虚拟现场设备(Virtual Field Device,VFD),简单地说,VFD 是实际现场设备的可通信部分。在实际现场设备与 VFD 之间建立一个通信关系表,由它来完成对实际现场设备的通信。

### 2. 通信对象与对象字典

PROFIBUS - FMS 设备的所有通信对象都登入该设备的对象字典(OD)中。FMS 在其面向对象的通信中定义了两种类型的通信对象,分别是静态通信对象和动态通信对象。

静态通信对象登入静态对象字典,静态通信对象可由行规定义或在组态期间定义,但在运行期间不能被修改。FMS 能识别 5 种静态通信对象:简单变量、数组(一系列相同类型的简单变量)、记录(一系列不同类型的简单变量)、域、事件。

动态通信对象登入动态对象字典,动态通信对象可以通过 FMS 服务预定义、删除或修改。也就是说,在运行期间动态通信对象是可以改变的。FMS 能识别两种类型的动态通信对象:变量列表(一系列简单变量、数组或记录)、程序调用。

对象字典包括描述、结构和数据类型以及通信对象的内部设备地址和它们在总线上的标志(索引/名称)之间的关系。对象字典包括头、静态数据类型表、静态通信对象表、动态变量表、动态程序表。

### 3. 通信对象服务信息编码

现场总线报文规范(FMS)描述了通信对象的服务信息编码。在 FMS PDU(FMS 协议数据单元)中加入了一个明确的识别信息编码,该信息能够识别 PDU 的结构和用户数据。用户数据编码与识别信息编码一起形成了 FMS PDU。

### 4. FMS 服务

PROFIBUS - FMS 的设计旨在解决车间监控级通信。在这一层,主要是可编程的控制器(如 PLC、PC、MMI 等)之间的通信,需要传送的数据量远比现场层大。在这类应用中,完善的服务功能比快速的系统反应更重要。除了启动(Initiate)、断开(Abort)、拒收(Reject)、状态(Status)、识别(Identify)、Get OD(Short form)等一些必需的服务以外,FMS 还有一系列可选服务,其中包括 VFD 支持的服务、OD 管理、域管理、程序调用、变量存取、事件管理、按名称寻址等。

所有这些服务分为确定的和非确定的两种。对于确定性服务,一个请求报文总是跟着一个确认或响应报文。与此相对,非确定性服务只包含单向报文。所有前面提到的服务,用户在应用层接口上均可使用。对于面向连接的通信关系,首先必须建立连接,参与通信的站之间参数设备要匹配才能避免出错。

### 5. 低层接口

LLI 将 FMS 服务映射到 FDL 层,其主要任务包括数据流控制和连接监控。另外,还在建立连接期间检查用于描述一个逻辑连接通道的所有重要参数。用户是通过逻辑信道与其他应用过程进行通信的,站点间的通信可以是面向对象连接或无连接的。面向对象连接就是在相互通信的站点间建立逻辑联系即一对一通信。可以在 LLI 中选择不同的连接类型,主-主连接或主-从连接。数据交换方式既可以是循环的,又可以是非循环的。在通信中,主站可以发出建立连接请求,从站只能被动接受来自主站请求。

### 6. 应用层的总线管理功能

应用层还提供现场总线管理功能。其主要任务是保证 FMS 和 LLI 子层的参数化,以及将总线参数向数据链路层的总线管理传递。在某些应用过程中,还可以通过应用层现场总线管理功能把各个子层的事件和故障显示给用户。

## 6.2.4 PROFIBUS 行规

PROFIBUS 所进行的数据交换都是通过报文来实现的,而报文中数据单元中的所有数据都是透明的。现场总线技术使用行规(Profile)为设备、设备系列或整个系统定义特定的行为特性。换句话说,行规是一种规定或规范,它对每个总线设备或装置的 I/O 数据、操作以及功能都进行了清晰的描述和精确的规定。行规又是独立于任何一个制造商的,它只是为用户和制造商提供了某一类设备的规范。行规提供了设备的可互换性,保证不同厂商生产的设备具有相同的通信功能。因此,PROFIBUS 允许不同厂商的同种设备进行互操作,而用户根本不用了解这些不同设备的内部区别。

PROFIBUS 的行规分两大类:系统行规和应用行规。系统行规描述系统类别,它包含主站功能、标准程序接口可能的功能(符合 IEC 61131 - 3 的 FB、安全等级和 FDT)和集成工具选项(GSD、EDD 和 DTM)。应用行规主要涉及现场设备、控制和集成工具,它为制造商开发与行规一致的、可互操作的设备提供规范。PI 组织为多类设备制定了行规,它们都有各自的编号。这些设备包括驱动器、编码器、数字控制器、机器人控制器、HMI(人机界面)、安全及安全诊断设备与系统、过程控制用仪器仪表(温度计、压力计、流量计等)、执行器和控制阀等。除此之外,新的行规还在不断地制定过程中。

为了保证不同现场总线设备制造商生产的设备具有相同的通信功能,以及实现设备的可互换性,PROFIBUS 在总线通信层之上增加了用户层。在这一层里,PROFIBUS 针对三种不同的协议类型,给出了三种应用行规,分别是 FMS 设备行规、DP 设备行规和 PA 设备行规,这些应用行规定义了各个设备在相关应用领域中所需要的通信协议和传输技术,并规定了与设备制造商无关的现场设备行为特性。

PROFIBUS 的发展和进步更多地体现在行规的不断丰富和完善过程中。下面简要介绍几种有代表性的行规。

### 1. PROFIsafe

针对工业应用领域对于安全方面的苛刻要求,PROFIsafe 定义了故障安全(Failsafe)设备(如紧急停机按钮、安全光栅等)的行规,提供了怎样通过 PROFIBUS 与故障安全控制器通信的解决方案,从而使系统可以用于对安全性要求苛刻的场合,完成对安全要求较高的自动化任务,并达到有关安全标准 EN954 或 SIL3(Safety Integrity)的要求。迄今为止,PROFIBUS 因拥有 PROFIsafe 故障安全技术解决方案,始终是唯一能够满足制造业和过程工业自动化故障安全通信要求的现场总线技术。

PROFIsafe 是一种软件解决方案,在通信协议中,它作为用户层上的一个附加层,安全通信是通过标准传输系统(指 PROFINET I/O 和/或 PROFIBUS - DP)和附加在该标准传输系统之上的安全传输协议来实现的,从而使标准的 PROFIBUS 部件(如总线、ASIC 和协议等)保持不变。它可以使用 RS - 485、光纤或 MBP 传输技术,所有这些措施不但保证了冗余模式和 PROFIsafe 能够继续改进,而且也保证了对制造业非常重要的快速响应时间和对过程工业非常重要的本质安全操作。PROFIsafe 技术也可以在 PROFINET 中使用。

PROFIsafe 不依赖于标准 PROFIBUS 的传输可靠性措施,所以针对许多在总线通信中各种可能的错误,例如延误、数据的丢失或重复、错误的顺序、寻址或不可靠的数据等,PROFIsafe 技术采用了多种措施来保证安全数据传输的可靠性。

### 2. PROFIdrive

电气驱动器在制造业自动化中的应用非常广泛,从简单的变频器到高级的动态伺服控制器,都属于这类驱动设备。PROFIdrive 作为一类行规,为 PROFIBUS 的电气驱动器定义设备通信标准,以及驱动器数据存取程序。根据驱动器使用场合的不同,PROFIdrive 将驱动器定义为 6 种类别,它们涵盖了大多数运动控制中的应用。

PROFIdrive 把驱动器设备模型定义为内部共同运行的功能模块,在行规中描述并用它们的功能定义了这些模块的设计目标,驱动器的全部功能都用它的参数来描述。PROFIdrive 使用 DP - V2 作为它的通信协议。

## 6.2.5　PROFIBUS - DP/FMS/PA 协议的异同点

PROFIBUS - DP/FMS/PA 协议的主要异同点如表 6.8 所列。

例如,DP 和 FMS 的最大传输速率均可达 12 Mb/s,而 PA 为 31.25 kb/s;FMS 可直接连接到 DP 网段,而 PA 需经 DP/PA 耦合器才能连接到 DP 网段;DP 和 FMS 均采用异步 NRZ 编码方式,每个字节 11 位,而 PA 采用同步曼彻斯特编码,每个字节 8 位;DP 和 FMS 均采用外供电方式,而 PA 采用总线供电方式。

表 6.8 PROFIBUS - DP/FMS/PA 协议的异同点

| 主要特性 | PROFIBUS - DP | PROFIBUS - FMS | PROFIBUS - PA |
|---|---|---|---|
| 最大数据传输速率 | 12 Mb/s | 12 Mb/s | 31.25 kb/s |
| 与 PROFIBUS 的连接方式 | 直接连接到 DP 网段 | 直接连接到 DP 网段 | DP/PA 耦合器连接到 DP 网段 |
| 最大工作电流 | 最大工作电流<320 mA | 最大工作电流<320 mA | 最大工作电流<120 mA |
| 每段连接设备的数量 | 32 个 | 32 个 | 9 个(防爆型)或 32 个(非防爆型) |
| 应用场合 | 非防爆区/现场层 | 非防爆区/监控层 | 防爆区/现场层 |
| 编码方式 | 异步 NRZ 编码 | 异步 NRZ 编码 | 同步 Manchester 编码 |
| 编码字节 | 每个字节 11 位: 8 个数据位+1 个开始位+1 个停止位+1 个奇偶检验位 | 每个字节 11 位: 8 个数据位+1 个开始位+1 个停止位+1 个奇偶检验位 | 每个字节 8 位 |
| 供电方式 | 外供电 | 外供电 | 总线供电 |

# 6.3　PROFIBUS - DP

## 6.3.1　PROFIBUS - DP 的三个版本

DP(Decentralized Periphery)指分布式外设之间通过主机实现的数据交换,由主机通过总线与远端 I/O 通信并控制其数据交换。PROFIBUS - DP 经过功能扩展,一共有 DP - V0、DP - V1 和 DP - V2 三个版本。DP - V1 和 DP - V2 并不是单独的版本,而是 DP - V0 的扩展,可以有选择地在一台设备上实现 DP - V0、DP - V1 或 DP - V2。

PI 组织保证 PROFIBUS 的新版本 100% 地向后兼容,例如 DP - V0 的从站设备也可以在主站版本是 DP - V1 的系统中使用,只不过该从站没有 DP - V1 的功能;DP - V1 的从站也可以在主站版本是 DP - V0 的系统中使用,只不过该从站的 DP - V1 功能不能使用而已。DP 版本及相应功能的扩展示意图如图 6.19 所示。

DP - V0 是 PROFIBUS - DP 的最基本的版本,它只能完成主站和从站之间的循环数据交换,不能适应过程控制系统中的报警处理和参数设置等功能的要求,也不能适应运动控制系统中的同步、等时控制的要求。

DP - V1 是专门针对 PROFIBUS 在过程控制领域中使用而开发的。DP - V1 和 DP - V0 相比,最大的区别就是增加了非循环数据交换,使其能完成过程控制中的一些非实时性的数据交换。为了能使用 DP 的扩展功能,还要求主站和相应的从站必须支持 DP - V1 功能。DP - V1 包括循环数据交换(I/O 数据)和专为过程控制而设计的非循环数据交换(变量和参数),非循环数据主要指过程参数的上下限和报警范围,以及制造商的一些特殊数据。

DP - V2 是为 PROFIBUS 在运动控制和对实时性、精确性要求较高的场合使用而开发的。PROFIdrive 使用的就是 DP - V2。它主要增加的功能有从站之间的通信、等时模式、同步模式、上载/下载和冗余功能。

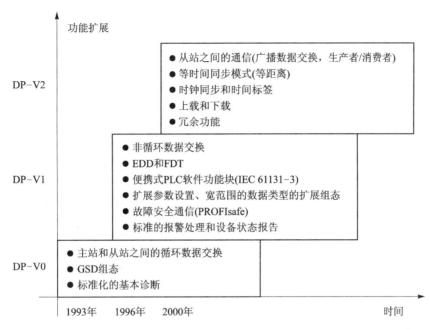

图 6.19　DP 版本及相应功能的扩展示意图

### 1．DP-V0 的基本功能

#### (1) 总线存取方法

各主站间为令牌传送,主站与从站间为主-从循环传送,支持单主站或多主站系统,总线上最多 126 个站。可以采用点对点用户数据通信、广播(控制指令)方式和循环主-从用户数据通信。

#### (2) 循环数据交换

PROFIBUS 中有三种不同的站点,即 1 类主站、2 类主站和从站,它们以不同的模式交换参数和用户数据。1 类主站与从站的 I/O 端口间为交换数据而开展的周期性通信(即循环数据交换),是 PROFIBUS 最基本的任务,常称为 MS0 模式。循环数据交换是 MS0 区别于 MS1 和 MS2 的显著特征。

DP-V0 可以实现中央控制器(PLC、PC 或过程控制系统)与分布式现场设备(从站,例如 I/O、阀门、变送器和分析仪等)之间的快速循环数据交换,主站发出请求报文,从站收到后返回响应报文。这种循环数据交换是在 MS0 的连接上进行的。

总线循环时间应小于中央控制器的循环时间(约 10 ms),DP 的传送时间与网络中站点的数量和传输速率有关。每个从站可以传送 224 字节的输入或输出。

#### (3) 诊断功能

经过扩展的 PROFIBUS-DP 诊断,能对站级、模块级、通道级这 3 级故障进行诊断和快速定位,诊断信息在总线上传输并由主站采集。

➢ 本站诊断操作:对本站设备的一般操作状态的诊断,例如温度过高、压力过低;

➢ 模块诊断操作:对站点内部某个具体的 I/O 模块的故障定位;

➢ 通道诊断操作:对某个输入/输出通道的故障定位。

#### (4) 保护功能

所有信息的传输按海明距离 HD=4 进行。对 DP 从站的输出进行存取保护,DP 主站用监控定时器监视与从站的通信,对每个从站都有独立的监控定时器。在规定的监视时间间隔内,如果没有执行用户数据传送,那么将会使监控定时器超时,通知用户程序进行处理。如果参数"Auto_Clear"为1,则1类主站DPM1将退出运行模式,并将所有有关的从站的输出置于故障安全状态,然后进入清除(Clear)状态。

DP从站用看门狗(Watchdog Timer,监控定时器)检测与主站的数据传输,如果在设置的时间内没有完成数据通信,则从站自动地将输出切换到故障安全状态。

在多主站系统中,从站输出操作的访问保护是必要的。这样可以保证只有授权的主站才能直接访问。其他从站可以读它们输入的映像,但是不能直接访问。

**(5) 通过网络的组态功能与控制功能**

通过网络可以实现下列功能:动态激活或关闭DP从站,对DP主站(DPM1)进行配置,可以设置站点的数目、DP从站的地址、输入/输出数据的格式和诊断报文的格式等,以及检查DP从站的组态。控制命令可以同时发送给所有的从站或部分从站。

**(6) 同步与锁定功能**

主站可以发送命令给一个从站或同时发给一组从站。接收到主站的同步命令后,从站进入同步模式。这些从站的输出被锁定在当前状态。在这之后的用户数据传输中,输出数据存储在从站,但是它的输出状态保持不变。同步模式用"UNSYNC"命令来解除。

锁定(FREEZE)命令使指定的从站组进入锁定模式,即将各从站的输入数据锁定在当前状态,直到主站发送下一个锁定命令时才可以刷新。用"UNFREEZE"命令来解除锁定模式。

**(7) 1类主站DPM1和DP从站之间的循环数据传输**

DPM1与有关DP从站之间的用户数据传输是由DPM1按照确定的递归顺序自动进行的。在对总线系统进行组态时,用户定义DP从站与DPM1的关系,确定哪些DP从站被纳入信息交换的循环。

DPM1和DP从站之间的数据传送分为3个阶段:参数化、组态和数据交换。在前两个阶段进行检查,每个从站将自己的实际组态数据与从DPM1接收到的组态数据进行比较。设备类型、格式、信息长度与输入/输出的个数都应一致,以防止由于组态过程中的错误造成系统的检查错误。

只有系统检查通过后,DP从站才进入用户数据传输阶段。在自动进行用户数据传输的同时,也可以根据用户的需要向DP从站发送用户定义的参数。

**(8) DPM1和系统组态设备间的循环数据传输**

PROFIBUS-DP允许主站之间的数据交换,即1类主站DPM1和2类主站DPM2之间的数据交换。该功能使组态和诊断设备通过总线对系统进行组态,改变DPM1的操作方式,动态地允许或禁止DPM1与某些从站之间交换数据。

## 2. DP-V1的扩展功能

随着PROFIBUS的进一步推广,尤其是在流程控制行业的应用使得从站的规模增大,结构更为复杂。如从站更多地采用了模块化结构,需要主站控制器能对从站中的某一个模块单独进行数据的写入/读出操作,而不是像在DP-V0中那样一次执行对一个从站整体(所有模块)的写入/读出数据。因此,在进行初始化组态时,从站需要配置更多的参数。

同时,流程行业中的应用常常要求在运行过程中对单个模块的参数进行修改,如对某个模拟输入量的测量范围在线修改以更精确地反映外部测量值。同时,流程行业也要求更可靠、更迅速的报警功能,能突破令牌循环大周期的限制,更快地将从站收集到的报警信号上传到控制主站。无须等待令牌在多个主站间转回后才能占有总线而传递报警信息。

显然,理想的情况是从站之间能直接传递某些数据,作为 PROFIBUS - DP 基础标准的 DP - V0 已经不能满足这种需求。

**(1) 非循环数据交换**

DP - V1 是在 DP - V0 基础上发展的新标准,其最大的变化是新定义了非周期性数据交换(即非循环数据交换),主要特点是引入了更为复杂的数据结构、新的初始化参数、定义了扩展的报警通信模型,允许在主-从站之间进行循环数据交换之外,也能进行非循环的、偶发数据交换。同时符合 DP - V1 标准的 ASIC 芯片还向下兼容原有的 DP - V0 标准的通信芯片,即可参与原来的主、从站通信。

非循环数据交换服务分为两大类型:从站与 1 类主站间的非循环数据交换称为 MS1;从站与 2 类主站间的非循环数据交换称为 MS2。MS1、MS2 与 MS0 类的通信在总线上是分时进行的。

1 类主站 DPM1 可以通过非循环数据通信读/写从站的数据块,数据传输在 DPM1 建立的 MS1 连接上进行,可以用主站来组态从站和设置从站的参数。

在启动非循环数据通信之前,2 类主站 DPM2 用初始化服务建立 MS2 连接。MS2 用于读、写和数据传输服务。一个从站可以同时保持几个激活的 MS2 连接,但是连接的数量受到从站的资源的限制。DPM2 与从站建立或中止非循环数据通信连接,读/写从站的数据块。数据传输功能向从站非循环地写指定的数据,如果需要,则可以在同一周期读数据。

对数据寻址时,PROFIBUS 假设从站的物理结构是模块化的,即从站由称为“模块”的逻辑功能单元构成。在基本 DP 功能中这种模型也用于数据的循环传送。每一模块的输入/输出字节数为常数,在用户数据报文中按固定的位置来传送。寻址过程基于标识符,用它来表示模块的类型,包括输入、输出或二者的结合,所有标识符的集合产生了从站的配置。在系统启动时由 DPM1 对标识符进行检查。

循环数据通信也是建立在这一模型的基础上的。所有能被读/写访问的数据块都被认为属于这些模块,它们可以用槽号和索引来寻址。槽号用来确定模块的地址,索引号用来确定指定给模块的数据块的地址,每个数据块最多 244 B。读/写服务寻址如图 6.20 所示。

对于模块化的设备,模块被指定槽号,从 1 号槽开始,槽号按顺序递增,0 号留给设备本身。紧凑型设备被视为虚拟模块的一个单元,也可以用槽号和索引来寻址。

在读/写请求中通过长度信息可以对数据块的一部分进行读/写。如果读/写数据块成功,则 DP 从站发送正常的读/写响应;反之将发送否定的响应,并对问题进行分类。

**(2) 工程内部集成的 EDD 与 FDT**

在工业自动化中,由于历史的原因,GSD(电子设备数据)文件使用得较多,它适用于较简单的应用;EDD(Electronic Device Description,电子设备描述)适用于中等复杂程序的应用;FDT/DTM(Field Device Tool/Device Type Manager,现场设备工具/设备类型管理)是独立于现场总线的“万能”接口,适用于复杂的应用场合。

**(3) 基于 IEC 61131 - 3 的软件功能块**

为了实现与制造商无关的系统行规,应为现存的通信平台提供应用程序接口(API),即标准功能块。PNO(PROFIBUS 用户组织)推出了“基于 IEC 61131 - 3 的通信与代理(Proxy)功能块”。

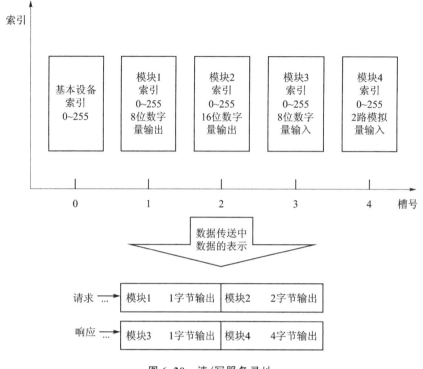

图 6.20　读/写服务寻址

### (4) 故障安全通信(PROFIsafe)

PROFIsafe定义了与故障安全有关的自动化任务,以及故障-安全设备怎样用故障-安全控制器在 PROFIBUS 上通信。PROFIsafe 考虑了在串行总线通信中可能发生的故障,例如数据的延迟、丢失、重复,不正确的时序、地址和数据的损坏。

PROFIsafe 采取了下列的补救措施:输入报文帧的超时及其确认;发送者与接收者之间的标识符(口令);附加的数据安全措施(CRC 校验)。

### (5) 扩展的诊断功能

DP 从站通过诊断报文将突发事件(报警信息)传送给主站,主站收到后发送确认报文给从站。从站收到后只能发送新的报警信息,这样可以防止多次重复发送同一报警报文。状态报文由从站发送给主站,不需要主站确认。

## 3. DP - V2 的扩展功能

为了更好地满足对工业现场中运动控制的时间要求,PI 组织在制定 IEC 61158 标准时扩展了对 PROFIBUS DP - V1 原有的功能定义,增加了许多与时间同步和数据直接交换相关的定义和功能,包括从站之间的通信、等时同步模式、时钟控制、上载/下载和冗余功能。将以上经过扩充后的功能集称为"DP - V2"。

### (1) 从站之间的通信 DXB(Data eXchange Broadcast)

在 2001 年发布的 PROFIBUS 协议功能扩充版本 DP - V2 中,广播式数据交换实现了从站之间的通信,从站作为发布者(Publisher),可不经过主站直接将信息发送给作为消费者(Subscribers)的从站。这样从站可以直接读入其他从站的数据。这种方式最多可以减少90%的总线响应时间,所以它适合于实时性要求非常高的场合。

发布者指测量数据信息等的送出方,一般由传感器从站承担;接收者则一般由执行器从站承担,接收并根据前者的数据,执行控制功能。

从站与从站直接进行数据交换的例子如图 6.21 所示。

在该例中,需要光栅位置传感器数据的驱动器可以直接从光栅从站读取数据,以完成分布式的多轴驱动控制。

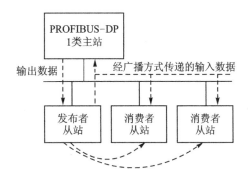

**图 6.21　从站与从站的直接数据交换**

**(2) 等时同步模式(Isochronous Mode)**

等时同步模式定义了定长循环(Isochronous)的方法,可实现主站和从站的时钟同步控制,误差小于 1 ms,循环周期时间的长短与总线负载无关,从而实现高精度定位控制。该模式通过全局控制 GC(Global Control)广播报文使所有参加设备循环与总线的主循环同步,实现同步协调各个环节的等时同步。

**(3) 时钟控制与时间标签(Time Stamp)**

在该功能中,主站通过一种新的无连接的服务 MS3 实时地向所有从站发送时间标签(Time Stamp),使所有的从站与系统时间同步(其时钟误差小于 1 ms)。这个功能允许系统精确地跟踪事件,在对故障诊断结果的顺序编制方面非常有用。

**(4) 上载和下载**

此功能允许用少许命令在现场设备中上载和下载任意大小的数据区,这使得更新程序和更换设备变得容易和简单。

**(5) 从站冗余**

在一些应用中,现场总线设备需要具备冗余通信功能。为此,PROFIBUS 制定了从站冗余机制的规范。从站的冗余提高了系统的可靠性和容错能力。

## 6.3.2　PROFIBUS - DP 的用户层

**1. 概　述**

用户层包括 DDLM 和用户接口/用户等,它们在通信中实现各种应用功能(在 PROFIBUS - DP 协议中没有定义第 7 层(应用层),而是在用户接口中描述其应用)。DDLM 是预先定义的直接数据链路映射程序,将所有的在用户接口中传送的功能都映射到第 2 层 FDL 和 FMA 1/2 服务。它向第 2 层发送功能调用中 SSAP、DSAP 和 Ser_class 等必需的参数,接收来自第 2 层的确认和指示并将它们传送给用户接口/用户。

PROFIBUS - DP 系统的通信模型如图 6.22 所示。

在图 6.22 中,2 类主站中不存在用户接口,DDLM 直接为用户提供服务。在 1 类主站上除 DDLM 外,还存在用户、用户接口以及用户与用户接口之间的接口。用户接口与用户之间的接口被定义为数据接口与服务接口,在该接口上处理与 DP 从站之间的通信。在 DP 从站中,存在着用户与用户接口,而用户和用户接口之间的接口被创建为数据接口。主站-主站之间的数据通信由 2 类主站发起,在 1 类主站中数据流直接通过 DDLM 到达用户,不经过用户接口及其接口之间的接口,而 1 类主站与 DP 从站两者的用户经由用户接口,利用预先定义的 DP 通信接口进行通信。

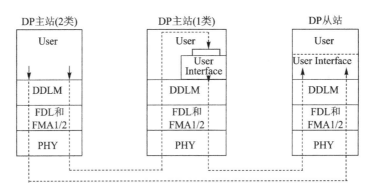

**图 6.22　PROFIBUS - DP 系统的通信模型**

## 2. PROFIBUS - DP 用户接口

### (1) 1 类主站的用户接口

1 类主站用户接口与用户之间的接口包括数据接口和服务接口。在该接口上处理与 DP 从站通信的所有信息交互,1 类主站的用户接口如图 6.23 所示。

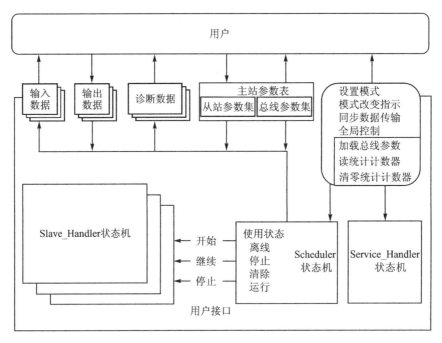

**图 6.23　1 类主站的用户接口**

1）数据接口

数据接口包括主站参数集、诊断数据和输入/输出数据。其中,主站参数集包含总线参数集和 DP 从站参数集,是总线参数和从站参数在主站上的映射。

① 总线参数集。总线参数集的内容包括总线参数长度、FDL 地址、波特率、时隙时间、最小和最大响应从站延时、静止和建立时间、令牌目标轮转时间、GAL 更新因子、最高站地址、最大重试次数、用户接口标志、最小从站轮询时间间隔、请求方得到响应的最长时间、主站用户数据长度、主站（2 类）的名字和主站用户数据。

② DP 从站参数集。DP 从站参数集的内容包括从站参数长度、从站标志、从站类型、参数

数据长度、参数数据、通信接口配置数据长度、通信接口配置数据、从站地址分配表长度、从站地址分配表、从站用户数据长度和从站用户数据。

③ 诊断数据。诊断数据 Diagnostic_Data 是指由用户接口存储的 DP 从站诊断信息、系统诊断信息、数据传输状态表(Data_Transfer_List)和主站(Master_Status)的诊断信息。

④ 输入/输出数据。输入(Input Data)/输出数据(Output Data)包括 DP 从站的输入数据和 1 类主站用户的输出数据。该区域的长度由 DP 从站制造商指定,输入和输出数据的格式由用户根据其 DP 系统来设计,格式信息保存在 DP 从参数集的 Add_Tab 参数中。

2) 服务接口

通过服务接口,用户可以在用户接口的循环操作中异步调用非循环功能。非循环功能分为本地和远程功能。本地功能由 Scheduler 或 Service_Handler 处理,远程功能由 Scheduler 处理。用户接口不提供附加出错处理。在这个接口上,服务调用顺序执行,只有在接口上传送了 Mark.req 并产生 Global_Control.req 的情况下才允许并行处理。

服务接口包括以下几种服务:

① 设定用户接口操作模式(Set_Mode)。用户可以利用该功能设定用户接口的操作模式(USIF_State),并可以利用功能 DDLM_Get_Master_Diag 读取用户接口的操作模式。2 类主站也可以利用功能 DDLM_Download 来改变操作模式。

② 指示操作模式改变(Mode_Change)。用户接口用该功能指示其操作模式的改变。如果用户通过功能 Set_Mode 改变操作模式,该指示将不会出现。如果在本地接口上发生了一个严重的错误,则用户接口将操作模式改为 Offline,此时与 Error_Action_Flag 无关。

③ 加载总线参数集(Load_Bus_Par)。用户用该功能加载新的总线参数集。用户接口将新装载的总线参数集传送给当前的总线参数集并将改变的 FDL 服务参数传送给 FDL 控制。在用户接口的操作模式 Clear 和 Operate 下,不允许改变 FDL 服务参数 Baud_Rate 或 FDL_Add。

④ 同步数据传输(Mark)。利用该功能,用户可与用户接口同步操作,用户将该功能传送给用户接口后,当所有被激活的 DP 从站至少被询问一次后,用户将收到一个来自用户接口的应答。

⑤ 对从站的全局控制命令(Global_Control)。利用该功能可以向一个(单一)或数个(广播)DP 从站传送控制命令 Sync 和 Freeze,从而实现 DP 从站的同步数据输出和同步数据输入功能。

⑥ 读统计计数器(Read_Value)。利用该功能读取统计计数器中的参数变量值。

⑦ 清零统计计数器(Delete_SC)。利用该功能清零统计计数器,各个计数器的寻址索引与其 FDL 地址一致。

**(2) 从站的用户接口**

在 DP 从站中,用户接口通过从站的主-从 DDLM 功能和从站的本地 DDLM 功能与 DDLM 通信,用户接口被创建为数据接口,从站用户接口状态机实现对数据交换的监视。用户接口分析本地发生的 FDL 和 DDLM 错误并将结果放入 DDLM_Fault.ind 中。用户接口保持与实际应用过程之间的同步,并用该同步的实现依赖于一些功能的执行过程。在本地,同步由三个事件来触发:新的输入数据、诊断信息(Diag_Data)改变和通信接口配置改变。主站参数集中 Min_Slave_Interval 参数的值应根据 DP 系统中从站的性能来确定。

### 3．PROFIBUS – DP 行规

在不同的应用中,具体需要的功能范围必须与具体应用相适应,这些适应性定义称为行规。行规提供了设备的可互换性,保证不同厂商生产的设备具有相同的通信功能。

PROFIBUS – DP 只使用了第 1 层和第 2 层。而用户接口定义了 PROFIBUS – DP 设备可使用的应用功能以及各种类型的系统和设备的行为特性。

PROFIBUS – DP 协议的任务只是定义用户数据怎样通过总线从一个站传送到另一个站。在这里,传输协议并没有对所传输的用户数据进行评价,这是 DP 行规的任务。由于精确规定了相关应用的参数和行规的使用,从而使不同制造商生产的 DP 部件能容易地交换使用。目前已制定了如下的 DP 行规:

① NC/RC 行规(3.052):本行规介绍了人们怎样通过 PROFIBUS – DP 对操作机床和装配机器人进行控制。根据详细的顺序图解,从高一级自动化设备的角度,介绍了机器人的动作和程序控制情况。

② 编码器行规(3.062):本行规介绍了回转式、转角式和线性编码器与 PROFIBUS – DP 的连接,这些编码器带有单转或多转分辨率。有两类设备定义了它们的基本和附加功能,如标定、中断处理和扩展诊断。

③ 变速传动行规(3.071):传动技术设备的主要生产厂商共同制定了 PROFIDRIVE 行规。本行规具体规定了传动设备怎样参数化,以及设定值和实际值怎样进行传递,这样不同厂商生产的传动设备就可互换,此行规也包括了速度控制和定位必需的规格参数。传动设备的基本功能在行规中有具体规定,但根据具体应用留有进一步扩展和发展的余地。行规描述了DP 或 FMS 应用功能的映像。

④ 操作员控制和过程监视行规(HMI):HMI 行规具体说明了通过 PROFIBUS – DP 把这些设备与更高一级自动化部件的连接,此行规使用了扩展的 PROFIBUS – DP 的功能来进行通信。

## 6.3.3　PROFIBUS – DP 设备功能和数据通信

### 1．DP 设备和数据通信概述

PROFIBUS – DP 协议是为自动化制造工厂中分散的 I/O 设备和现场设备所需要的高速数据通信而设计的。典型的 DP 配置是单主站结构,如图 6.24 所示。DP 主站与 DP 从站间通信基于主-从原理。也就是说,只有当主站请求时总线上的 DP 从站才可能活动。DP 从站被DP 主站按轮训表依次访问。DP 主站与 DP 从站间的用户数据连续地交换,而并不考虑用户数据的内容。

在 DP 主站上处理轮询表的情况如图 6.25 所示。DP 主站与 DP 从站间的一个报文循环由 DP 主站发出的请求帧(轮询报文)和由 DP 从站返回的有关应答或响应帧组成。

由于按 EN 50170 标准规定的 PROFIBUS 节点在第 1 层和第 2 层的特性,一个 DP 系统也可能是多主结构。实际上,这就意味着一条总线上可连接几个主站节点,在一个总线上 DP主站/从站、FMS 主站/从站和其他的主动节点或被动节点也可以共存,如图 6.26 所示。

### 2．DP 设备的功能

#### (1) 1 类主站

1 类主站可以把输出数据送往从站,如果需要也可以得到从站的输入数据。它可以控制

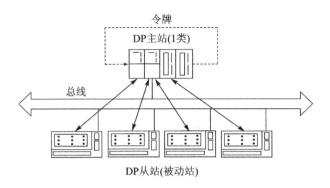

**图 6.24　DP 单主站结构**

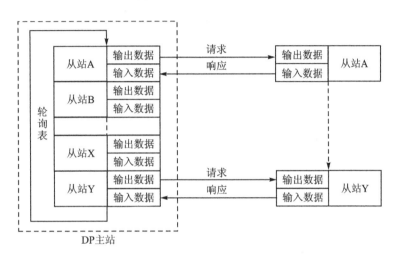

**图 6.25　在 DP 主站上处理轮询表的示意图**

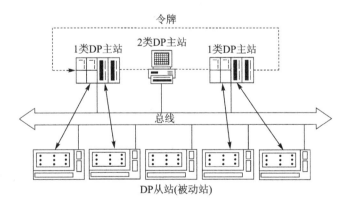

**图 6.26　DP 多主站结构**

令牌的传递,并建立令牌传递站点之间的联系。它可以执行以下一个或多个基本功能,这些基本功能主要包含在 DP－V0 版本中。

①与有关从站循环交换 I/O 数据;

②对从站进行诊断;

③从站的组态;

④对 2 类主站的组态和诊断请求进行处理。

1 类主站的扩展功能主要包含在 DP‑V1 和 DP‑V2 版本中,它们包括:

① 对从站数据的非循环访问;

② 对从站报警的处理;

③ 支持用于与从站同步目的的等时同步模式;

④ 支持用于从站之间循环数据交换的 DXB 机制;

⑤ 支持从站内装载区域数据的上装和/或下载;

⑥ 调用从站内预定义的功能;

⑦ 支持从站时钟与其他主站时钟的时钟同步。

**(2) 2 类主站**

2 类主站主要负责系统组态,以及收集用于来自 1 类主站的诊断数据。此外,2 类主站可以执行 1 类主站与 DP 从站通信的所有基本功能和某些扩展功能。

**(3) 从　站**

和主站一样,从站的基本功能主要包含在 DP‑V0 版本中,它的扩展功能包含在 DP‑V1 和 DP‑V2 版本中。

从站的基本功能如下:

① 与指定的主站循环交换 I/O 数据;

② 响应指定主站的诊断请求;

③ 处理主站的组态请求。

从站的扩展功能如下:

① 响应主站的非循环访问;

② 向指定的主站提供报警;

③ 支持用于与 1 类主站同步目的的等时同步模式;

④ 使用发布者/消费者(Publisher/Subscriber)通信模式进行 DP 从站之间的循环数据交换;

⑤ 支持装载区域数据的上装、下载;

⑥ 支持由 1 类主站或 2 类主站调用的预定义功能;

⑦ 提供本地时钟与主站时钟的时钟同步;

⑧ 支持从站冗余。

### 3. DP 设备之间的通信

系统运行的过程其实也就是各站之间相互通信、执行主控程序结果的过程。按照 PROFIBUS‑DP 协议,通信作业的发起者为请求方,而相应的通信伙伴称为响应方。所有 1 类 DP 主站的请求报文以第 2 层中的"高优先权"报文服务级别处理。与此相反,由 DP 从站发出的响应报文使用第 2 层中的"低优先权"报文服务级别。DP 从站可将当前出现的诊断中断或状态事件通知给 DP 主站,仅在此刻,可通过将 Data_Exchange 的响应报文服务级别从低优先权改变为高优先权来实现。数据的传输是非连接的 1 对 1 或 1 对多连接(仅控制命令和交叉通信)。

在 PROFIBUS 系统中有以下几种通信形式:

**(1) 1 类主站和从站之间**

主站发出请求报文,从站对主站的请求产生对应的响应报文。这些报文主要包括诊断(Diagnosis)、参数化(Parameterization)、组态(Configuration)、数据交换(Data Exchange)和全局控制（Global Control）报文。

**（2）2 类主站和从站之间**

2 类主站和从站之间的通信功能均为可选（Optional），除了有上述 1 类主站相同的报文外，2 类主站和从站之间的请求和响应报文还包括设定从站地址（Set Slave Address）、读取输入（Read Inputs）、读取输出（Read Outputs）和获取组态（Get Configuration）。

**（3）1 类主站和 2 类主站之间**

1 类主站和 2 类主站之间主要包括实现组态数据的上载、下载，以及读取 1 类主站有关数据的报文。

各站相互通信时实现的功能有些是强制性的或必需的，有些是可选的。表 6.9 所列为主-从通信时实现的功能，表 6.10 所列为主-主通信时实现的功能。

**表 6.9　主-从通信时实现的功能表**

| 功　能 | 1 类主站 | | 2 类主站 | | 从　站 | |
|---|---|---|---|---|---|---|
| | 请求<br>（Requ.） | 响应<br>（Resp.） | 请求<br>（Requ.） | 响应<br>（Resp.） | 请求<br>（Requ.） | 响应<br>（Resp.） |
| 数据交换（Data_Exchange） | M | — | O | — | — | M |
| 读输入（RD_Ind） | — | — | O | — | — | M |
| 读输出（RD_Outp） | — | — | O | — | — | M |
| 从站诊断信息（Slave_Diag） | M | — | O | — | — | M |
| 设置参数（Set_Prm） | M | — | O | — | — | M |
| 检查组态信息（Chk_Cfg） | M | — | O | — | — | M |
| 获取组态信息（Get_Cfg） | — | — | O | — | — | M |
| 全局控制（Global_Control） | M | — | O | — | — | M |
| 设置从站地址（Set_Slave_Add） | — | — | O | — | — | O |

注：Requ. ＝请求方；Resp. ＝响应方；M＝强制性功能；O＝可选功能。

**表 6.10　主-主通信时实现的功能表**

| 功　能 | 1 类主站 | | 2 类主站 | |
|---|---|---|---|---|
| | 请求<br>（Requ.） | 响应<br>（Resp.） | 请求<br>（Requ.） | 响应<br>（Resp.） |
| 获取主站诊断信息（Get_Master_Diag） | — | M | O | — |
| 开始顺序（Start_Seq） | — | O | O | — |
| 下载（Download） | — | O | O | — |
| 上载（Upload） | — | O | O | — |
| 结束顺序（End_Seq） | — | O | O | — |
| 激活参数广播（Act_Para_Brct） | — | O | O | — |
| 激活参数（Act_Param） | — | O | O | — |

注：Requ. ＝请求方；Resp. ＝响应方；M＝强制性功能；O＝可选功能。

各设备功能的实现是以互相交换报文的方式进行的。各设备之间的相互作用关系和使用的报文种类如图 6.27 所示。

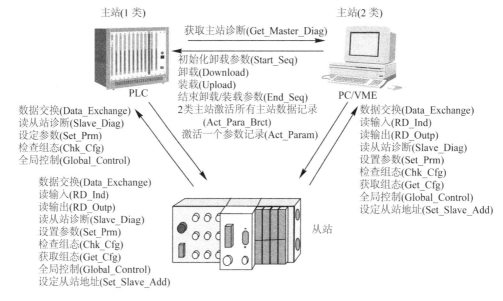

图 6.27 各设备相互作用关系和使用的报文种类示意图

在 DP 主站与从站设备交换用户数据之前,DP 主站必须定义 DP 从站的参数并组态此从站。为此,DP 主站首先检查 DP 从站是否在总线上。如果是,则 DP 主站通过请求从站的诊断数据来检查 DP 从站的准备情况。当 DP 从站报告它已准备好参数定义时,则 DP 主站装载参数集和组态数据。DP 主站再请求从站的诊断数据以查明从站是否准备就绪。

只有在这些工作完成后,DP 主站才开始循环地与 DP 从站交换用户数据。

## 6.3.4 PROFIBUS - DP 循环

### 1. PROFIBUS - DP 循环的结构

单主总线系统中 DP 循环的结构如图 6.28 所示。

一个 DP 循环包括固定部分和可变部分。固定部分由循环报文构成,包括总线存取控制(令牌管理和站状态)和与 DP 从站的 I/O 数据通信(Data_Exchange)。DP 循环的可变部分由被控事件的非循环报文构成。报文的非循环部分包括下列内容:

➢ DP 从站初始化阶段的数据通信;
➢ DP 从站诊断功能;
➢ 2 类 DP 主站通信;
➢ DP 主站和主站通信;
➢ 非正常情况下(Retry),第 2 层控制的报文重复;
➢ 与 DPV1 对应的非循环数据通信;

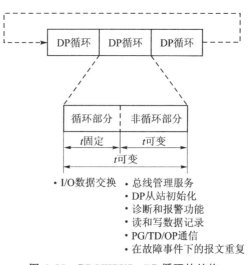

图 6.28 PROFIBUS - DP 循环的结构

➢ PG 在线功能；

➢ HMI 功能。

根据当前 DP 循环中出现的非循环报文的多少，相应地增大 DP 循环。这样，一个 DP 循环中总是有固定的循环时间。如果存在，则还有被控事件的可变的数个非循环报文。

### 2. 固定的 PROFIBUS - DP 循环的结构

对于自动化领域的某些应用来说，固定的 DP 循环时间和固定的 I/O 数据交换是有好处的，这特别适用于现场驱动控制。例如，若干个驱动的同步就需要固定的总线循环时间。固定的总线循环也常常称为"等距"总线循环。

与正常的 DP 循环相比较，在 DP 主站的一个固定的 DP 循环期间，保留了一定的时间用于非循环通信。如图 6.29 所示，DP 主站确保这个保留的时间不超时。这只允许一定数量的非循环报文事件。如果此保留的时间未用完，则通过多次给自己发报文的办法直到达到所选定的固定总线循环时间为止，这样就产生了一个暂停时间。这确保所保留的固定总线循环时间精确到微秒。

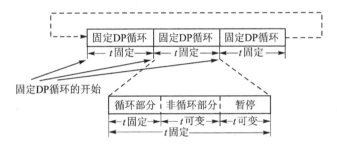

**图 6.29　固定的 PROFIBUS - DP 循环的结构**

固定的 DP 总线循环的时间用 STEP 7 组态软件来指定。STEP 7 根据所组态的系统并考虑某些典型的非循环服务部分推荐一个默认时间值。当然，用户可以修改 STEP 7 推荐的固定的总线循环时间值。固定的 DP 循环时间只能在单主系统中设定。

## 6.3.5　PROFIBUS - DP 的 GSD 文件

### 1. GSD 文件的引入

PROFIBUS 设备具有不同的性能特征，特性的不同在于现有功能（即 I/O 信号的数量和诊断信息）的不同或可能的总线参数，如波特率和时间的监控不同。这些参数对每种设备类型和每家生产厂商来说均各有差别，为达到 PROFIBUS 简单的即插即用配置，这些特性均在电子数据单中具体说明，有时称为电子设备数据库文件或 GSD 文件。标准化的 GSD 数据将通信扩大到操作员控制一级，使用基于 GSD 的组态工具可将不同厂商生产的设备集成在一个总线系统中，简单、用户界面友好。对一种设备类型的特性，GSD 以一种准确定义的格式给出其全面而明确的描述。

GSD 文件是由生产从站（主站）的厂商按照统一格式建立的一个电子文件，通常是 ASCII 文件。它以文本文件的形式记录了从站的各种属性，并随从站设备一同提供给用户。格式如 "keyword＝value"。value 包括了数字和字符串。

从某种意义上讲，GSD 对从站设备是一个电子版的使用手册。主站厂家均提供一个初始化和组态工具软件。在建立系统时，它首先从此手册中读取各从站 GSD 文件，从中取出各站点设备的数据参数,形成了主站上的参数数据库。

PI 组织为 GSD 文件定义了大量标准字,以无歧义地描述从站设备的各种技术属性,涉及了其工作方式的解释和说明。GSD 文件中的标准字可由组态工具软件自动反编译处理,即 PROFIBUS 的主站由从站的 GSD 文件中读出数据,从而得知从站支持的数据和服务类型、欲交换的数据格式、I/O 点数、诊断信息、波特率以及 Watchdog 时间等通信参数。GSD 文件中还包括总线参数、主站参数、1 类主站的组态参数等。

### 2. GSD 文件的生成

GSD 文件一般可分为三个部分:

① 总规范,包括了生产厂商和设备名称、硬件和软件版本、波特率、监视时间间隔、总线插头的指定信号等。

② 与 DP 主站有关的规范,包括主站的各项参数,如允许的从站个数、上载/下载能力。

③ 与 DP 从站有关的规范,包括与从站有关的一切规范,如输入/输出通道数、类型、诊断数据等。

PROFIBUS 用户组织提供了一个 GSD 文件编辑器,以菜单提示方式帮助用户非常方便地生成一个设备的 GSD 文件中各项具体内容。该编辑器可从 www.profibus.com 下载,而且提供了详细介绍,解释了 GSD 中的各标准字的含义,说明了如何使用此编辑工具,且给出了大量的例子。

每种类型的 DP 从站和每种类型的 1 类 DP 主站都有一个标识号。主站用此标识号识别哪种类型设备连接后不产生协议的额外开销。主站将所连接的 DP 设备的标识号与在组态数据中用组态工具指定的标识号进行比较,直到具有正确站址的设备类型连接到总线上后,用户数据才开始传输。这可避免组态错误,从而大大提高安全级别。

按照历史发展的先后,GSD 文件的格式定义也有不同版本之分。不同的 GSD 版本间的主要区别是增加了关键标准字,以描述新增加的功能。

版本 1 定义了通用关键字,用于主站、简单设备和周期性数据交换。

版本 2 定义了一些句法上的新变化,以及新增加的数据传输率,主要用于 PA 设备。

版本 3 增加了对 DP V1 非周期数据交换进行描述的关键字,并且适应 PA 设备新的物理结构。

版本 4 针对 DP V2 的新功能增加了相应的定义。

## 6.3.6 PROFIBUS - DP 系统工作过程

下面以图 6.30 所示的 PROFIBUS - DP 系统为例,来介绍 PROFIBUS - DP 系统的工作过程。

这是一个由多个主站和多个从站组成的 PROFIBUS - DP 系统,包括 2 个 1 类主站、1 个 2 类主站和 4 个从站。2 号从站和 4 号从站受控于 1 号主站,5 号从站和 9 号从站受控于 6 号主站,主站在得到令牌后对其控制的从站进行数据交换。通过用户设置,2 类主站可以对 1 类主站或从站进行管理监控。上述系统搭建过程可以通过特定的组态软件(如 STEP 7)组态而成,由于篇幅所限这里只讨论 1 类主站和从站的通信过程。

系统从上电到进入正常数据交换工作状态的整个过程可以概括为以下 4 个工作阶段。

### 1. 主站和从站的初始化

上电后,主站和从站进入 Offline 状态,执行自检。当所需要的参数都被初始化后(主站需

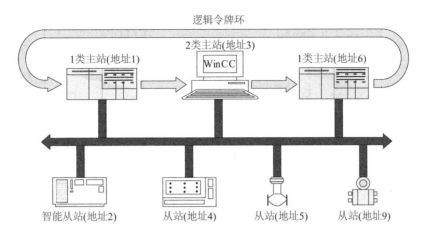

图 6.30　PROFIBUS - DP 系统实例

要加载总线参数集,从站需要加载相应的诊断响应信息等),主站开始监听总线令牌,而从站开始等待主站对其设置参数。

### 2. 总线上令牌环的建立

主站准备好进入总线令牌环,处于听令牌状态。在一定时间(Time - out)内主站如果没有听到总线上有信号传递,就开始自己生成令牌并初始化令牌环。然后该主站做一次对全体可能主站地址的状态询问,根据收到应答的结果确定活动主站表 LAS 和本主站所辖站地址范围 GAP,GAP 是指从本站(This Station,TS)地址到令牌环中的后继站地址 NS 之间的地址范围。LAS 的形成即标志着逻辑令牌环初始化的完成。

### 3. 主站与从站通信的初始化

PROFIBUS - DP 系统的工作过程如图 6.31 所示。

在主站可以与 DP 从站设备交换用户数据之前,主站必须设置 DP 从站的参数并配置此从站的通信接口,因此主站首先检查 DP 从站是否在总线上。

如果从站在总线上,则主站通过请求从站的诊断数据来检查 DP 从站的准备情况。如果 DP 从站报告它已准备好接收参数,则主站给 DP 从站设置参数数据并检查通信接口配置,在正常情况下 DP 从站将分别给予确认。

收到从站的确认回答后,主站再请求从站的诊断数据以查明从站是否准备好进行用户数据交换。

只有在这些工作正确完成后,主站才能开始循环地与 DP 从站交换用户数据。

在上述过程中,交换了下述 3 种数据:

**(1) 参数数据**

参数数据包括预先给 DP 从站的一些本地和全局参数以及一些特征和功能。参数报文的结构除包括标准规定的部分外,必要时还包括 DP 从站和制造商特有的部分。

参数报文的长度不超过 244 B,重要的参数包括从站状态参数、看门狗定时器参数、从站制造商标识符、从站分组及用户自定义的从站应用参数等。

**(2) 通信接口配置数据**

DP 从站的输入/输出数据的格式通过标识符来描述。标识符指定了在用户数据交换时输入/输出字节或字的长度及数据的一致刷新要求。

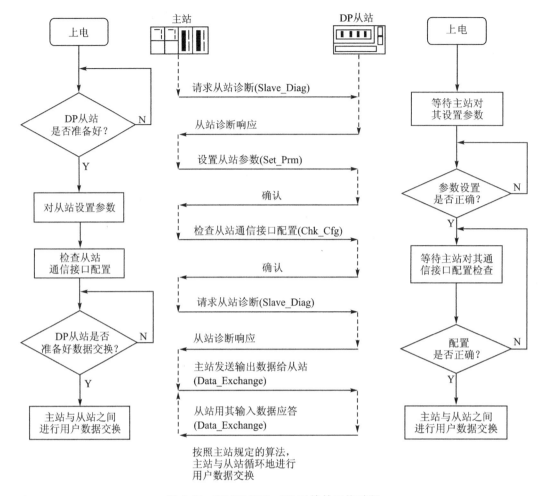

**图 6.31　PROFIBUS - DP 系统的工作过程**

在检查通信接口配置时,主站发送标识符给 DP 从站,以检查在从站中实际存在的输入/输出区域是否与标识符所设定的一致。如果一致,则可以进入主-从用户数据交换阶段。

**(3) 诊断数据**

在启动阶段,主站使用诊断请求报文来检查是否存在 DP 从站和从站是否准备接收参数报文。由 DP 从站提交的诊断数据包括符合标准的诊断部分以及此 DP 从站专用的外部诊断信息。

DP 从站发送诊断报文告知 DP 主站它的运行状态、出错时间及原因等。

### 4. 用户的交换数据通信

如果前面所述的过程没有错误而且 DP 从站的通信接口配置与主站的请求相符,则 DP 从站发送诊断报文报告它已为循环地交换用户数据做好准备。从此时起,主站与 DP 从站交换用户数据。

在交换用户数据期间,DP 从站只响应对其设置参数和通信接口配置检查正确的主站发来的 Data_Exchange 请求帧报文,如循环地向从站输出数据或者循环地读取从站数据。其他主站的用户数据报文均被此 DP 从站拒绝。在此阶段,当从站出现故障或其他诊断信息时,将会中断正常的用户数据交换。

　　DP 从站可以使用将应答时的报文服务级别从低优先级改变为高优先级来告知主站当前有诊断报文中断或其他状态信息。然后,主站发出诊断请求,请求 DP 从站的实际诊断报文或状态信息。

　　处理后,DP 从站和主站返回到交换用户数据状态,主站和 DP 从站可以双向交换最多 244 B的用户数据。

　　PROFIBUS - DP 从站报告出现诊断报文的流程如图 6.32 所示。

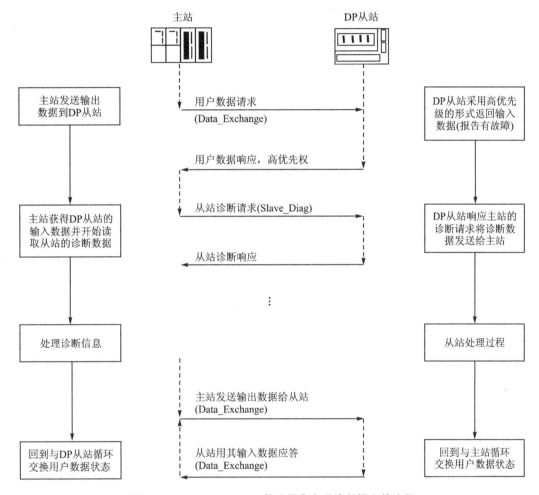

图 6.32　PROFIBUS - DP 从站报告出现诊断报文的流程

# 6.4　PROFIBUS 站点的开发与实现

　　随着 PROFIBUS 现场总线产品的广泛应用,PROFIBUS 在某些行业已经成为自动化系统和仪表的行业标准。由于 PROFIBUS 控制系统常常是工厂的中心控制系统,因此其他产品只有具备了 PROFIBUS 接口并符合 PROFIBUS 的协议规范,才能最有效地实现与其他设备的彼此互连互通。

　　本节将从介绍目前流行的各种 PROFIBUS 的通信控制芯片 ASIC、接口模板开始,从硬件角度介绍如何构成一个 PROFIBUS 系统的主/从站点的通信界面、站点的具体实现方案以及实现一个 PROFIBUS 工程项目应注意的实际问题等。

## 6.4.1　PROFIBUS 的站点实现方案

所谓 PROFIBUS 的站点实现方案就是将工业现场的各种设备加以 PROFIBUS 的通信界面,或给以专用的接口电路(如从站点),或配以接口卡(如对以 PC 作主站的情形),从而使从站和主站都能连接到 RS – 485 总线电缆上,形成 PROFIBUS 的现场总线通信系统,使各站点通过此通信系统在控制软件配合下,构成一个 FCS 现场总线控制系统。

由 PROFIBUS 构成的 FCS 现场总线控制系统可用图 6.33 来说明。

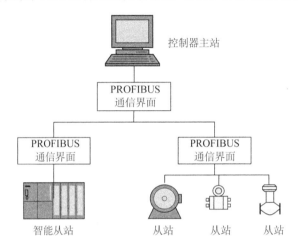

**图 6.33　基于 PROFIBUS 的 FCS 现场总线控制系统举例**

实现一个工控设备的 PROFIBUS 的通信一般有 3 种方案:

### 1. 采用单片机

PROFIBUS 是一个完全开放的国际标准,任何厂商和个人都可以根据此标准设计各自的软硬件实现方案。原则上,只要一个微处理器配有内部或外部串行通信接口(UART),PROFIBUS 的通信协议就可以在其上实现,即利用 PROFIBUS 模型中的服务访问点,通过完全的单片机软件编程和相应的外围硬件接口来实现对 PROFIBUS – DP 的状态机的控制。

在早期的 PROFIBUS 系统中,不少产品是基于 Intel 8031 平台的。在新的 PROFIBUS 系统中,可以采用实时操作系统(如 VxWorks、$\mu$C/OS – II、$\mu$CLinux)及其开发包作为自己的核心软件开发平台,硬件选用基于高性能 Intel 系列处理器或 RISC 处理器(如 ARM7、ARM9)的单片机。用户只要参考相关的 PROFIBUS 协议和相关的软/硬件开发手册,就能够实现。

用单片机实现的 PROFIBUS – DP 从站的传输速率受单片机资源(比如计算能力、内存大小和时钟晶振)的限制,无法使站点达到 PROFIBUS – DP 所要求的最大通信传输速率。目前 PROFIBUS 系统的通信速率最低要求在 1.5 Mb/s 以上,一般都在最高 12 Mb/s,而软实现的速率太慢,达不到高速对象的要求,只适合于系统通信速率小于 500 kb/s 的场合。

这种方案的特点是比较灵活,成本较低,用户拥有核心技术,扩展性较好,但要求用户的开发能力较强。

### 2. 采用通信专用 ASIC 芯片

随着 PROFIBUS 成为 IEC 61158 国际标准以及越来越多的 PROFIBUS 开发厂商、普通用户使用的增加,从系统互连和节约开发时间和成本考虑,人们开发了许多支持 PROFIBUS 数据通信协议的 ASIC。当数据传输速率超过 500 kb/s,或需要使用 IEC 61158 - 2 传输技术时,就建议使用协议专用芯片。

目前,PROFIBUS 开发的主流方案是采用 Siemens 等公司提供的 PROFIBUS 开发软件包和通信专用 ASIC 芯片,例如 LSPM2、SPC3、ASPC2。这种方案的特点是采用了现场的通信芯片,芯片中包括了 PROFIBUS 协议的全部功能,可以简化通信部分的开发流程,但需要 Siemens 等公司的软件包和通信芯片支持。

PROFIBUS 协议专用 ASIC 芯片的特性如表 6.11 所列。

表 6.11　PROFIBUS 协议专用 ASIC 芯片的特性

| 制造商 | 芯片 | 类型 | 特性 | FMS | DP | PA | 加外部 MPU | 最大波特率 |
|---|---|---|---|---|---|---|---|---|
| IAM | PBS | 从 | 外设协议芯片 | √ | √ | × | √ | 3 Mb/s |
| IAM | PBM | 主 | 外设协议芯片 | √ | √ | × | √ | 3 Mb/s |
| Motorola | 68302 | 主/从 | 16 位微控制器 PROFIBUS 核心功能 | √ | √ | × | × | 500 kb/s |
| Motorola | 68360 | 主/从 | 32 位微控制器 PROFIBUS 核心功能 | √ | √ | × | × | 1.5 Mb/s |
| Siemens | SPC4 | 从 | 外设协议芯片 | √ | √ | × | √ | 12 Mb/s |
| Siemens | SPC3 | 从 | 外设协议芯片 | × | √ | × | √ | 12 Mb/s |
| Siemens | DPC31 | 从 | 集成协议,集成的 8031 内核 | × | √ | × | ×/√ | 12 Mb/s |
| Siemens | ASPC2 | 主 | 外设协议芯片 | × | √ | × | √ | 12 Mb/s |
| VIP | VPC3+ | 从 | 外设协议芯片 | × | √ | × | √ | 12 Mb/s |
| VIP | VPM2L | 从 | 外设协议芯片 | × | √ | × | × | 12 Mb/s |
| Siemens | SPM2 | 从 | 单片,有 64 个 I/O 位 | × | √ | × | × | 12 Mb/s |
| Siemens | LSPM2 | 从 | 价格低、单片,有 32 个 I/O 位 | × | √ | × | × | 12 Mb/s |
| Siemens | SIM1 | 调制解调器 | 调制解调器芯片,用于 IEC 1158 - 2 传输技术 | × | × | √ | √ | 31.25 kb/s |
| Smar | PA - Asic | 调制解调器 | 调制解调器芯片,用于 IEC 1158 - 2 传输技术 | × | × | √ | √ | 31.25 kb/s |

一般的,从 ASIC 芯片适用于主站或从站那一侧来分类,可以分成适用于主站和从站 2 大类型。

适于主站一侧使用的主要有 ASPC2 等。比如,ASPC2(Advanced Siemens PROFIBUS Controller)是用于主设备的智能通信芯片,可用于完全控制 PROFIBUS 标准 IEC 61158 协议的第 1 层和第 2 层。它可用于 PROFIBUS DP 和 FMS 的主站建设。当 ASPC2 被用于 DP 主站时,须加外部微处理器 MPU 控制和专门的一个 Flash EPROM 以存储固件软件(Firmware),其协议栈的大小为 64 KB,用于 PROFIBUS - DP 时的最大传输速率为 12 Mb/s。

在从站一侧的 ASIC 芯片又分为适合智能型从站的芯片(比如 SPC3、SPC4、DPC31 等)和适合简单型从站的芯片(比如 SPM2、LSPM2 等),下面分别进行介绍。

对智能型从站点和兼有模拟量的 I/O 端口的模块化站点等,则需要在通信 ASIC 上再扩充一宿主 MPU 微处理器。SPC3、SPC4、DPC31、SIM1 等芯片可以用于此类现场设备。比如

SPC3(Siemens PROFIBUS Controller)是用于从设备的智能通信芯片,由于集成了全部的 PROFIBUS - DP 协议,它能在相当大程度上缓解 PROFIBUS 智能从站的处理器负担,且能够直接连接到 RS - 485 总线上,用于 PROFIBUS - DP 时的最大传输速率为 12 Mb/s。SPC4 是为 DP/FMS 和 PA 应用设计的,它的功能基本上与 SPC3 相同。DPC31 将 SPC3,SPC4 和微处理器 8031 集成到一起,可作为 PROFIBUS DP 和 PA 从控制器,具有很高的灵活性,因此能适宜于各种应用场合。

对一些诸如开关量、接近开关等简单现场设备不需要 MPU 微处理器的控制和监视的站点,Siemens 提供了两种低端的 ASIC,即 SPM2(Siemens PROFIBUS Multiplexer,Version2) 和 LSPM2(Lean Siemens PROFIBUS Multiplexer,Version2)用于这些设备的 PROFIBUS 接口设计。这些设备作为 DP 从站可直接连接到总线上,主站通过 MAC 层对其进行直接读/写操作。使用这些 ASIC 芯片的设备在收到无差错的初始化报文帧后,无需宿主 MPU 的支持,能够独立地生成相应的请求和响应帧,同主站进行数据交换通信。

常见的 PROFIBUS 通信芯片性能对比如表 6.12 所列。

表 6.12　常见的 PROFIBUS 通信芯片性能对比

| ASIC | LSPM2 | SPM2 | SPC3 | SPC4 | DPC31 | ASPC2 | SIM1 |
|---|---|---|---|---|---|---|---|
| 应用 | 简单从站 | 简单从站 | 智能从站 | 智能从站 | 智能从站 | 主站 | 介质管理单元 |
| 传输技术 | RS - 485 | RS - 485 | RS - 485 | RS - 485,IEC 1158 - 2 | RS - 485,IEC 1158 - 2 | RS - 485 | IEC 1158 - 2 |
| 最大传输速率 | 12 Mb/s | 12 Mb/s | 12 Mb/s | 12 Mb/s,按 IEC 1158 - 2 为 31.25 kb/s | 12 Mb/s,按 IEC 1158 - 2 为 31.25 kb/s | 12 Mb/s | 31.25 kb/s |
| 传输速率的自动检测 | 是 | 是 | 是 | 是 | 是 | — | — |
| 协议 | DP | DP | DP | DP, FMS, PA | DP, PA | DP, FMS, PA | PA |
| 总线访问 | 在 ASIC | 在 ASIC | 在 ASIC | 在 ASIC | 在 ASIC | 在 ASIC | |
| 加外部 MPU | 否 | 否 | 是 | 是 | 否/是 | 是 | |
| 固件容量 | 不需要 | 不需要 | 4~24 KB | 8~40 KB | 4~24 KB | 80 KB | 不需要 |
| 报文帧存储器 | — | — | 1.5 KB | 2 KB | 6 KB | | |
| 电源 | 5 V,DC | 5 V,DC | 5 V DC | 5 V/3.3 V,DC | 3.3 V,DC | 5 V,DC | 3.3 V,DC |
| 功耗 | 0.35 W | 0.5 W | 0.65 W | 0.4 W(DP),0.01 W(PA) | 0.2 W(DP),5~10 mW(PA) | 0.9 W | 0.09 W |
| 工作温度/℃ | −40~+55 | −40~+55 | −40~+85 | −40~+85 | −40~+85 | −40~+85 | −40~+85 |
| 封装 | MQFP,80 针 | PQFP,120 针 | PQFP,44 针 | TQFP,44 针 | PQFP,100 针 | P - MQFP,100 针 | TQFP,44 针 |
| 外壳尺寸/cm | 4 | 10 | 2 | 2 | 4 | 4 | 2 |

### 3. 采用接口模板

为了方便某些最终用户快速开发的要求,Siemens 等一些公司还开发了具备丰富输入/输出接口功能且具有 PROFIBUS 通信接口的完整的模板,可以使最终用户直接将现场的外设和系统连接到 PROFIBUS - DP 总线上,这是最直接和简洁的开发途径,如 IM180 - 184 模板等。

接口模板在类型上分为 2 种:主接口模板和从接口模板。主接口模板能将第三方设备作为主站设备连接到 PROFIBUS - DP 系统中,比如 IM180 接口模块,它常安放在 IM181 载板上后可插入 PC 机(ISA 槽)。从接口模板能将第三方设备作为从站设备连接到 PROFIBUS 系统中,比如 IM182 - 1,IM183 - 1,IM184 接口模块。

常见接口模板的技术指标如表 6.13 所列。

**表 6.13　常见接口模板的技术指标**

| 接口模块 | IM184 | IM183 - 1 | IM182 - 1 | IM180 | IM181 |
|---|---|---|---|---|---|
| 应用 | 简单从站 | 从站 | 从站 | 主站 | 用于 IM180 主接口模板的载体板 |
| 最大传输速率/ $(Mb \cdot s^{-1})$ | 12 | 12 | 12 | 12 | — |
| 协议 | DP | DP | DP | DP | — |
| 专用芯片 | LSPM2 | SPC3 | SPC3 | ASPC2 | |
| 微处理器 | 不需要 | 80C32(20 MHz) | PC/PG 的处理器 | 80C165(40 MHz) | — |
| 固件容量 | 不需要 | 4~24 KB (包括测试程序) | 4~24 KB (包括测试程序) | 80 KB | |
| 存储器容量 | — | 32 KB SRAM, 64 KB EPROM | — | 2×128 KB | — |
| 主机接口 | | | | 双口 RAM | |
| 工作温度/℃ | 0~+70 | 0~+70 | 0~+60 | 0~+70 | — |
| 电源 | 5 V,DC | 5 V,DC | 5 V,DC | 5 V,DC | — |
| 功耗/mW | 150 | 250 | 250 | 250 | |
| 模板尺寸 | 85 mm×84 mm | 86 mm×76 mm | 168 mm×105 mm | 100 mm×100 mm | 168 mm×105 mm |

这种方案简单易行,用户只要按照接插件和引脚定义修改电路板,将随接口模板提供的例子源程序修改后加到自己的产品软件中,就可实现设备的 PROFIBUS 网络通信功能。但可扩展性差,后续开发难度大。目前部分仪器或设备制造商喜欢采用这种方案。

## 6.4.2　从站通信控制器 SPC3

### 1. 功能简介

SPC3 为 PROFIBUS 智能从站提供了廉价的配置方案,可支持以下处理器:Intel 80C31, 80x86;Siemens 80C166/165/167;Motorola HC11,HC16,HC916。

与 SPC2 相比,SPC3 存储器内部管理和组织有所改进,并支持 PROFIBUS - DP,如图 6.34 所示。

SPC3 只集成了传输技术的部分功能,而没有集成模拟功能(RS - 485 驱动器)、FDL (Fieldbus Data Link,现场总线数据链路)传输协议。它支持接口功能、FMA 功能和整个 DP 从站协议(USIF:用户接口让用户很容易访问第 2 层)。第 2 层的其余功能(软件功能和管理)须通过软件来实现。

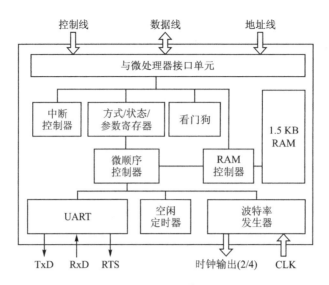

图 6.34　SPC3 芯片结构图

SPC3 内部集成了 1.5 KB 的双口 RAM 作为在 SPC3 与软件/程序的接口。整个 RAM 被分为 192 段，每段 8 字节。用户寻址由内部的 MS(Microsequencer)通过基址指针(Base Pointer)来实现。基址指针可位于存储器的任何段。所以任何缓存都必须位于段首。

如果 SPC3 工作在 DP 方式下，SPC3 将自动完成所有的 DP - SAPs 的设置。在数据缓冲区生成各种报文(如参数数据和配置数据)，为数据通信提供 3 个可变的缓存器、2 个输出缓存器和 1 个输入缓存器。通信时经常用到变化的缓存器，因此不会发生任何资源问题。SPC3 为最佳诊断提供两个诊断缓存器，用户可存入刷新的诊断数据。在这一过程中，有一诊断缓存总是分配给 SPC3。

总线接口是一参数化的 8 位同步/异步接口，可使用各种 Intel 和 Motorola 处理器/微处理器。用户可通过 11 位地址总线直接访问 1.5 KB 的双口 RAM 或参数存储器。

处理器上电后，程序参数(站地址、控制位等)必须传送到参数寄存器和方式寄存器。

任何时候状态寄存器都能监视 MAC 的状态。

各种事件(诊断、错误等)都能进入中断寄存器，通过屏蔽寄存器使能，然后通过响应寄存器响应。SPC3 有一个共同的中断输出。

看门狗定时器有 3 种状态 Baud_Search、Baud_Control 和 Dp_Control。

微顺序控制器(MS)控制整个处理过程。

程序参数(缓存器指针、缓存器长度和站地址等)和数据缓存器包含在内部 1.5 KB 双口 RAM。

在 UART 中，并行、串行数据相互转换，SPC3 能自动调整波特率。

空闲定时器(Idle Timer)直接控制串行总线的时序。

SPC3 的主要技术指标如下：

① 支持 PROFIBUS - DP 协议；

② 最大数据传输速率 12 Mb/s，可自动监测并调整数据传输速率；

③ 与 80C32、80x86、80C166、80C165、80C167 和 HC11、HC16、HC916 系列芯片兼容；

④ 44 引脚 PQFP 封装；

⑤ 可独立处理 PROFIBUS - DP 通信协议；

⑥ 集成的看门狗(Watchingdog Timer)；

⑦ 外部时钟接口 24 MHz 或 48 MHz；

⑧ 5 V,DC 供电。

## 2. 引脚说明

SPC3 为 44 引脚 PQFP 封装,引脚说明如表 6.14 所列。

表 6.14　SPC3 引脚说明

| 引　脚 | 引脚名称 | 描　述 | | 源/目的 |
|---|---|---|---|---|
| 1 | XCS | 片选 | C32 方式:接 $V_{DD}$；<br>C165 方式:片选信号 | CPU(80C165) |
| 2 | XWR/E_Clock | 写信号/EI_CLOCK 对 Motorola 总线时序 | | CPU |
| 3 | DIVIDER | 设置 CLKOUT2/4 的分频系数；<br>低电平表示 4 分频 | | |
| 4 | XRD/R_W | 读信号/Read_Write　Motorola | | CPU |
| 5 | CLK | 时钟脉冲输入 | | 系统 |
| 6 | $V_{SS}$ | 地 | | |
| 7 | CLKOUT2/4 | 2 或 4 分频时钟脉冲输出 | | 系统,CPU |
| 8 | XINT/MOT | <log>0＝Intel 接口；<br><log>1＝Motorola 接口 | | 系统 |
| 9 | X/INT | 中断 | | CPU,中断控制 |
| 10 | AB10 | 地址总线 | C32 方式:<log>0；<br>C165 方式:地址总线 | |
| 11 | DB0 | 数据总线 | C32 方式:数据/地址复用；<br>C165 方式:数据/地址分离 | CPU,存储器 |
| 12 | DB1 | | | |
| 13 | XDATAEXCH | PROFIBUS - DP 的数据交换状态 | | LED |
| 14 | XREADY/XDTACK | 外部 CPU 的准备好信号 | | 系统,CPU |
| 15 | DB2 | 数据总线 | C32 方式:数据/地址复用；<br>C165 方式:数据/地址分离 | CPU,存储器 |
| 16 | DB3 | | | |
| 17 | $V_{SS}$ | 地 | | |
| 18 | $V_{DD}$ | 电源 | | |
| 19 | DB4 | 数据总线 | C32 方式:数据/地址复用；<br>C165 方式:数据/地址分离 | CPU,存储器 |
| 20 | DB5 | | | |
| 21 | DB6 | | | |
| 22 | DB7 | | | |
| 23 | MODE | <log>0＝80C166 数据地址总线分离;准备信号。<br><log>1＝80C32 数据地址总线复用;固定定时 | | 系统 |
| 24 | ALE/AS | 地址锁存使能 | C32 方式:ALE；<br>C165 方式:<log>0 | CPU(80C32) |

续表 6.14

| 引 脚 | 引脚名称 | 描 述 | | 源/目的 |
|---|---|---|---|---|
| 25 | AB9 | 地址总线 | C32 方式:<log>0;<br>C165 方式:地址总线 | CPU(C165),存储器 |
| 26 | TXD | 串行发送端口 | | RS－485 发送器 |
| 27 | RTS | 请求发送 | | RS－485 发送器 |
| 28 | $V_{SS}$ | 地 | | |
| 29 | AB8 | 地址总线 | C32 方式:<log>0;<br>C165 方式:地址总线 | |
| 30 | RXD | 串行接收端口 | | RS－485 接收器 |
| 31 | AB7 | 地址总线 | | 系统,CPU |
| 32 | AB6 | 地址总线 | | 系统,CPU |
| 33 | XCTS | 清除发送<log>0＝发送使能 | | FSKModem |
| 34 | XTEST0 | 必须接 $V_{DD}$ | | |
| 35 | XTEST1 | 必须接 $V_{DD}$ | | |
| 36 | RESET | 接 CPU RESET 输入 | | |
| 37 | AB4 | 地址总线 | | 系统,CPU |
| 38 | $V_{SS}$ | 地 | | |
| 39 | $V_{DD}$ | 电源 | | |
| 40 | AB3 | 地址总线 | | 系统,CPU |
| 41 | AB2 | 地址总线 | | 系统,CPU |
| 42 | AB5 | 地址总线 | | 系统,CPU |
| 43 | AB1 | 地址总线 | | 系统,CPU |
| 44 | AB0 | 地址总线 | | 系统,CPU |

注:① 所有以 X 开头的信号低电平有效。

② $V_{DD}＝＋5$ V,$V_{SS}＝GND$。

## 3. 存储器分配

SPC3 内部 1.5 KB 双口 RAM 的分配如表 6.15 所列。

内部锁存器/寄存器位于前 22 字节,用户可以读取或写入。一些单元只读或只写,用户不能访问的内部工作单元也位于该区域。

组织参数位于以 16H 开始的单元,这些参数影响整个缓存区(主要是 DP－SAPs)的使用。另外,一般参数(站地址和标识号等)和状态信息(全局控制命令等)都存储在这些单元中。

与组织参数的设定一致,用户缓存(User－Generated Buffer)位于 40H 开始的单元,所有的缓存器都开始于段地址。

SPC3 的整个 RAM 被划分为 192 段,每段包括 8 字节,物理地址是按 8 的倍数建立的。

## 4. ASIC 接口

下面将要介绍的寄存器规定了 ASIC 硬件功能和报文处理过程。

表 6.15　SPC3 内存分配

| 地　　址 | 功　　能 | |
|---|---|---|
| 000H | 处理器参数锁存器/寄存器(22 字节) | 内部工作单元 |
| 016H | 组织参数(42 字节) | |
| 040H ⋮ 5FFH | DP 缓存器: Data In(3)<br>Data Out(3)<br>Diagnostics(2)<br>Parameter Setting Data(1)<br>Configuration Data(2)<br>Auxiliary Buffer(2)<br>SSA – Buffer(1) | |

注: ① HW 禁止超出地址范围,也就是如果用户写入或读取超出存储器末端,用户将得到一新的地址,即原地址减
　　　去 400H。禁止覆盖处理器参数,在这种情况下,SPC3 产生一访问中断。如果由于 MS 缓冲器初始化有误
　　　导致地址超出范围,则也会产生这种中断。
　　② Data In 指数据由 PROFIBUS 从站到主站。
　　③ Data Out 指数据由 PROFIBUS 主站到从站。

**(1) 方式寄存器**

控制器可直接访问或设置参数,与 SPC3 中的方式寄存器 0 和方式寄存器 1 有关。

1) 方式寄存器 0

在离线状态下(如合上开关)设置方式寄存器 0,当方式寄存器中所有的处理器参数、组织
参数装载后,SPC3 才离开离线状态(START_SPC3＝1,方式寄存器 1)。方式寄存器 0 共有
14 位,其功能如下:

➢ 对起始位的监视;
➢ 对停止位的监视;
➢ 复位后是否进行 DP 操作;
➢ 中断输出的极性控制;
➢ 准备好的信号是否前移一个时钟脉冲;
➢ 是否支持同步方式;
➢ 是否支持锁定方式;
➢ 是否关闭 DP 方式;
➢ 中断脉冲结束的时间基值(Timebase);
➢ 用户时间基值;
➢ 看门狗定时器的测试方式;
➢ 特殊参数缓存器;
➢ 特殊清除方式(故障安全模式)。

2) 方式寄存器 1

在操作方式下可改变控制位;可以单独设置或清除;设置或清除时必须在位地址写入逻辑
的方式下。方式寄存器 1 共有 6 位,其功能如下:

➢ 退出离线状态;
➢ 中断结束;

➢ 进入离线状态；

➢ 要求 DP 进入等待参数状态；

➢ 缓存器交换使能；

➢ 重新设置用户看门狗等。

**（2）状态寄存器**

状态寄存器反映 SPC3 当前状态，只读，共 16 位，状态寄存器各位功能如下：

➢ 离线；

➢ 空闲状态；

➢ 临时缓存器中无 FDL 标识；

➢ 状态诊断缓存器；

➢ 存取内存超出 1.5 KB；

➢ DP 状态机的状态；

➢ 看门狗状态机制的状态；

➢ SPC3 正常工作的波特率。

**（3）中断控制器**

中断控制器通知处理器各种中断信息和错误事件。中断控制器最多可存储 16 个中断事件。中断事件传送到共同的中断输出，中断控制器不提供优先级和中断矢量（与 8259 不兼容）。

中断控制器包括中断请求寄存器（IRR）、中断屏蔽寄存器（IMR）、中断寄存器（IR）和中断响应寄存器（IAR）。

中断事件存储在 IRR 中，个别事件通过 IMR 屏蔽，IRR 中的中断输入和中断屏蔽无关。在 IMR 没有被屏蔽的中断信号经过网络综合产生 X/INT 中断。用户调试时，可在 IRR 中设置各种中断。

中断处理器处理过的中断必须通过 IAR（New_Prm_Data，New_DDB_Prm_Data，New_Cfg_Data 除外）清除，在相应位上写入 1 即可清除。如果前一个已经确认的中断正在等待时，IRR 中又接收到一个新的中断请求，则此中断被保留。接着处理器使能屏蔽，确保 IRR 中没有以前的输入。出于安全考虑，使能屏蔽之前必须清除 IRR 中的位。

退出中断程序之前，处理器必须在方式寄存器中设置"end of interrupt - signal（EOI）= 1"，此跳变使中断线失效，如果另一个中断仍保留着，则至少经过 1 $\mu$s 或 1～2 ms 中断失效时间后，该中断输出才再次激活。中断失效时间可以通过 EOI_Timebase 位设置，这样可以利用边沿触发的中断输入再次进入中断程序。

中断输出的极性可以通过 INT_Pol 方式位设置，硬件复位后输出低有效。中断请求寄存器共 16 位，其功能如下：

➢ 当处理完当前请求，SPC3 进入离线状态；

➢ DP - SM 进入或离开 Data_Ex 状态；

➢ SPC3 找到合适的波特率，并离开 Baud_Search 状态；

➢ 在 DP_Control WD 状态下，看门狗定时器溢出；

➢ User_Timer_Clock 的时间基值（Timebase）溢出（1/10 ms）；

➢ SPC3 接收到带有变化 GL_Command_Byte 的 Clobe_Control 报文，把这一字节存储在 R_GC_Command 内存单元中；

> SPC3 接收到 Set_Slave_Address 报文,使缓存器中的数据可用;
> SPC3 接收到 Check_Cfg 报文,使 Cfg 缓存器中的数据可用;
> SPC3 接收到 Set_Param 报文,使 Prm 缓存器中的数据可用;
> 由于 New_Diag_Cmd 的请求,SPC3 交换诊断缓存器,并使原来的缓存器对用户可用;
> SPC3 接收到 Write_Read_Data 报文,使新的输出数据在 N 状态下对用户可用;
> 对于 Power_On 或 Leave_Master,SPC3 清除 N 缓存器,并产生中断。

其他的中断控制寄存器如表 6.16 所列。

表 6.16　IR、IMR、IAR 寄存器

| 地　址 | 寄存器 | 读/写 | 复位状态 | 说　明 | |
|---|---|---|---|---|---|
| 02H/03H | IR | 只读 | 清除所有位 | | |
| 04H/05H | IMR | 可写,在操作中可改变 | 设置所有位 | bit＝1 | 设置屏蔽,中断失效 |
| | | | | bit＝0 | 清除屏蔽,允许中断 |
| 02H/03H | IAR | 可写,在操作中可改变 | 清除所有位 | bit＝1 | IRR 位清除 |
| | | | | bit＝0 | IRR 位未发生变化 |

New_Prm_Data、New_Cfg_Data 输入不能通过中断响应寄存器清除,只能通过用户确认后由状态机制来清除(如 User_Prm_Data_Okay 等)。

**(4) 看门狗定时器**

1) 自动确定波特率

SPC3 能自动确定波特率。每次复位或在 Baud_Control_State WD 溢出后,SPC3 自动进入 Baud_Search 状态。

协议规定,SPC3 从最高波特率开始查询,在监控时间内,如果没有接到 SD1、SD2 或 SD3 报文,且没有错误,则 SPC3 将从下一级波特率开始查询。

一旦确定正确的波特率,SPC3 进入 Baud_Control 状态,并且监视此波特率。监视时间可参数化(WD_Baud_Control_Val)。看门狗的时钟频率是 100 Hz(10 ms),每接收到一个发往本站的无误报文后,看门狗自动复位。如果看门狗时间溢出,则 SPC3 重新进入 Baud_Search 状态。

2) 波特率监视

在 Baud_Control 状态下,看门狗不停地监视波特率。每接收到发往本站的正确报文后,看门狗自动复位。监视时间是 WD_Baud_Control_Val(用户设置参数)与时间基值(10 ms)的乘积。如果监视时间溢出,则 WD_SM 重新回到 Baud_Search 状态。如果用户执行 SPC3 的 DP 协议(在方式寄存器中 DP_MODE＝1),并接收到一能响应时间监视(WD_On＝1)的 Set_Param 报文后,则看门狗工作在 DP_Control 状态。若 WD_On＝0,则看门狗一直工作在波特率监视状态。当定时器时间溢出时,PROFIBUS_DP 状态机制也不复位。也就是说,从站一直工作在数据交换状态。

3) 响应时间监视

DP_Control 状态能响应 DP 主站的时间监视。设置的时间值是看门狗因数与有效时间基值(1 ms 或 10 ms)的乘积。

$$T_{wd}＝(1 \text{ ms 或 } 10 \text{ ms})×WD\_Fact\_1×WD\_Fact\_2$$

用户可通过参数设置报文(取值可以是 1～255)装载两个看门狗(WD_Fact_1 和 WD_Fact_2)因数和时间基值。

例外:WD_Fact_1＝WD_Fact_2＝1 不允许,电路不检测这种设置。

监视时间可以是 2 ms～650 s 之间的值,取决于看门狗因子,与波特率无关。

如果监视时间溢出,则 SPC3 回到 Baud_Control 状态,SPC3 产生 WD_DP_Control_Timeout 中断。另外,DP 状态机制复位,也就是产生缓存器管理的复位。

如果其他主站接收 SPC3,则转入 Baud_Control(WD_On＝0),或在 DP_Control 下产生延时(WD_On＝1),与响应时间监视使能有关(WD_On＝0)。

### 5. PROFIBUS - DP 接口

下面是 DP 缓存器结构。

当 DP_Mode＝1 时,SPC3 DP 方式使能。在这种过程中,下列 SAPs 服务于 DP 方式。

➤ Default SAP:数据交换(Write_Read_Data);

➤ SAP53:保留;

➤ SAP55:改变站地址(Set_Slave_Address);

➤ SAP56:读输入(Read_Inputs);

➤ SAP57:读输出(Read_Outputs);

➤ SAP58:DP 从站的控制命令(Global_Control);

➤ SAP59:读配置数据(Get_Config);

➤ SAP60:读诊断信息(Slave_Diagnosis);

➤ SAP61:发送参数设置数据(Set_Param);

➤ SAP62:检查配置数据(Check_Config)。

DP 从站协议完全集成在 SPC3 中,并独立执行。用户必须相应地参数化 ASIC,处理和响应传送报文。除了 Default SAP、SAP56、SAP57 和 SAP58,其他的 SAPs 一直使能,这 4 个 SAPs 在 DP 从站状态机制进入数据交换状态才使能。用户也可以使 SAP55 无效,这时相应的缓存器指针 R_SSA_Buf_Ptr 设置为 00H。在 RAM 初始化时已描述过使 DDB 单元无效。

用户在离线状态下配置所有的缓存器(长度和指针),在操作中除了 Dout/Din 缓存器长度外,其他的缓存配置不可改变。

用户在配置报文以后(Check_Config),等待参数化时,仍可改变这些缓存器。在数据交换状态下只可接收相同的配置。

输出数据和输入数据都有 3 个长度相同的缓存器可用,这些缓存器的功能是可变的。一个缓存器分配给 D(数据传输);一个缓存器分配给 U(用户);还有一个缓存器出现在 N(Next State)或 F(Free State)状态,然而其中一个状态不常出现。

两个诊断缓存器长度可变。一个缓存器分配给 D,用于 SPC3 发送数据;另一个缓存器分配给 U,用于准备新的诊断数据。

SPC3 首先将不同的参数设置报文(Set_Slave_Address 和 Set_Param)和配置报文(Check_Config)读取到辅助缓存 1 和辅助缓存 2 中。

当与相应的目标缓存器交换数据(SSA 缓存器、PRM 缓存器和 CFG 缓存器)时,每个缓存器必须有相同的长度,用户可在 R_Aux_Puf_Sel 参数单元定义使用哪一个辅助缓存。辅助缓存器 1 一直可用,辅助缓存器 2 可选。如果 DP 报文的数据不同,比如设置参数报文长度大于其他报文,则使用辅助缓存器 2(Aux_Sel_Set_Param＝1),其他的报文则通过辅助缓存器 1

读取(Aux_Sel_Set_Param)。如果缓存器太小,SPC3 将响应"无资源"。

用户可用 Read_Cfg 缓存器读取 Get_Config 缓存中的配置数据,但二者必须有相同的长度。

在 D 状态下可从 Din 缓存器中进行 Read_Input_Data 操作。在 U 状态下可从 Dout 缓存中进行 Read_Output_Data 操作。

由于 SPC3 内部只有 8 位地址寄存器,因此所有的缓存器指针都是 8 位段地址。访问 RAM 时,SPC3 将段地址左移 3 位与 8 位偏移地址相加(得到 11 位物理地址)。关于缓存器的起始地址,这 8 个字节是明确规定的。

### 6. 通用处理器总线接口

SPC3 有一个 11 位地址总线的并行 8 位接口。SPC3 支持基于 Intel 的 80C51/52(80C32)处理器和微处理器、Motorola 的 HC11 处理器和微处理器,Siemens 80C166、Intel X86、Motorola HC16 和 HC916 系列处理器和微处理器。由于 Motorola 和 Intel 的数据格式不兼容,SPC3 在访问 16 位寄存器(中断寄存器、状态寄存器和方式寄存器 0)和 16 位 RAM 单元(R_User_Wd_Value)时,自动进行字节交换。这就使 Motorola 处理器能够正确读取 16 位单元的值。通常对于读或写,要通过两次访问完成(8 位数据线)。

由于使用了 11 位地址总线,SPC3 不再与 SPC2(10 位地址总线)完全兼容。然而,SPC2 的 XINTCI 引脚在 SPC3 的 AB10 引脚处,且这一引脚至今未用。而 SPC3 的 AB10 输入端有一内置下拉电阻。如果 SPC3 使用 SPC2 硬件,用户只能使用 1 KB 的内部 RAM。否则,AB10 引脚必须置于相同的位置。

总线接口单元(BIU)和双口 RAM 控制器(DPC)控制着 SPC3 处理器内部 RAM 的访问。

另外,SPC3 内部集成了一个时钟分频器,能产生 2 分频(DIVIDER=1)或 4 分频(DIVIDER=0)输出,因此,不需附加费用就可实现与低速控制器相连。SPC3 的时钟脉冲是 48 MHz。

#### (1) 总线接口单元(BIU)

BIU 是连接处理器/微处理器的接口,有 11 位地址总线,是同步或异步 8 位接口。接口配置由 2 个引脚(XINT/MOT 和 MODE)决定,XINT/MOT 引脚决定连接的处理器系列(总线控制信号,如 XWR、XRD、R_W 和数据格式),MODE 引脚决定同步或异步。在 C32 方式下必须使用内部锁存器和内部译码器。

#### (2) 双口 RAM 控制器

SPC3 内部 1.5 KB 的 RAM 是单口 RAM。然而,由于内部集成了双口 RAM 控制器,允许总线接口和处理器接口同时访问 RAM。此时,总线接口具有优先权,从而使访问时间最短。如果 SPC3 与异步接口处理器相连,则 SPC3 产生 Ready。

#### (3) 接口信号

在复位期间,数据输出总线呈高阻状态。微处理器总线接口信号如表 6.17 所列。

表 6.17　微处理器总线接口信号

| 名　称 | 输入/输出 | 类　型 | 说　明 |
|---|---|---|---|
| DB(7…0) | I/O | Tristate(三态) | 复位时高阻 |
| AB(10…0) | I | | AB10 带下拉电阻 |
| MODE | I | | 设置:同步/异步接口 |

| 名　称 | 输入/输出 | 类　型 | 说　明 |
|---|---|---|---|
| XWR/E_CLOCK | I | | Intel:写 / Motorola:E_CLK |
| XRD/R_W | I | | Intel:读 / Motorola:读/写 |
| XCS | I | | 片选 |
| ALE/AS | I | | Intel/ Motorola:地址锁存允许 |
| DIVIDER | I | | CLKOUT2/4 的分频系数 2/4 |
| X/INT | O | Tristate(三态) | 极性可编程 |
| XRDY/XDTACK | O | Tristate(三态) | Intel/ Motorola:准备好信号 |
| CLK | I | | 48 MHz |
| XINT/MOT | I | | 设置:Intel/ Motorola 方式 |
| CLKOUT2/4 | O | Tristate(三态) | 24/12 MHz |
| RESET | I | Schmitt - trigger<br>(施密特触发器) | 最少 4 个时钟周期 |

### 7. UART

发送器将并行数据结构转变为串行数据流。在发送第一个字符之前,产生 Request - to - Send(RTS)信号,XCTS 输入端用于连接调制器。RTS 激活后,发送器必须等到 XCTS 激活后才发送第一个报文字符。

接收器将串行数据流转换成并行数据结构,并以 4 倍的传输速率扫描串行数据流。为了测试,可关闭停止位(方式寄存器 0 中 DIS_STOP_CONTROL=1 或 DP 的 Set_Param_Telegram 报文),PROFIBUS 协议的一个要求是报文字符之间不允许出现其他状态,SPC3 发送器保证满足此规定。通过 DIS_START_CONTROL=1(模式寄存器 0 或 DP 的 Set_Param报文中),关闭起始位测试。

### 8. PROFIBUS 接口

PROFIBUS 接口数据通过 RS - 485 传输,SPC3 通过 RTS、TXD、RXD 引脚与电流隔离接口驱动器相连。

PROFIBUS - DP 的 RS - 485 传输接口电路如图 6.35 所示。

PROFIBUS 接口是 9 针 D 型接插件,引脚定义如表 6.18 所列。

表 6.18　PROFIBUS 接口 D 型接插件定义

| 引　脚 | 定　义 | 引　脚 | 定　义 |
|---|---|---|---|
| 1 | Free | 6 | 5 V 电源(P5) |
| 2 | Free | 7 | Free |
| 3 | B 线 | 8 | A 线 |
| 4 | 请求发送(RTS) | 9 | Free |
| 5 | 5 V 地(M5) | | |

必须使用屏蔽线连接接插件,根据 DIN 19245,Free 引脚可选用。如果使用,则必须符合

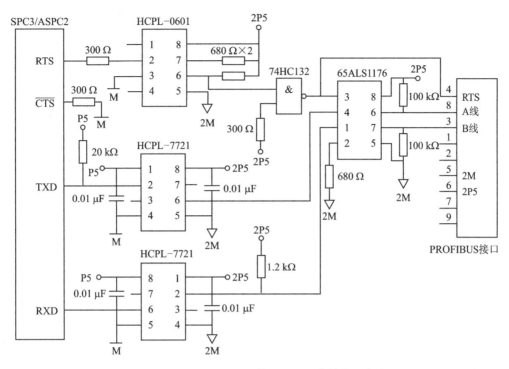

图 6.35　PROFIBUS - DP 的 RS - 485 传输接口电路

DIN 192453 标准。在图 6.35 中,M、2M 为不同的电源地,P5、2P5 为两组不共地的 +5 V 电源。74HC132 为施密特与非门。

## 6.4.3　主站通信控制器 ASPC2 与网络接口卡

### 1. ASPC2

ASPC2 是 Siemens 公司生产的主站通信控制器,该通信控制器可以完全处理 PROFIBUS EN 50170 的第一层和第二层,同时 ASPC2 还为 PROFIBUS - DP 和使用段耦合器的 PROFIBUS - PA 提供一个主站。

当 ASPC2 通信控制器用作一个 DP 主站时需要庞大的软件(约 64 KB),软件使用要有许可证且需要支付费用,其主站接口的 RS - 485 硬件电路如图 6.36 所示。

如此高速度的控制芯片可以用于制造业和过程控制工程中。

对于可编程控制器、个人计算机、电机控制器、过程控制系统直到下面操作员监控系统来说,ASPC2 有效地减轻了通信任务。

PROFIBUS ASIC 可用于从站应用,连接低级设备(如控制器、执行器、测量变送器和分散 I/O 设备)。

**(1) ASPC2 通信控制器的特性**

① 单片支持 PROFIBUS - DP、PROFIBUS - FMS 和 PROFIBUS - PA;

② 用户数据吞吐量高;

③ 支持 DP 在非常快的反应时间内通信;

④ 所有令牌管理和任务处理;

⑤ 与所有普及的处理器类型优化连接,无须在处理器上安置时间帧。

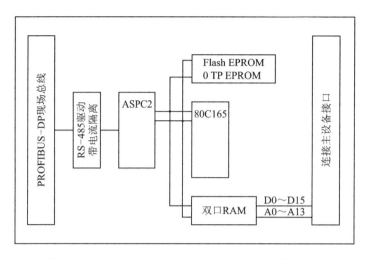

图 6.36  使用 ASPC2 的 PROFIBUS – DP 主站接口框图

**(2) ASPC2 与主机接口**

ASPC2 的 PROFIBUS – DP 作为主站时接口框图如图 6.36 所示。

① 处理器接口,可设置 8/16 位,可设置为 Intel/Motorola Byte Ordering;

② 用户接口,ASPC2 可外部寻址 1 MB 作为共享 RAM;

③ 存储器和微处理器可与 ASIC 连接为共享存储器模式或双口存储器模式;

④ 在共享存储器模式下,几个 ASIC 共同工作等价于一个微处理器。

**(3) 支持的服务**

① 标识;

② 请求 FDL 状态;

③ 不带确认发送数据(SDN)广播或多点广播;

④ 带确认发送数据(SDA);

⑤ 发送和请求数据带应答(SRD);

⑥ SRD 带分布式数据库(ISP 扩展);

⑦ SM 服务(ISP 扩展)。

**(4) 传输速率**

ASPC2 支持的传输速率如下:

① 9.6 kb/s、19.2 kb/s、93.75 kb/s、187.5 kb/s、500 kb/s;

② 1.5 Mb/s、3 Mb/s、6 Mb/s、12 Mb/s。

**(5) 响应时间**

① 短确认(如 SDA):From 1 ms (11 bit times);

② 典型值(如 SDR):From 3 ms。

**(6) 站点数**

① 最大期望值 127 主站或从站;

② 每站 64 个服务访问点(SAP)及一个默认 SAP。

**(7) 传输方法的依据**

① EN 50170 PROFIBUS 标准,第一部分和第三部分;

② ISP 规范 3.0(异步串行接口)。

**(8) 环境温度**

① 工作温度：$-40 \sim +85 \ ℃$；

② 存放温度：$-65 \sim +150 \ ℃$；

③ 工作期间芯片温度：$-40 \sim +125 \ ℃$。

**(9) 物理设计**

采用 100 引脚的 P - MQFP 封装。

### 2. CP5611 网络接口卡

CP5611 是 Siemens 公司推出的网络接口卡，购买时需另附软件使用费。CP5611 用于工控机连接到 PROFIBUS 和 SIMATIC S7 的 MPI，支持 PROFIBUS 的主站和从站、PG/OP、S7 通信。OPC Server 软件包已包含在通信软件供货中，但是需要 SOFINET 支持。

**(1) CP5611 网络接口卡的主要特点**

① 不带微处理器。

② 经济的 PROFIBUS 接口：

➤ 1 类 PROFIBUS - DP 主站或 2 类 SOFTNET - DP 进行扩展；

➤ PROFIBUS - DP 从站与 SOFTNET - DP 从站；

➤ 带有 SOFTNET S7 的 S7 通信。

③ OPC 作为标准接口。

④ CP5611 是基于 PCI 总线的 PROFIBUS - DP 网络接口卡，可以插在 PC 及其兼容机的 PCI 总线插槽上，在 PROFIBUS - DP 网络中作为主站或从站使用。

⑤ 作为 PC 上的编程接口，可使用 NCM PC 和 STEP 7 软件。

⑥ 作为 PC 上的监控接口，可使用 WinCC、Fix、组态王和力控等。

⑦ 支持的通信速率最大为 12 Mb/s。

⑧ 设计可用于工业环境。

**(2) CP5611 与从站通信的过程**

当 CP5611 作为网络上的主站时，CP5611 通过轮询方式与从站进行通信。这就意味着主站要想和从站通信，需要首先发送一个请求数据帧，从站得到请求数据帧后，向主站发送一响应帧。请求帧包含主站给从站的输出数据，如果当前没有输出数据，则向从站发送一空帧。从站必须向主站发送响应帧，响应帧包含从站给主站的输入数据，如果没有输入数据，则必须发送一空帧，才完成一次通信。通常按地址增序轮询所有的从站，当与最后一个从站通信完以后，接着再进行下一个周期的通信。这样就保证所有的数据（包括输出数据和输入数据）都是最新的。

主要报文有令牌报文、固定长度没有数据单元的报文、固定长度带数据单元的报文和变数据长度的报文。

### 3. CP5613 网络接口卡

CP5613 是 Siemens 公司推出的基于 PCI 总线的 PROFIBUS - DP 网络接口卡，其报价已包括软件使用费，目前，一般使用该网络接口卡。CP5613 用于工控机连接到 PROFIBUS，一个 PROFIBUS 接口仅支持 DP 主站、PG/OP 和 S7 通信。OPC Server 软件包已包含在通信软件供货中。

CP5613 网络接口卡的主要特点：

① 集成微处理器；

② 经由双端口 RAM 能最快速地访问过程数据；

③ 由于减轻主机 CPU 的负载，工控机的计算性能得以提高；

④ OPC 作为标准接口，OPC Server 软件包已包含在通信软件的供货范围内；

⑤ 在一个 DP 循环过程中，保持数据的一致性；

⑥ 依靠即插即用和诊断工具，缩短调试时间；

⑦ 通过等距模式支持，实现运动控制应用；

⑧ 用双端口 RAM，易于移植到其他操作系统；

⑨ 可用于高温的工业环境。

另外，带有微处理器的网络接口卡还有 CP5613 FO、CP5614 和 CP5614 FO。CP5613 FO 用于光纤通信，其他特点与 CP5613 相同。CP5614 用于工控机连接到 PROFIBUS，两个 PROFIBUS 接口，支持 DP 主站和从站、PG/OP 和 S7 通信，OPC Server 软件包已包含在通信软件供货中。CP5614 FO 用于光纤通信，其他特点与 CP5614 相同。

### 4. CP5511/5512 网络接口卡

CP5511/5512 用于带有 PCMCIA 插槽的编程器/便携式 PC 连接到 PROFIBUS 和 SI-MATIC S7 的 MPI，支持 PROFIBUS 主站和从站、PG/OP 和 S7 通信。OPC Server 软件包已包含在通信软件供货中，但是需要 SOFTNET 支持。

## 6.4.4　PROFIBUS - DP 通信接口板

目前，开发 PROFIBUS - DP 主要是开发它的从站，因为主站的开发费用较高，工作进展较慢。

Siemens 公司为了方便用户利用其通信控制器芯片开发 PROFIBUS 产品，提供了一些相关的开发套件，其中开发包 4（PACKAGE4）是专门对 Siemens 的从站 ASIC 芯片 SPC3 开发而提供的，包括 SPC3 与单片微控制器的接口电路图以及主站和从站的所有源代码，有了开发包 4 将会加快用户 PROFIBUS - DP 产品的开发，Siemens 公司所提供的接口模块的优点在于开发人员不需要再开发附加的外围电路，不同的接口模块可用于各种需求及应用场合。利用 PACKAGE4，很容易将一个设备快速地转变为 PROFIBUS - DP 主站或从站。

开发包 4 由硬件、软件和应用文档组成。其中，硬件包括接口板、总线连接器及电缆等；软件包括 COM PROFIBUS 参数化软件、接口板固态程序、接口板组态软件以及软件包的演示软件等。

下面主要介绍开发包 4 中几种常用的 PROFIBUS - DP 接口模块。

### 1. IM180 主站接口模块

IM180 可将第三方设备作为主站连接到 PROFIBUS - DP 上。该模块可完全独立完成总线控制。IM180 可接替 PLC、PC、驱动器和人机接口的通信处理任务，最大数据传输速率为 12 Mb/s。

IM180 接口模块主要由 ASIC 芯片 ASPC2、80C165 微处理器和 Flash - EPROM、RAM 组成。ASPC2 由 48 MHz 晶振提供脉冲。模块尺寸适合 face - to - face 方式的安装。IM180 还需要一块母板，母板名称为 IM181，它是一块 ISA 短卡，可通过 PC 机或其他可编程设备对其编程。

IM180 接口模块的主要技术指标如下：

① 最大数据传输速率 12 Mb/s。

② PROFIBUS - DP 协议由 ASPC2 ASIC 处理，ASPC2 芯片使用 48 MHz。

③ 模块核心组件：80C165 CPU、40 MHz 晶振、2×128 KB RAM、256K 字 Flash EPROM。

④ 主系统接口：16/8 位数据总线连接双口 RAM(8K×16 bit)；64 针连接器(4 排)，可选的 16/8 位数据总线连接表。

⑤ 通过双口 RAM 实现高效数据交换。

⑥ DC,5 V 供电。

⑦ 工作温度：0~70 ℃。

⑧ 外形尺寸：$W×H=100$ mm×100 mm。

协议处理和主站功能由固态程序实现，IM180 可使用 COM PROFIBUS 软件包完成配置，用户不必开发自己的配置工具。

IM180 主站接口模块框图如图 6.37 所示。

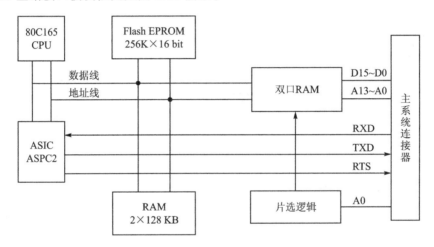

**图 6.37　IM180 主站接口模块框图**

## 2. IM183 - 1 从站接口模块

IM183 - 1 可将第三方设备作为从站简便地连接到 PROFIBUS - DP 上。最大数据传输速率为 12 Mb/s。IM183 - 1 用于智能从站。

IM183 - 1 接口模块主要由 ASIC 芯片 SPC3、80C32 微处理器和 EPROM、RAM 以及一个用于 PROFIBUS - DP 的 RS - 485 接口组成。IM183 - 1 还提供一个 RS - 232 接口，可将具有 RS - 232 接口设备，如 PC 连接到 PROFIBUS - DP 上。SPC3 由 48 MHz 晶振提供脉冲源。IM183 - 1 接口模块尺寸适合 face - to - face 方式的安装，其接口模块框图如图 6.38 所示。SPC3 芯片可独立处理总线协议，与主系统的通信通过数据和地址总线完成。

IM183 - 1 接口模块的主要技术指标如下：

① 最大数据传输速率为 12 Mb/s，可自动检测总线数据传输速率。

② PROFIBUS - DP 协议由 SPC3 ASIC 处理，SPC3 芯片使用 48 MHz。

③ 模块核心组件：80C32 CPU、20 MHz 晶振、32 KB SRAM、32 KB/64 KB EPROM。

④ 连接器：50 针连接器用于连接主设备；14 针连接器用于连接 RS - 232；10 针连接器用于连接 RS - 485。

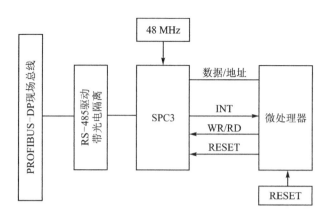

图 6.38　IM183 - 1 接口模块框图

⑤ 可软件复位 SPC3。

⑥ 隔离的 RS - 485 用于 PROFIBUS - DP。

⑦ DC,5 V 供电;典型功耗 11 mA;具有反向保护。

⑧ 工作温度:0~70 ℃。

⑨ 外形尺寸:$W \times H = 86$ mm$\times 76$ mm。

为实现 SPC3 内部寄存器与应用接口之间的连接,Siemens 公司提供了固态程序(以 C 源码方式提供),由微处理器 80C32 负责其运行,使集成工作更加容易。选用 IM183 - 1 接口模块并不是一定要使用固态程序,因为 SPC3 中的寄存器是完全格式化的,使用固态程序可节省用户的开发时间。

### 3. IM184 从站接口模块

IM184 从站接口模块可将第三方设备作为从站简便地连接到 PROFIBUS - DP 上。最大数据传输速率为 12 Mb/s。IM184 用于简单从站,如传感器和执行机构。

IM184 接口模块主要由 ASIC 芯片 LSPM2、$E^2$ PROM 扩展槽和一个用于 PROFIBUS - DP 的 RS - 485 接口组成。LED 可显示"RUN"、"BUS ERROR"和"DIAGNOSITICS"状态。LSPM2 由 48 MHz 晶振提供脉冲源。IM184 模块尺寸适合 face - to - face 方式的安装。LSPM2 芯片可独立处理总线协议,与主系统的通信通过连接器连接,因此,输入/输出信号也必须由连接器的端子提供。

如图 6.39 所示为应用 LSPM2 的 PROFIBUS - DP。

IM184 从站接口模块的主要技术指标如下:

① 最大数据传输速率为 12 Mb/s,可自动检测总线数据传输速率。

② PROFIBUS - DP 协议由 LSPM2 ASIC 处理,LSPM2 芯片使用 48 MHz。

③ 32 个可配置输入/输出,其中最多可有 16 个诊断输入。

④ 8 个独立的诊断输入。

⑤ 连接器:2×34 针连接器用于连接主设备;10 针连接器用于连接 RS - 485。

⑥ 隔离的 RS - 485 用于 PROFIBUS - DP。

⑦ $E^2$ PROM 插槽,64×16 bit。

⑧ DC,5 V 供电;典型功耗 150 mA;具有反向保护。

⑨ 工作温度:0~70 ℃。

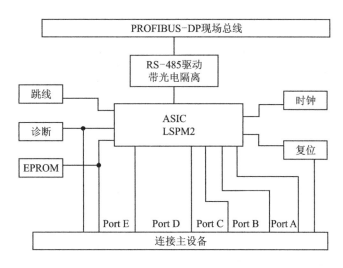

**图 6.39　应用 LSPM2 的 PROFIBUS - DP**

⑩ 外形尺寸:$W \times H = 85$ mm$\times 64$ mm。

IM184 不需要任何固态程序,模块上的 ASIC 可处理全部协议。

## 6.4.5　PROFIBUS - DP 从站的开发

从站的设计分两种:一种是利用现成的从站接口模块如 IM183/IM184 上的接口开发即可;另一种则是利用芯片进行深层次的开发,对于简单的开发,如远程 I/O 测控,用 LSPM 系列就能满足要求,但是如果开发一个比较复杂的智能系统,那么最好选择 SPC3。下面来介绍 SPC3 进行 PROFIBUS - DP 从站的开发过程。

### 1. 硬件电路

SPC3 通过一块内置的 1.5 KB 双口 RAM 与 CPU 接口,它支持多种 CPU,包括 Intel、Siemens 和 Motorola 等。

SPC3 与 AT89S52 CPU 的接口电路如图 6.40 所示。光电隔离及 RS - 485 驱动部分可采用图 6.35 所示的电路。SPC3 中双口 RAM 的地址为 1000H~15FFH。

### 2. 软件开发

SPC3 的软件开发难点是在系统初始化时对其 64 字节的寄存器进行配置,这个工作必须与 GSD 的设备文件相对应。否则将会导致主站对从站的误操作。这些寄存器包括输入、输出、诊断、参数等缓存区的基地址以及大小等,用户可在器件手册中找到具体的定义。

当设备初始化完成后,芯片开始进行波特率扫描。为了解决现场环境与电缆延时对通信的影响,Siemens 的所有 PROFIBUS ASICs 芯片都支持波特率自适应。当 SPC3 加电或复位时,它将自己的波特率设置最高,如果设定的时间内没有接收到三个连续完整的包,则将它的波特率调低一个档次并开始新的扫描,直到找到正确的波特率为止。当 SPC3 正常工作时,它会进行波特率跟踪,如果接收到一个给自己的错误包,那么它会自动复位并延时一个指定的时间再重新开始波特率扫描,同时它还支持对主站回应超时的监测。当主站完成所有轮询后,如果还有多余的时间,那么它将开始通道维护和新站扫描,这时它将对新加入的从站进行参数化,并对其进行预定的控制。

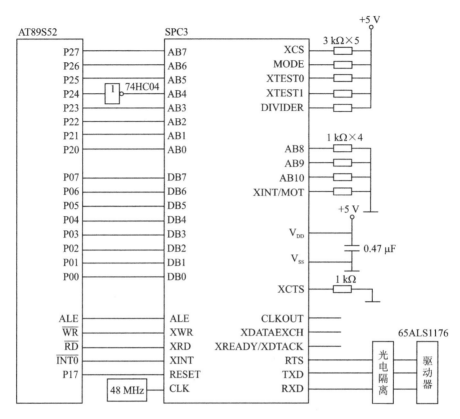

图 6.40 SPC3 与 AT89S52 CPU 的接口电路

SPC3 完成了物理层和数据链路层的功能,与数据链路层的接口是通过服务存取点来完成的,SPC3 支持 10 种服务,这些服务大部分都由 SPC3 来自动完成,用户只能通过设置寄存器来影响它。SPC3 是通过中断与单片微控制器进行通信的,但是单片微控制器的中断显然不够用,所以 SPC3 内部有一个中断寄存器,当接收到中断后再去寄存器查中断号来确定具体操作。

在开发包 4 中有 SPC3 接口单片微控制器的 C 源代码(Keil C51 编译器),用户只要对其做少量改动就可在项目中运用。从站的代码共有 4 个文件,分别是 Userspc3.c、Dps2spc3.c、Intspc3.c 和 Spc3dps2.h,其中 Userspc3.c 是用户接口代码,所有的工作就是找到标有 example 的地方将用户自己的代码放进去,其他接口函数源文件和中断源文件都不必改。如果认为 6 KB 的通信代码太大,那么也可以根据 SPC3 的器件手册写自己的程序,当然这样是比较花时间的。

在开发完从站后一定要记住 GSD 文件要与从站类型相符,比如,从站是不许在线修改从站地址的,但是 GSD 文件是:

Set_Slave_Add_supp = 1(意思是支持在线修改从站地址)

那么在系统初始化时,主站将参数化信息送给从站,从站的诊断包则会返回一个错误代码 "Diag. Not_Supported Slave Doesn't Support Requested Function"。

# 6.5　PROFIBUS 控制系统的集成技术

## 6.5.1　PROFIBUS 控制系统的构成

PROFIBUS 控制系统主要包括以下 3 个部分:

### 1. 1 类主站

1 类主站指 PC、PLC 或可作为 1 类主站的控制器,由它来完成总线通信控制与管理。

### 2. 2 类主站

2 类主站包括操作员工作站、编程器和操作员接口等,完成各站点的数据读/写、系统配置和故障诊断等。

### 3. 从　站

#### (1) PLC(智能型 I/O)

PLC 自身有程序存储,PLC 的 CPU 部分执行程序并按程序指令驱动 I/O。作为 PROFI-BUS 主站的一个从站,在 PLC 存储器中有一段特定区域作为与主站通信的共享数据区,主站可通过通信间接控制从站 PLC 的 I/O。

#### (2) 分散式 I/O

分散式 I/O 通常由电源部分、通信适配器部分和接线端子部分组成。分散式 I/O 不具有程序存储和程序执行的功能,通信适配器接收主站指令,按主站指令驱动 I/O,并将 I/O 输入及故障诊断等信息返回给主站。通常分散式 I/O 由主站统一编址,这样在主站编程时,使用分散式 I/O 与使用主站的 I/O 没有什么区别。

#### (3) 驱动器、传感器和执行机构等现场设备

带 PROFIBUS 接口的现场设备,可由主站"在线"完成系统配置、参数修改和数据交换等功能。至于哪些参数可进行通信以及参数格式都由 PROFIBUS 行规规定。

## 6.5.2　PROFIBUS 控制系统的配置

### 1. 按现场设备类型配置

根据现场设备是否具有 PROFIBUS 接口,PROFIBUS 控制系统配置可分为 3 种模式。

#### (1) 总线接口型

现场设备不具有 PROFIBUS 接口,采用分散式 I/O 作为总线接口与现场设备连接。这种模式在现场总线技术应用初期应用较广。如果现场设备能分组,组内设备相对集中,这种模式会更好地发挥现场总线技术的优势。

#### (2) 单一总线型

现场设备都具有 PROFIBUS 接口,这是一种理想情况。可使用现场总线技术,实现完全的分布式结构,可充分获得这一先进技术所带来的利益。

#### (3) 混合型

这是一种相当普遍的情况。部分现场设备具有 PROFIBUS 接口,这时应用 PROFIBUS 现场设备加分散式 I/O 混合使用的方法。无论是旧设备改造还是新建项目,希望全部使用具备 PROFIBUS 接口现场设备的场合不多,分散式 I/O 可作为通用的现场总线接口,是一种灵

活的集成方案。

**2. 按实际应用需要配置**

根据实际需要及经费情况,通常有如下几种结构类型:

① 以 PLC 或控制器作为 1 类主站,不设监控站,但调试阶段配置一台编程设备。在这种结构类型中,PLC 或控制器完成总线通信管理、从站数据读/写和从站远程参数化工作。

② 以 PLC 或控制器作为 1 类主站,监控站通过串口与 PLC 一对一连接。在这种结构类型中,监控站不在 PROFIBUS 网上,不是 2 类主站,不能直接读取从站数据或完成远程参数化工作。监控站所需的从站数据只能从 PLC 或控制器中读取。

③ 以 PLC 或其他控制器作为 1 类主站,监控站作为 2 类主站连接在 PROFIBUS 总线上。在这种结构类型中,监控站完成远程编程、参数化以及在线监控功能。

④ 使用 PC 加 PROFIBUS 网络接口卡作为 1 类主站,监控站与 1 类主站一体化。这是一种低成本方案,但 PC 应选用具有高可靠性、能长时间连续运行的工业 PC。在这种结构类型中,PC 故障将导致整个系统瘫痪。通信模板厂商通常只提供一个模板的驱动程序,总线控制程序、从站控制程序和监控程序可能需要由用户自己开发,开发的工作量可能会比较大。

⑤ 紧凑式 PC(Compact Computer)＋PROFIBUS 网络接口卡＋Soft PLC 的结构形式。如果将上述方案中的 PC 换成一台紧凑式 PC,系统可靠性将大大增强。该结构形式要求它的软件完成如下功能:

➢ 支持编程,包括主站应用程序的开发、编辑和调试;

➢ 执行应用程序;

➢ 通过 PROFIBUS 接口对从站的数据读/写;

➢ 从站远程参数化设置;

➢ 主-从站故障报警与记录;

➢ 图形监控画面设计、数据库建立等监控程序的开发与调试;

➢ 设备组态、在线图形监控、数据存储与统计和报表等功能。

Soft PLC 是将通用型 PC 改造成一台由软件(软逻辑)实现的 PLC,这种软件将 PLC 的编程及应用程序运行功能、操作员监控站的图形监控开发、在线监控功能集成到一台紧凑式 PC 上,形成一个 PLC 与监控站一体的控制器工作站。这种产品结合现场总线技术将有很好的发展前景。

⑥ 充分考虑未来扩展需要,如增加几条生产线和扩展几条 DP 网络,车间要增加几个监控站等,因此采用两级网络结构。

# 6.5.3 PROFIBUS 系统配置中的设备选型

目前国内外生产 PROFIBUS 产品的公司有很多家,下面以 Siemens 公司的 PROFIBUS 产品为例,介绍 PROFIBUS 系统配置及设备选型。

**1. 主站的选择**

**(1) 选择 PLC 作为 1 类主站**

CPU 带内置 PROFIBUS 接口:这种 CPU 通常具有一个 PROFIBUS - DP 和一个 MPI 接口。

PROFIBUS 通信处理器:CPU 不带 PROFIBUS 接口,需要配置 PROFIBUS 通信处理器模块。

1）IM308－C 接口模块

➢ 用于 SIMATIC S5－115U/H 至 SIMATIC S5－155H,此模块只占一槽;

➢ 作为主站,IM308－C 接口模块管理 PROFIBUS－DP 数据通信,可连接多达 122 个从站,如 ET200 系列分散型 I/O 或 S5－95U/DP;

➢ 可作为从站,与主站交换数据;

➢ 数据传输速率:9.6 kb/s～12 Mb/s。

2）CP5431 FMS/DP 通信处理器

➢ CP5431 FMS/DP 通信处理器模块可以将 SIMATIC S5－115U 至 SIMATIC S5－155U 连接到 PROFIBUS 上,该模块作为主站,符合 EN 50170,具有 FMS,DP 和 FDL 通信协议;

➢ CP5431 FMS/DP 通信处理器模块可插入 SIMATIC S5 系统,占单槽;

➢ 数据传输速率:9.6 kb/s～1.5 Mb/s。

3）CP342－5 通信处理器

➢ CP342－5 通信处理器用于 S7－300 系列,可以将 S7－300 连接到 PROFIBUS－DP 上;

➢ CP342－5 通信处理器可用作主站或从站,符合 EN 50170 标准;

➢ PLC 与 PLC 通信支持 SEND/RECEIVE 接口,也支持 S7－Function;

➢ 作为主站,最多可带 125 个从站;

➢ 数据传输速率:9.6 kb/s～1.5 Mb/s。

4）CP443－5 通信处理器

➢ CP443－5 通信处理器用于 S7－400,将 S7－400 PLC 连接到 PROFIBUS－DP/FMS 上;

➢ CP443－5 通信处理器可用作主站或从站,符合 EN 50170 标准,提供的通信功能包括 FMS,DP,S7,SEND/RECEIVE;

➢ 数据传输速率:9.6 kb/s～12 Mb/s。

5）IF964－DP 接口子模板

➢ IF964－DP 接口子模板用于 SIMATIC M7 系列,可以将 M7 系列处理器连接到 PROFIBUS－DP 上;

➢ 用于 M7－300 插入 EXM378－2/3 扩展模块中,用于 M7－400 插入 CPU、FM456－4、EXM478 扩展模块中;

➢ 数据传输速率:9.6 kb/s～12 Mb/s。

**(2) 选择 PC 加网络接口卡作为 1 类主站**

PC 加 PROFIBUS 网络接口卡可作为主站,这类网卡具有 PROFIBUS－DP/PA/FMS 接口。选择与网卡配合使用的软件包,软件功能决定 PC 作为 1 类主站还是只作编程监控的 2 类主站。

1）CP5411、CP5511、CP5611 网卡

CP5X11 自身不带微处理器;CP5411 是短 ISA 卡,CP5511 是 TYPE Ⅱ PCMCIA 卡,CP5611 是短 PCI 卡。CP5X11 可运行多种软件包,9 针 D 型插头可成为 PROFIBUS－DP 或 MPI 接口。

2) CP5412 通信处理器

➤ 用于 PG 或 AT 兼容机,ISA 总线卡,9 针 D 型接口;

➤ 具有 DOS、Windows 98、Windows NT 和 UNIX 操作系统下的驱动软件包;

➤ 支持 FMS、DP、FDL、S7 Function 和 PG Function;

➤ 具有 C 语言接口(C 库或 DLL);

➤ 数据传输速率:9.6 kb/s~12 Mb/s。

## 2. 从站的选择

根据实际需要,选择带 PROFIBUS 接口的分散式 I/O、传感器和驱动器等从站。从站性能指标要首先满足现场设备控制需要,然后再考虑 PROFIBUS 接口问题,如果从站不具备 PROFIBUS 接口则可考虑分散式 I/O 方案。

### (1) 分散式 I/O

1) ET200M

➤ ET200M 是一种模块式结构的远程 I/O 站。

➤ ET200M 远程 I/O 站由 IM153 PROFIBUS - DP 接口模块、电源和各种 I/O 模块组成。

➤ ET200M 远程 I/O 可使用 S7 - 300 系列所有 I/O 模块,SM321/322/323/331/332/334、EX、FM350 - 1/351/352/353/354。

➤ 最多可扩展 8 个 I/O 模块。

➤ ET200 最多可提供的 I/O 地址为:128 字节输入/128 字节输出。

➤ 防护等级 IP20。

➤ 最大数据传输速率:12 Mb/s。

➤ 具有集中和分散式的诊断数据分析。

2) ET200L

➤ ET200L 是小型固定式 I/O 站。

➤ ET200L 由端子模块和电子模块组成。端子模块由电源及接线端子组成,电子模块由通信部分及各种类型的 I/O 部分组成。

➤ 可选择各种 DC 24 V 开关量输入、输出及混合输入/输出模块,包括 16DI、16DO、32DI、32DO 和 16DI/DO。

➤ ET200L 具有集成的 PROFIBUS - DP 接口。

➤ 防护等级 IP20。

➤ 最大数据传输速率:1.5 Mb/s。

➤ 具有集中和分散式的诊断数据分析。

➤ ET200L - SC 是可扩展的 ET200L,由 TB16SC 扩展端子可扩展 16 个通道可按 8 组自由组态,即由几个微型 I/O 模块组成,每个微型 I/O 模块可以是 2DI、2DO、1AI 或 1AO。

3) ET200B

➤ ET200B 是小型固定式 I/O 站。

➤ ET200B 由端子模块和电子模块组成。端子模块由电源、通信口及接线端子组成,电子模块由各种类型的 I/O 部分组成。

➤ 可选择 DC 24 V 螺钉端子模块、DC 24 V 弹簧端子模块、AC 120 V/230 V 螺钉端子模块及用于模拟量的弹簧端子模块。

➤ 各种 DC 24 V 开关量输入、输出及混合输入/输出模块,包括 16DI、16DO、32DI、32DO、16DI/16DO、24DI/8DO、8DI/8DO 和 8DO;各种 AC 120 V/230 V 开关量输入、输出及混合输入/输出模块,包括 16DI、16DO、32DI、32DO、16DO 和 8DI/8DO;各种模拟量输入、输出及混合输入/输出模块,包括 4/8 AI、4AI 和 4AO。

➤ ET200B 具有集成的 PROFIBUS - DP 接口。

➤ 防护等级 IP20。

➤ 最大数据传输速率为 12 Mb/s。

➤ 具有集中和分散式的诊断数据分析。

4) ET200C

➤ ET200C 是小型固定式 I/O 站。

➤ 具有高防护等级 IP66167,"UL50,Type 4"认证。

➤ ET200C 具有 PROFIBUS - DP 接口。

➤ 各种 DC 24 V 开关量输入、输出及混合 I/O 模块,包括 16DI/DO、8DI 和 8DO;各种模拟量输入、输出及混合 I/O 模拟,包括 4/8 AI、4AI 和 4AO。

➤ 最大数据传输速率:开关量输入/输出时,为 12 Mb/s;模拟量 I/O 时,为 1.5 Mb/s。

5) ET200X

➤ ET200X 是一种紧凑式结构的分散式 I/O 站,设计保护等级为 IP65,模块化结构。

➤ ET200X 由一个基本模块和若干扩展模块组成,最多可带 7 个扩展模块。

➤ 两种基本模块:8DI/DC 24 V,4DO/DC 24 V/2 A。

➤ 扩展模块:4DI/DC 24 V、8DI/DC 24 V、4DO/DC 24 V/2 A、4DO/DC 24 V/0.5 A、2AI/±10 V、2AI/±20 mA、2AI/420 mA、2AI/RTD/PT100、2AO/±10 V、2AO/±20 mA、2AO/420 mA。

➤ EM300DS 和 EM300RS 扩展模块,适用于开关和保护任何 AC 负载,主要用于标准电动机,最大功率可达 5.5 kW/AC 400 V。EM300DS 用于直接起动器,EM300RS 用于反转起动器,范围为 0.06～5.5 kW。

➤ PROFIBUS - DP 接口数据传输速率可达 12 Mb/s,因此 ET200X 可用于对时间要求高的高速机械场合。由于电动机起动器模块辅助供电电源是分别提供的,因此很容易实现紧急停止。

6) ET200U

➤ ET200U 是模块化 I/O 从站。

➤ ET200U 由 IM318 - B/C 通信接口模块和最多可达 32 个 S5 - 100U 各种 I/O 模块组成。

➤ IM318 - B 具有 PROFIBUS - DP 接口,符合 EN 50170。数据传输速率为 9.6 kb/s～1.5 Mb/s,可自动按主站调整速率。

➤ IM318 - C 具有 PROFIBUS - DP/FMS 接口,符合 EN 50170。数据传输速率为 9.6 kb/s～1.5 Mb/s,可自动按主站调整速率。

**(2) PLC 作为从站——智能型 I/O 从站**

1) CPU215 - 2DP

➤ CPU215 - 2DP 是一种带内置 PROFIBUS - DP 接口的 S7 - 200 系列 PLC,是一种固定

式小型 PLC。

➤ CPU215 - 2DP 只作为从站,最大数据传输速率在开关量输入/输出时为 12 Mb/s。

➤ CPU215 - 2DP 本机有 14DI/10DO;可扩展 62DI/58DO 或 12AI/4AO。

➤ 编程软件:STEP 7 Micro。

2) CPU315 - 2DP

➤ CPU315 - 2DP 是一种带内置 PROFIBUS - DP 接口的 S7 - 300 系列 PLC 处理器,是一种模块式中小型 PLC。

➤ 具有 PROFIBUS - DP 接口,符合 EN 10170,可设置成主站或从站。

➤ 数据传输速率为 9.6 kb/s~12 Mb/s。

➤ 最大 I/O 规模:DI/DO 为 1 024;AI/AO 为 128。

➤ 编程软件:STEP 7 Basic。

3) S7 - 300+CP342 - 5

➤ CP342 - 5 通信处理器用于 S7 - 300 系列,可将 S7 - 300 PLC 连接到 PROFIBUS - DP 上。

➤ CP342 - 5 通信处理器符合 EN 50170,可设置成主站或从站。

➤ PLC 与 PLC 通信支持 SEND/RECEIVE 接口,也支持 S7 Function。

➤ 数据传输速率为 9.6 kb/s~1.5 Mb/s。

**(3) DP/PA 耦合器和链接器**

如果使用 PROFIBUS - PA,可能会使用 DP 到 PA 扩展的方案,这样,需选用 DP/PA 耦合器和链接器。

1) IM157 DP/PA Link

IM157 DP/PA Link 可连接 5 个 Ex 本质安全 DP/PA Coupler,即可扩展 5 条 Ex 本质安全 PA 总线;或者 2 个非本质安全 DP/PA Coupler,即可扩展 2 条非本质安全 PA 总线。

2) DP/PA Coupler

DP/PA Coupler 实现 DP 到 PA 电气性能转换,其外形结构与 S7 - 300 兼容。

**(4) CNC 数控装置**

1) SINUMERIK 840D

SINUMERIK 840D 是一种高性能数字系统,用于模具和工具制造、复杂的大批量生产以及加工中心。SINUMERIK 840D 可连接如下部件:MMC 机器控制面板和操作员面板、S7 - 300 I/O 模块、SIMODRIVE 611 数字变频系统、编程设备、CNC 快速输入/输出和手持式控制单元。

SINUMERIK 840D 装置的 NCU 中有集成的 CPU315 - 2DP,可与 PROFIBUS - DP 直接连接。

2) SINUMERIK 840C/IM382 - N/IM392 - N

SINUMERIK 840C 模块化系统适于车间和自动化制造。

SINUMERIK 840C 使用 IM382 - N、IM392 - N PROFIBUS - DP 接口模块与 PROFIBUS 连接。

IM382 - N 模块插入 SINUMERIK 840C 中央处理器,作为 PROFIBUS - DP 从站,最大有 32 字节的 I/O 信息传输,数据传输速率为 1.5 Mb/s。

IM392 - N 模块插入 SINUMERIK 840C 中央处理器,作为 PROFIBUS - DP 主站或从

站,作为主站最多可连接 32 个从站,每个从站最大有 32 字节的 I/O 信息传输,数据传输速率为 1.5 Mb/s。

**(5) SIMODRIVER 传感器**

SIMODRIVER 传感器,具有 PROFIBUS 接口的绝对值编码器。

SIMODRIVER 传感器是装有光电旋转编码器的传感器,用于测量机械位移、角度以及速度。

PROFIBUS 绝对值编码器可作为从站通过 PROFIBUS 接口与主站连接,可与 PROFIBUS 上的数字式控制器、PLC、驱动器和定位显示器一起使用。PROFIBUS 绝对值编码器通过主站完成远程参数配置,如分辨率、零偏置和计算方向等。

防护等级可达 IP65,数据传输速率可达 12 Mb/s。

**(6) 数字直流驱动器 6RA24/CB24**

数字直流驱动器 6RA24/CB24 是三相交流电源供电、数字式小型直流驱动装置,可用于直流电枢或磁场供电,完成直流电动机的速度连续调节。

使用 CB24 通信模块可将 6RA24 连接到 PROFIBUS - DP 上,数据传输速率可达 1.5 Mb/s。

## 3. 2 类主站

2 类主站主要用于完成系统各站的系统配置、编程、参数设定、在线检测、数据采集与存储等功能。

**(1) 以 PC 为主机的编程终端及监控操作站**

1)主　机

具有 AT 总线、Micro DOS/Windows 的 PC、笔记本式计算机、工业计算机均可配置成 PROFIBUS 的编程、监控和操作工作站。Siemens 公司为其自动化系统专门设计提供了紧凑结构工业级工作站,即 PG。

PG720 是一种紧凑型笔记本式计算机,有一个集成的 PROFIBUS - DP 接口,数据传输速率为 1.5 Mb/s。与其他笔记本式计算机一样,配合使用 CP5511 TYPE Ⅱ PCMCIA 卡可连接到 PROFIBUS - DP 上,数据传输速率为 12 Mb/s,通常配置 STEP 7 编程软件包作为便携式编程设备使用。

PG740 是一种工业级紧凑式便携式编程设备,具有 COM1、MPI、COM2、LTP1 接口,并有扩展槽(2 个 PCI/ISA,1 个 PCMCIA/Ⅱ)。PG740 有一个集成的 PROFIBUS - DP 接口,数据传输速率为 1.5 Mb/s。应用 CP5411(ISA)、CP5511(PCMCIA)、CP5411(PCI)或 CP5412 (A2)(ISA)可连接到 PROFIBUS - DP 上。配置 STEP 7 编程软件包可作为编程设备使用。

PG760 是一种功能强大的台式计算机,与通常的 AT/Micro DOS/Windows PC 兼容。 PG760 有集成的 MPI 接口,应用 CP5411、CP5611 或 CP5412(A2)网卡可连接到 PROFIBUS - DP 上。配置 STEP 7 编程软件包可作为编程设备使用。使用 PG760 及 AT/Microsoft DOS/ Windows PC 通常还要配置 WinCC 等软件包作为监控操作站使用。

2）网卡或编程接口

CP5X11 自身不带微处理器,CP5411 是短 ISA 卡,CP5511 是 TYPE Ⅱ PCMCIA 卡, CP5611 是短 PCI 卡。

CP5X11 可运行多种软件包,9 针 D 型插头可成为 PROFIBUS - DP 或 MPI 接口。

CP5X11 运行软件包 SOFTNET - DP/Windows for PROFIBUS,具有如下功能:

> DP 功能:PG/PC 成为一个 PROFIBUS - DP 1 类主站,可连接 DP 分散型 I/O 设备。主站具有 DP 协议诸如初始化、数据库管理、故障诊断、数据传送及控制等功能。

> S7 Function:实现 SIMATIC S7 设备之间的通信。用户可使用 PG/PC 对 SIMATIC S7 编程。

> 支持 SEND/RECEIVE 功能。

> PG Function:使用 STEP 7 PG/PC 支持 MPI 接口。

CP5412 通信处理器:

> 用于 PG 或 AT 兼容机,ISA 总线卡,9 针 D 型接口。

> 具有 DOS、Windows、UNIX 操作系统下的驱动软件包。

> 支持 FMS,DP,FDL,S7 Function 和 PG Function。

> 具有 C 语音接口(C 库或 DLL)。

> 数据传输速率:9.6 kb/s~12 Mb/s。

**(2) 操作员面板 OP**

操作员面板用于操作员控制,如设定修改参数、设备启停等;并可在线监视设备运行状态,如流程图、趋势图、数值、故障报警和诊断信息等。Siemens 公司生产的操作员面板主要有字符型操作员面板,如 OP5、OP7 和 OP17 等;图形操作员面板有 OP25、OP35 和 OP37 等。

**(3) SIMATIC WinCC**

在 PC 基础上的操作员监控系统已经得到很大发展,SIMATIC WinCC(Windows Control Center,Windows 控制中心)使用最新软件技术,在 Windows 环境中提供各种监控功能,确保安全可靠地控制生产过程。

1) WinCC 主要系统特性

① 以 PC 为基础的标准操作系统:可在所有标准奔腾处理器的 PC 上运行,是基于 Windows 的 32 位软件,可直接使用 PC 上提供的硬件和软件,如 LAN 网卡。

② 容量规模可选:运行不同版本软件可有不同的变量数,借助于各种可选软件包、标准软件和帮助文件可方便地完成扩展,可选用单用户系统或客户机-服务器结构的多用户系统。通过相应平台选择可获得不同的性能。

③ 开放的系统内核集成了所有 SCDA 系统功能:

> 图形功能:可自由组态画面,可完全通过图形对象(WinCC 图形、Windows OLE)进行操作。图形对象具有动态属性并可对属性进行在线配置。

> 报警信息系统:可记录和存储事件并给予显示,操作简便,符合德国 DIN 19235 标准,可自由选择信息分类、显示和报表。

> 数据存储:采集、记录和压缩测量值,并有曲线、图表显示及进一步的编辑功能。

> 用户档案库(可选):用于存储有关用户数据,如数据管理与配置参数。

> 报表系统:用户可自由选择一定的报表格式,将信息、文档及当前数据组织成报表,按时间顺序或事件触发启动报表输出。

> 处理功能:用 ANSI C 语法原理编辑组态图形对象的操作,该编辑通过系统内部的 C 编译器执行。

> 标准接口:标准接口是 WinCC 的一个集成部分,通过 ODBC 和 SQL 访问用于组态和过程控制的数据库。

> 编程接口(API):可在所有编程模块中使用,并可提供便利的访问函数和数据功能。开

放的开发工具允许用户编写可用于扩展 WinCC 基本功能的标准应用程序。

④ 各种 PLC 系统的驱动软件：

➢ SIMENS 产品：SIMATIC S5、S7、505、SIMADYN D、SIPART DR、TELEPERM M。

➢ 与制造商无关的产品：PROFIBUS - DP、FMS、DDE、OPC。

2）通　信

① WinCC 与 SIMATIC S5 连接：

➢ 与编程口的串行连接（AS511 协议）；

➢ 用 3964R 串行连接（RK512 协议）；

➢ 以太网的第 4 层（数据块传送）；

➢ TF 以太网（TR FUNCTION）；

➢ S5 - PMC 以太网（PMC 通信）；

➢ S5 - PMC PROFIBUS（PMC 通信）；

➢ S5 - FDL。

② WinCC 与 SIMATIC S7 连接：

➢ MPI(S7 协议)；

➢ PROFIBUS(S7 协议)；

➢ 工业以太网(S7 协议)；

➢ TCP/IP；

➢ SLOT/PLC；

➢ ST - PMC PROFIBUS（PMC 通信）。

**4. PROFIBUS 的软件**

使用 PROFIBUS 系统，在系统启动前先要对系统及各站点进行配置和参数化工作。完成此项工作的支持软件有两种：

一种是用于 SIMATIC S7，其主要设备的所有 PROFIBUS 通信功能都集成在 STEP 7 编程软件中。

另一种是用于 SIMATIC S5 和 PC 网卡，它们的参数配置由 COM PROFIBUS 软件完成。

使用这两种软件可完成 PROFIBUS 系统及各站点的配置、参数化、文件、编制启动、测试和诊断等功能。

**（1）远程 I/O 从站的配置**

STEP 7 编程软件和 COM PROFIBUS 参数化软件可完成 PROFIBUS 远程 I/O 从站（包括 PLC 智能型 I/O 从站）的配置，包括：

① PROFIBUS 参数配置：站点、数据传输速率。

② 远程 I/O 从站硬件配置：电源、通信适配器和 I/O 模块。

③ 远程 I/O 从站 I/O 模块地址分配。

④ 主-从站传输 I/O 字/字节数及通信映像区地址。

⑤ 设定故障模式。

**（2）系统诊断**

在线检测模式下可找到故障站点，并可进一步读到故障提示信息。

**（3）第三方设备集成及 GSD 文件**

当 PROFIBUS 系统中需要使用第三方设备时，应该得到设备厂商提供的 GSD 文件。将

GSD 文件复制到 STEP 7 或 COM PROFIBUS 软件指定的目录下,使用 STEP 7 或 COM PROFIBUS 软件可在友好的界面指导下完成第三方产品在系统中的配置及参数化工作。

① STEP 7 Basic 软件可用于 SIMATIC S7、SIMATIC M7 和 SIMATIC C7 可编程控制器。该软件具有友好的用户界面,可帮助用户很容易地利用上述系统资源。它提供的功能包括:系统硬件配置和参数设置、通信配置、编程、测试、启停和维护等。STEP 7 可运行在 PG720/720C、PG740、PG760 及 PG/Windows 98 环境下。

STEP 7 Basic 软件为自动化工程开发提供了各种工具,包括:

➤ SIMATIC 管理器:集中管理有关 SIMATIC S7、SIMATIC M7 和 SIMATIC C7 的所有工具软件和数据。

➤ 符号编辑器:用于定义符号名称、数据类型和全局变量的注释。

➤ 硬件组态:用于系统组态和各种模板的参数设置。

➤ 通信配置:用于 MPI,PROFIBUS - DP/FMS 网络配置。

➤ 信息功能:用于快速浏览 CPU 数据以及用户程序在运行中的故障原因。

STEP 7 Basic 软件:使用标准化的编程语言,包括语句表(STL)、梯形图(LAD)和控制系统流程图(CSF)。

② COM PROFIBUS 参数化软件可完成如下设备 PROFIBUS 系统的配置:

主站:

➤ IM308 - C;CS5 - 95/DP 主站。

➤ 其他主站模块。

从站:

➤ 分布式 I/O、ET200U、ET200M、ET200B、ET200L 和 ET200X。

➤ DP/AS 接口、DP/PA 接口。

➤ S5 - 95U/DP 从站。

➤ 作为从站的 S7 - 200,S7 - 300 PLC。

➤ 其他从站场设备。

# 本章小结

在 PROFIBUS 现场总线研究和开发方面,德国和美国走在前面。2001 年,PROFIBUS 被批准为我国国内首个机械行业标准:JB/T 10308.33—2001,又于 2006 年 10 月,被批准为我国国家标准:GB/T 20540—2006,这是中国第一个现场总线国家标准。PROFIBUS 是世界上应用最成功的现场总线之一。

本章首先介绍 PROFIBUS 现场总线的发展过程、通信参考模型、系统组成以及总线访问控制,对 PROFIBUS 的通信协议进行了重点描述;然后详细介绍 PROFIBUS - DP 的三个版本、用户层、设备功能及数据通信、GSD 文件以及系统工作过程,讨论 PROFIBUS 站点的开发与实现;最后简要介绍了 PROFIBUS 控制系统的集成技术。

# 思考题

1. PROFIBUS 现场总线由哪几部分组成?

2. PROFIBUS 现场总线有哪几个版本？

3. 简述 PROFIBUS 的协议结构。

4. 说明 PROFIBUS-DP 总线系统的组成结构。

5. 简述 PROFIBUS-DP 系统的工作过程。

6. PROFIBUS-DP 的物理层支持哪几种传输介质？

7. PROFIBUS-DP 和 PROFIBUS-PA 在物理层分别采用的是什么编码？

8. PROFIBUS-DP 和 PROFIBUS-PA 在链路层的报文结构有何不同？

9. 在 PROFIBUS 网络中，主要包括哪几种设备？

10. 在 PROFIBUS 中，主站和主站之间、主站和从站之间是怎样进行数据交换的？

11. 简述异步传输时 PROFIBUS 数据链路层报文帧的结构组成。

12. 画出 PROFIBUS-DP 现场总线的 RS-485 总线段结构。

13. 简述 PROFIBUS-DP V0 的基本功能。

14. 什么是 GSD 文件？它主要由哪几部分组成？

15. 说明 PROFIBUS-DP 用户接口的组成。

16. SPC3 是如何与 CPU 接口的？

17. CP5611 板卡的功能是什么？

18. 设计一种 PROFIBUS-DP 的 RS-485 传输接口电路，通信速率在 1.5 Mb/s 以下。

19. PROFIBUS-DP 开发包 PACKAGE4 的作用是什么？

# 第7章　工业以太网

随着因特网(Internet)的迅猛发展,以太网(Ethernet)已成为事实上的工业标准,TCP/IP的简单实用已深入人心,为广大用户所接受。由于以太网技术和应用的发展,使其从办公自动化走向工业自动化。工业以太网是按照工业控制的要求,发展适当的应用层和用户层协议,使以太网和 TCP/IP 技术真正能应用到控制层,延伸到现场层,而在信息层又尽可能采用 IT 行业一切有效而又最新的成果。

由于以太网具有应用广泛、价格低廉、通信速率高、软硬件产品丰富、应用支持技术成熟等优点,目前它已经在工业综合自动化系统中的资源管理层、执行制造层得到了广泛应用,并呈现向下延伸直接应用于工业控制现场的趋势。而工业以太网源于以太网而又不同于普通以太网,其技术本身尚在发展之中,还没有走向成熟,并存在许多有待解决的问题。

本章首先介绍以太网的产生、工业以太网的概念、工业以太网通信模型、实时以太网以及工业以太网的特色技术;然后描述了以太网的物理层、数据链路层以及以太网的通信帧结构与工业数据封装,详细讨论了 TCP/IP 协议族;最后介绍 PROFINET、EtherNet/IP、HSE 等几种流行的工业以太网。

## 7.1　工业以太网概述

### 7.1.1　以太网与工业以太网

以太网(Ethernet)最初是由美国 Xerox(施乐)公司于 1975 年推出的一个 2.94 Mb/s 的持续 CSMA/CD 局域网,它以无源电缆作为总线来传送数据,并以曾经在历史上表示传播电磁波的"以太(Ether)"来命名。1980 年 9 月,DEC(数据设备公司)、Intel、Xerox 合作公布了 Ethernet 物理层和数据链路层的规范,称为以太网的 DIX 1.0 规范(以三家公司的首字母命名)。1982 年,又联合发布了 DIX 2.0 版。为了避免任何侵害专利的行为,美国电气与电子工程师协会(IEEE)对 DIX 2.0 规范进行了适当修改,并据此制定了 IEEE 802.3 标准,后来被 ISO 接受而成为 ISO 8802.3 标准。

由于 IEEE 802.3 是以 DXI 2.0 规范为基础的,所以这两种以太网的规范非常相似,但它们在电缆、收发器功能和帧格式等方面都有明显的区别。严格地说,符合 DIX 2.0 标准的网络才是真正的以太网(Ethernet),但现在除了 Ethernet Ⅱ 报文帧以外,DIX 2.0 标准基本上已没人使用了,现在使用的以太网都指的是 IEEE 802.3。所以人们通常都将 IEEE 802.3 标准认为是以太网标准,且它已经成为国际上最为流行的局域网标准之一。

什么是工业以太网?是指工业环境中应用的以太网?控制网络中应用的以太网?还是指一个新类别的现场总线?

所谓工业以太网,就是基于以太网技术和 TCP/IP 技术开发出来的一种工业通信网络,简单来说,工业以太网就是在工业控制系统中使用的以太网。按照国际电工委员会 IEC/SC65C 的定义,工业以太网是用于工业自动化环境,符合 IEEE 802.3 标准,按照 IEEE 802.1D"媒体访问控制(MAC)网桥"规范和 IEEE 802.1Q"局域网虚拟网桥"规范,对其没有进行任何实时扩展而实现的以太网。通过采用减轻以太网负荷、提高网络速度、采用交换式以太网和全双工通信、采用优先级和流量控制及虚拟局域网等技术,到目前为止可以将工业以太网的实时响应时间做到 5～10 ms,相当于现有的现场总线。工业以太网在技术上与商用以太网是兼容的。

众所周知,以太网是为办公自动化设计的,没有考虑工业自动化应用的特殊要求,具有通信延时不确定的缺点,而且为办公环境设计的 RJ‑45 连接器、接插件、集线器、交换机等不适应工业现场的恶劣环境,难以满足工业控制中的通信实时性要求。因此,在 20 世纪 90 年代中期以前,很少有人将以太网应用于工业自动化领域。近年来,随着互联网技术的普及与推广,以太网技术随之得到了迅速发展,尤其是以太网传输速率的提高、以太网交换技术的发展,为解决以太网的非确定性问题带来了新的契机,从而使它应用于工业自动化领域成为可能。因以太网具有软件资源丰富、硬件成本低廉、传输速率高、可持续发展潜力大以及易与 Internet 连接等优点,从而得到了广大开发商与用户的认同。如今,以太网已属于成熟技术。而工业以太网源于以太网而又不同于普通以太网,其技术本身尚在发展之中,还没有走向成熟,还存在许多有待解决的问题。

互联网及普通计算机网络采用的以太网技术原本并不适应控制网络和工业环境的应用需要,通过对普通以太网技术进行通信实时性改进,工业应用环境适应性的改造,并添加了一些控制应用功能后,形成工业以太网的技术主体。工业以太网要在继承或部分继承以太网原有核心技术的基础上,应对适应工业环境性、通信实时性、时间发布、各节点间的时间同步、网络的功能安全与信息安全等问题,提出相应的解决方案,并添加控制应用功能,还要针对某些特殊的工业应用场合提出的网络供电、本安防爆等要求给出解决方案。因此,以太网或互联网原有的核心技术是工业以太网的重要基础,而对以太网实行环境适应性、通信实时性等相关改造、扩展的部分,成为工业以太网的特色技术。

从实际应用状况分析,工业以太网的应用场合各不相同。它们有的作为工业应用环境下的信息网络,有的作为现场总线的高速(或上层)网段,有的是基于普通以太网技术的控制网络,而有的则是基于实时以太网技术的控制网络。不同网络层次、不同应用场合需要解决的问题,需要的特色技术内容各不相同。

在工业环境下,需要采用工业级产品打造适用于工业生产环境的信息网络。随着企业管控一体化的发展,控制网络与信息网络、Internet 的联系更为密切。现有的许多现场总线控制网络都提出了与以太网结合,用以太网作为现场总线网络的高速网段,使控制网络与 Internet 融为一体的解决方案。如 FF 中 H1 的高速网段 HSE、PROFIBUS 的上层网段 PROFINET、Modbus/TCP、EtherNet/IP 等,都是人们心目中工业以太网的代表。

在工业数据通信与控制网络中,直接采用以太网作为控制网络的通信技术,也是工业以太网发展的一个方向。在控制网络中采用以太网技术无疑有助于控制网络与互联网的融合,即实现 Ethernet 的 E 网到底,使控制网络无需经过网关转换可直接连至互联网,使测控节点有条件成为互联网上的一员。在控制器、PLC、测量变送器、执行器、I/O 卡等设备中嵌入以太网通信接口,嵌入 TCP/IP 协议,嵌入 Web Server 便可形成支持以太网、TCP/IP 协议和 Web 服务器的 Internet 现场节点。在应用层协议尚未统一的环境下,借助 IE 等通用的网络浏览器实现对生产现场的监视与控制,进而实现远程监控,也是人们提出且正在实现的一个有效解决方案。控制网络需要提高现场设备通信性能,还需要满足现场控制的实时性要求,这些都是工业以太网技术发展的重要原因。

工业以太网是一系列技术的总称,其技术内容丰富,涉及企业网络的各个层次,但它并不是一个不可分割的技术整体。在工业以太网技术的应用选择中,并不要求有一应俱全的一揽子解决方案。例如工业环境的信息网络,其通信并不需要实时以太网的支持;在要求抗振动的场合不一定要求耐高、低温。总之,具体到某一应用环境,并不一定需要涉及方方面面、一应俱全的解决方案。应根据使用场合的技术特点与需求、工作环境、产品的性能价格比等因素,分别选取。

## 7.1.2 工业以太网通信模型

工业以太网协议的种类有很多,如 HSE、PROFINET、EtherNet/IP、Modbus - RTPS 等,它们在本质上仍基于以太网技术,即 IEEE 802.3 标准。

对应于 ISO/OSI 通信参考模型,工业以太网协议在物理层和数据链路层均采用了 IEEE 802.3 标准,在网络层和传输层则采用被称为以太网上的“事实上”的标准 TCP/IP(Transmission Control Protocol/Internet Protocol)协议族,网际协议(IP)用来确定信息传递路线,而传输控制协议(TCP)则是用来保证传输的可靠性,它们构成了工业以太网的低四层。虽然 TCP/IP 并不是专为以太网而设计的,但实际上它们现在已经是不可分离了。在高层协议上,工业以太网协议通常都省略了会话层、表示层,而定义了应用层,把应用层的简单邮件传送协议 SMTP、简单网络管理协议 SNMP、域名服务 DNS、文件传输协议 FTP、超文本链接 HTTP、动态网页发布等互联网上的应用协议,都作为以太网的技术内容,有的工业以太网协议还定义了用户层(如 FF - HSE)。

工业以太网与 OSI 参考模型的分层对比如图 7.1 所示。

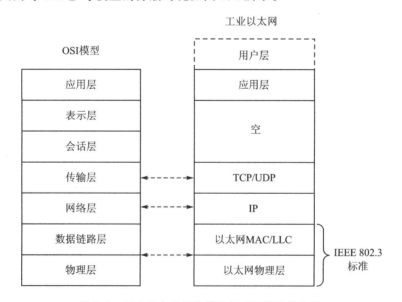

图 7.1 工业以太网通信模型与 OSI 模型的比较

## 7.1.3 实时工业以太网

### 1. 几种实时以太网的通信模型

对于响应时间小于 5 ms 的应用,传统意义上的工业以太网已不能胜任,为了满足高实时性能应用的需要,各大公司和标准组织纷纷提出各种提升工业以太网实时性的技术解决方案。这些方案都建立在 IEEE 802.3 标准的基础上,通过对其和相关标准的实时扩展提高实时性,并且做到与标准以太网的无缝连接,这就是实时以太网 RTE(Real Time Ethernet)。

为了规范这部分工作的行为,2003 年 5 月,IEC/SC65C 专门成立了 WG11 实时以太网工作组。该工作组负责制定 IEC. 61784 - 2"基于 ISO/IEC 8802.3 的实时应用系统中工业通信网络行规"国际标准,该标准中的 11 种实时以太网种类及其行规集参见第 1 章表 1.4。它们是 EtherNet/IP、PROFINET、P - NET、InterBus、VNET/IP、TC - Net、EtherCAT、Ethernet Powerlink、EPA、Modbus - RTPS、SERCOS -Ⅲ。目前它们在实时机制、实时性能、通信一致性上都还存在很大差异。

图 7.2 所示为 PROFINET、Powerlink 等几种实时以太网的通信参考模型。通过图 7.2 可以对这几种通信参考模型进行比较。图中没有填充色的矩形框表示采用与普通以太网相同的规范,而具有填充色的矩形框表示有别于普通以太网的实时以太网特色部分。如果一种实时以太网的通信参考模型在物理层和数据链路层上有别于普通以太网,就意味着这种在实时以太网上不能采用普通以太网通信控制器的 ASIC 芯片,需要有特殊的实时以太网通信控制器 ASIC 支持。

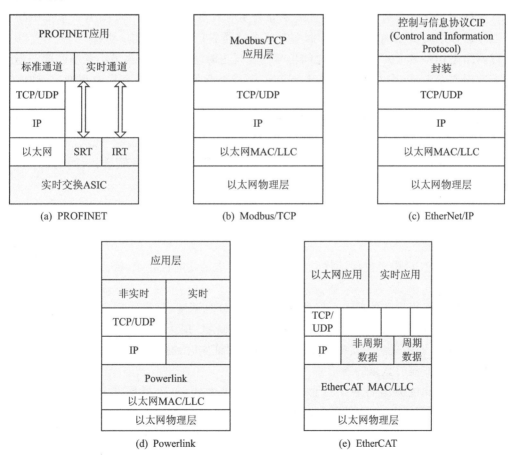

图 7.2　几种实时以太网的通信模型

从图 7.2 中可以看到,Modbus/TCP 与 EtherNet/IP 在应用层以下的部分均沿用了普通以太网技术,因而它们可以在普通以太网通信控制器 ASIC 芯片的基础上,借助上层的通信调度软件,实现其实时功能。而 EtherCAT、Powerlink 以及具有软实时 SRT(Soft Real Time)和等时同步 IRT(Isochronous Real Time)实时功能的 PROFINET 都需要特别的通信控制器 ASIC 支持,它们的通信参考模型在底层如数据链路层就已经有别于普通以太网,即它们的实时功能不能在普通以太网通信控制器的基础上实现。不同实时以太网,其实时机制与时间性能等级是有差异的。

从图 7.2 中还可以看到,工业以太网的数据通信有标准通道和实时通道之分。其中标准通道按普通以太网平等竞争的方式传输数据帧,主要用于传输没有实时性要求的非实时数据。有实时性要求的数据则通过实时通道,按软实时(SRT)或等时同步(IRT)的实时通信方式传输数据帧。通过软件调度实现的软实时通信,其实时性能可以达到几个毫秒;而等时同步通信的实时性能则可以达到 1 ms,其时间抖动可控制在微秒级。

### 2. 实时以太网的媒体访问控制

实时以太网一方面要满足控制对通信实时性的要求,另外还需要在一定程度上兼容普通以太网的媒体访问控制方式,以便有实时通信要求的节点与没有实时通信要求的节点可以方便地共存于同一个网络。目前人们已经为实时以太网媒体访问控制提出了多种方案,在对标准 CSMA/CD 协议进行改进后形成的 RT－CSMA/CD 就是其中的一种。在采用 RT－CSMA/CD 的实时以太网上,网络节点被划分为实时节点与非实时节点两类。系统中的非实时节点遵循标准的 CSMA/CD 协议,而实时节点遵循 RT－CSMA/CD 协议。

以网络上相距最远的两个节点之间信号传输延迟时间的 2 倍作为最小竞争时隙。当某个节点有数据要发送时,首先监听信道,如果在一个最小竞争时隙内没有检测到冲突,则该节点获得介质的访问控制权,开始数据包的传输。

非实时节点在数据传输中如果检测到冲突,就停止发送,退出竞争。实时节点在数据传输中如果检测到冲突,则发送长度不小于最小竞争时隙的竞争信号。实时节点在竞争过程中按照优先级的大小决定是坚持继续发送竞争信号,还是退出竞争而将信道让给更高优先级的节点。

某个节点发送完一个最小竞争时隙的竞争信号后,如果检测到信道上的冲突已消失,则说明其他的节点都已经退出竞争,该节点取得了信道的访问控制权。于是停止发送竞争信号,重传被破坏的数据帧。

RT－CSMA/CD 中可以保证优先权高的实时节点的实时性要求,提高了一部分节点的通信实时性。

在以太网中采用像其他现场总线那样的确定性分时调度,是为实现实时以太网提出的又一种方案。这种确定性分时调度是在标准以太网 MAC 层上增加实时调度层(Real－time Scheduler Layer)而实现的。实时调度层应一方面保证实时数据的按时发送和接收,另一方面要安排时间处理非实时数据的通信。

确定性分时调度方案将通信过程划分为若干个循环,每个循环又分为 4 个时段,起始(Start)时段、周期(Cycle)性通信的实时时段、非周期性通信的异步(Asynchronism)时段和保留(Reserve)时段。各时段执行不同的任务,以保证实时和非实时应用数据分别在不同的时段传输。

起始时段主要用于进行必要的准备和时钟同步。周期性通信时段主要用于保证周期性实时数据的传输,在整个周期性通信时段内为各节点传输周期性实时数据安排好各自的微时隙。有周期性实时数据通信需求的节点都有自己的微时隙,各节点只有在分配给自己的微时隙内才能进行数据通信。这种确定性的分时调度方法从根本上避免了冲突的发生,为满足通信实时性创造了条件。异步时段主要用于传输非实时数据,为普通 TCP/ IP 数据包提供通过竞争传输非实时数据的机会。保留时段则用于发布时钟,控制时钟同步,或实行网络维护等。通信传输的整个过程由实时调度层统一处理。

可以看到,一旦采用这种确定性分时调度方案,其通信机制就完全不同于自主随机访问的普通 CSMA/CD 方式。实时调度的确定性分时方案为各节点的实时通信任务预定了固定的通信时间,保证了它们的通信实时性。而传输非实时 TCP/IP 数据包的任务,只能在异步时段通过竞争完成。

## 7.1.4 工业以太网的特色技术

在以太网原有技术基础上,对其环境适应性、通信实时性等实行相关改进、扩展而形成的技术,属于工业以太网的特色技术。比如实时以太网,由工业级产品构成的运行在工业环境下的信息网络等。

### 1. 应对环境适应性的特色技术

以太网是按办公环境设计的。在工业环境下工作的网络要面临比办公室恶劣得多的条件,工业生产中不可避免地存在强电磁辐射、各种机械振动、粉尘、潮湿,野外露天的严寒酷暑、风霜雨雪等。像办公室使用的 RJ－45 一类连接器,应用在工业环境中易于损坏,而且连接不可靠。

针对工业应用环境需要、具有相应防护等级的产品称之为工业级的产品,防护级工业产品是工业以太网特色技术之一,这些工业级产品在设计之初要注重材质、元器件工作温度范围的选择。专门针对工作温度、湿度、振动、电磁辐射等工业现场环境的不同需要,分别采取相应的措施,使产品在温湿度、强度、干扰、辐射等环境参数方面满足工业现场的要求。如工业以太网设备的元器件,其工作温度的适应范围一般要求较宽,其元器件的工作温度,一般会选择在－20～70 ℃,或－40～85 ℃乃至更宽;在工业环境下,往往要求采用 DIN 导轨式安装,接插件应具有带锁紧机构等抗振动措施;设备壳体与电路板应具有抗电磁干扰、防水防雨、抗冲击等方面的防护措施;设备的材质、强度、抗摄动、抗疲劳能力等,都是需要考虑的问题。

许多公司开发了针对工业应用环境需要、具有相应防护等级的产品。目前市场上典型的工业级的产品有安装在 D1N 导轨上的导轨式收发器、集线器、交换机,冗余电源,特殊封装的工业级以太网接插件等。工业以太网交换机目前的防护等级为 IP20～IP40。当工业网络更深入地扩展到流程工业等制造业时,其防护等级需要增长至 IP67～IP68。

### 2. 应对通信非确定性的缓解措施

以太网采用 IEEE 802.3 的标准,采用载波监听多路访问/冲突检测(CSMA/CD)的媒体访问控制方式。

一条网段上挂接的多个节点不分主次,采用平等竞争的方式争用总线。各节点没有预定的通信时间,可随机、自主地向网络发起通信。节点要求发送数据时,先监听线路是否空闲,如果空闲就发送数据,如果线路忙就只能以某种方式继续监听,等线路空闲后再发送数据。即便监听到线路空闲,也还会出现几个节点同时发送而发生冲突的可能性,因而以太网的通信属于非确定性的(Nondeterministic)。由于计算机网络传输的文件、数据在时间上没有严格的要求,在计算机网络中不会因为采用这种非确定性网络而造成不良后果,一次连接失败之后还可继续要求连接。

这种平等竞争的非确定性网络,不能满足控制系统对通信实时性、确定性的要求,被认为是不适合用于底层工业控制的,这是以太网进入控制网络领域在技术上的最大障碍。

工业以太网可利用以太网原本具有的技术优势,扬长避短,缓解其通信非确定性弊端对控制实时性的影响,这些措施主要涉及以下方面。

**(1)利用以太网的高通信速率**

在相同通信量的条件下,提高通信速率可以减少通信信号占用传输介质的时间,从一个角度来看,其为减少信号的碰撞冲突、解决以太网通信的非确定性提供了途径。

**(2)控制网络负荷**

从另一个角度来看,其减轻了网络负荷也可以减少信号的碰撞冲突,以提高网络通信的确定性。

**(3)采用全双工以太网技术**

采用全双工以太网,使网络处于全双工的通信环境下,也可以明显提高网络通信的确定性。

**(4)采用交换式以太网技术**

采用交换机将网络切分为多个网段,为连接在其端口上的每个网络节点提供独立的带宽,连接在同一个交换机上面的不同设备不存在资源争夺,这就相当于每个设备独占一个网段,使不同设备之间产生冲突的可能性大大降低。交换机之间则通过主干线进行连接,从而有效降低了各网段和主干网络的负荷,提高了网络通信的确定性。

应该指出的是,采取上述措施可以使以太网通信的非确定性问题得到相当程度的缓解,但仍然没有从根本上完全解决通信的确定性与实时性问题。要使工业以太网完全适应控制实时性的要求,应采用实时以太网。

## 3. 实时以太网

实时以太网是应对工业控制中通信实时性、确定性而提出的根本解决方案,自然属于工业以太网的特色与核心技术。站在控制网络的角度来看,工作在现场控制层的实时以太网实际上属于现场总线的一个新类型。

当前实时以太网旗下的技术种类繁多,仅在 IEC 61784 - 2 中就已囊括了 11 个实时以太网的 PAS 文件。它们是:EtherNet/IP、PROFINET、P - NET、InterBus、VNET/IP、TC - Net、EtherCAT、Ethernet Powerlink、EPA、Modbus - RTPS、SERCOS -Ⅲ。它们相互之间在实时机制、实时性能、通信一致性上都还存在很大差异,但它们都是企图从根本上解决通信的非确定性问题。

当前,实时以太网的研究取得了重要进展,其实时性能已经可以与其他类别的现场总线相媲美。其节点之间的实时同步精度已经可以达到毫秒、甚至微秒级水平,但它仍然属于开发之中的未成熟技术。

## 4. 网络供电

网络传输介质在用于传输数字信号的同时,还为网络节点设备传递工作电源的,被称为网络供电。在工业应用场合,许多现场控制设备的位置分散,现场不具备供电条件,或供电受到某些易燃易爆场合的条件限制,因而提出了网络供电的要求。因此网络供电也是适应工业应用环境需要的特色技术之一。有些现场总线,如基金会总线 FF 等就具备总线供电的能力。

IEEE 为以太网制定了 48 V 直流供电的解决方案。在一般工业应用环境下,要求采用柜内低压供电,如直流 10~36 V,交流 8~24 V。

工业以太网目前提出的网络供电方案中,一种是沿用 IEEE 802.3af 规定的网络供电方式,利用 5 类双绞线中现有的信号接收与发送这两对线缆,将符合以太网规范的曼彻斯特编码信号调制到直流或低频交流电源上,通过供电交换机向网络节点设备供电。另一种方案是利用现有的 5 类双绞线中的空闲线对向网络节点设备供电。

### 5. 本质安全

在一些易燃易爆的危险工业场所应用工业以太网,还必须考虑本质安全防爆问题。这是在总线供电解决之后需要进一步考虑的问题。

本质安全是指将送往易燃易爆危险场合的能量,控制在引起火花所需能量的限度之内,从根本上防止在危险场合产生电火花而使系统安全得到保障。这对网络节点设备的功耗,设备所使用的电容、电感等储能元件的参数,以及网络连接部件,提出了许多新的要求。

目前以太网收发器的功耗较高,设计低功耗以太网设备还存在一些难点,真正符合本质安全要求的工业以太网还有待进一步努力。对应用于危险场合的工业以太网交换机等,目前一般采用隔爆型作为防爆措施。

应该说,总线供电、本质安全等问题是以太网进入现场控制层后出现的新技术,属于工业以太网适应工业环境的特色技术范畴,目前还处于开发之中尚未成熟的部分。

工业以太网的特色技术还有许多,如应用层的控制应用协议、控制功能块、控制网络的时间发布与管理,都是以太网、互联网中原先不曾涉及的技术。

# 7.2　以太网技术

## 7.2.1　以太网的物理层

以太网(Ethernet)不是一种具体的网络,而是一种技术规范,在 IEEE 802.3 中定义了以太网的标准协议。到目前为止,IEEE 802.3 标准定义了 20 多种以太网,分类的依据主要是传输介质和波特率的不同。以太网物理连接按 IEEE 802.3 的规定分成两个类别:基带和宽带。所谓基带是指在一条线上只有一个信道(即信号频率),所有的数据传输只能使用这个信道,10 Mb/s 以太网基带传输采用曼彻斯特编码;宽带指的是在一条线上有多个信道,不同的数据可以通过使用不同的信道在同一物理介质上传播,宽带采用 PSK 相移键控编码。以太网使用下面通用的格式来命名:

信号速率(Mb/s)带宽(基带 Base 或宽带 Broad)-长度(m)或电缆类型

如图 7.3 所示为 IEEE 802.3 局域网命名的举例。

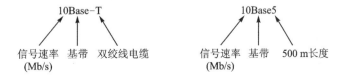

图 7.3　IEEE 802.3 局域网命名举例

除了一种以太网(10Broad36)是宽带网络外,其他类型的以太网都是基带网络。工业以太网中运用的是基带类技术。在 IEEE 802.3 中,又把基带类按传输速率 10 Mb/s、100 Mb/s、1 000 Mb/s 分成不同标准。10 Mb/s 以太网又有 10Base5、10Base2、10Base - T、10Base - F四种,它们的 MAC 子层和物理层中的编码/译码基本相同,不同的是物理连接中的收发器及媒体连接方式。

其中 10Base5 是最早也是最经典的以太网标准,它的物理层结构特点是外置收发器,安装需要直径为 10 mm、特征阻抗为 50 Ω 的同轴电缆,称为"粗缆以太网"。它的价格较贵,物理介质最长可达 500 m。

10Base2 是 20 世纪 80 年代中期出现的,它在网卡上内置收发器,采用直径 5 mm、特征阻抗为 50 Ω 的同轴电缆,称为"细缆以太网"。其物理介质最长可达 200 m,价格低廉,便于安装是它的主要优势。但 10Base2 在经历了一段时间的使用后,逐渐暴露了可靠性差的弱点。

10Base - T 可以称为以太网技术发展的里程碑。它在网卡上内置收发器,采用 3、4、5 类非屏蔽双绞线作为传输介质,采用 RJ - 45 连接器;采用星形拓扑,要求每个站点有一条专用电缆连接到集线器,其物理介质最长为 100 m,最多可使用 4 个集线器,因而两个站点之间的距离不会超过 500 m。它价格低廉,便于安装,具有一定的抗电磁干扰的能力,是目前计算机网络组网时广泛采用的方式。

RJ - 45 连接器上最多可以连接 4 对双绞线,1 与 2、3 与 6、4 与 5、7 与 8 分别各为一对双绞线对。10Base - T 上只连接两对双绞线,在与计算机连接的网卡上一般 1、2 为发送,3、6 为接收。由于在 10Base - T 标准中推荐在集线器内部实行信号线交叉,因而在集线器上,1、2 为接收,3、6 为发送。这一点在组网接线时应予以注意。图 7.4 所示为运用 RJ - 45 连接器在网卡与集线器、集线器与集线器之间的连线示意图,图中集线器与集线器之间的交叉连线方式可以在 RJ - 45 接头与双绞线压接时完成,也可以采用开关切换的方式完成。

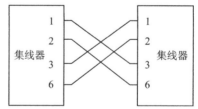

**图 7.4　运用 RJ - 45 的双绞线连接示意图**

10Base - FL 则是以光纤为传输介质的组网方式。它采用 62.5/125 的多模光纤,传输距离可达 2 km,采用星形拓扑和集线器组网,具有传输距离远、抗电磁干扰能力强的特点。随着光纤价格的下降,光纤的应用正逐渐广泛。

随着对网络速度要求的不断提高,10 Mb/s 以太网已被淘汰。1995 年通过了快速以太网标准 IEEE 802.3u(1998 年 IEEE 802.3u 并入了 IEEE 802.3),其规范概要如表 7.1 所列。

100Base - T4 使用 3 类 UTP(Unshielded Twisted Paired,非屏蔽双绞线),它使用 UTP中的全部 4 对线,其网段的最大长度为 100 m,它不支持全双工通信。百兆以太网 100Base - T4 采用 8B/6T 编码,即 8 比特被映射为 6 个三进制位。

表 7.1　IEEE 802.3u 快速以太网规范概要

| 类　型 | 100 Mb/s 描述 | 特　点 |
|---|---|---|
| 100Base - TX | 传输介质:两对 5 类 UTP 或者 STP;<br>拓扑结构:星形;<br>最大网段长度:100 m;<br>连接器:5 类兼容的 8 针模块(RJ - 45);<br>媒体访问控制:CSMA/CD;<br>网络直径:当使用一个Ⅰ类或Ⅱ类转发器时为 200 m,当使用两个Ⅱ类转发器时为 205 m,当使用 UTP/光纤的混合电缆和一个Ⅰ类转发器时为 261 m,当使用 UTP/光纤的混合电缆和一个Ⅱ类转发器时为 289 m,当使用 UTP/光纤的混合电缆和两个Ⅱ类转发器时为 216 m;<br>杂项:全双工运行 | 主流百兆以太网技术;<br>使用 4B/5B 编码、NRZI(Non - Return - Zero Inverted Code)编码和 MLT - 3(Multi - Level - 3 Transmit code)编码机制;<br>对电缆要求苛刻,所有的部件必须保证是 5 类兼容的 |
| 100Base - T4 | 传输介质:4 对 3 类以上 UTP;<br>拓扑结构:星形;<br>最大网段长度:100 m;<br>连接器:8 针模块(RJ - 45);<br>媒体访问控制:CSMA/CD;<br>网络直径:当使用一个Ⅰ类或Ⅱ类转发器时为 200 m,当使用两个Ⅱ类转发器时为 205 m,当使用 UTP/光纤的混合电缆和一个Ⅰ类转发器时为 231 m,当使用 UTP/光纤的混合电缆和一个Ⅱ类转发器时为 304 m,当使用 UTP/光纤的混合电缆和两个Ⅱ类转发器时为 236 m;<br>杂项:半双工运行 | 支持级别较低的电缆;<br>使用 8B/6T 编码机制;<br>必须使用全部的 4 对导线;<br>不支持全双工 |
| 100Base - FX | 传输介质:双股 62.5/125 多模光纤;<br>拓扑结构:星形;<br>最大网段长度:412 m(半双工)或 2 000 m(全双工);<br>连接器:ST、SC 或 FDDI 媒体接口连接器;<br>媒体访问控制:CSMA/CD;<br>网络直径:当使用一个Ⅰ类转发器时为 272 m,当使用一个Ⅱ类转发器时为 320 m,当使用 UTP/光纤的混合电缆和一个Ⅰ类转发器时为 231 m,当使用两个Ⅱ类转发器时为 228 m,当使用 UTP/光纤的混合电缆和两个Ⅱ类转发器时为 236 m;<br>杂项:设计主要用于互连快速以太网的转发器 | 使用 4B/5B 编码和 NRZI 编码机制;<br>一股光缆用于发送数据,一股光缆用于接收,支持全双工;<br>拥有和 100Base - TX 相同的信号系统 |

　　100Base - TX 所使用的是 5 类 UTP,在半双工和全双工模式下,网段的最大长度都是 100 m。百兆以太网 100Base - TX 发送码流时,先进行 4B/5B 编码和 NRZI(Non - Return - Zero Inverted Code)编码,再进行 MLT - 3(Multi - Level - 3 Transmit Code)编码,最后在上线路传输。4B/5B 编码其实就是用 5 bit 的二进制码来代表 4 bit 二进制码,其目的就是让码流产生足够多的跳变,同时又提高了效率。NRZI 编码是一种两电平的单极性编码,其规则是:bit 起始时刻有跳变表示"1",无跳变表示"0"。NRZI 编码的优点是使用了差分编码,差分编码的信号解码是基于相邻信号元素间是否有跳变,而不是看每个信号的绝对值。在噪声和

畸变存在的情况下,检测跳变比检测一个阈值更可靠。MLT-3的特点是逢"1"跳变,逢"0"不跳变。它是具有三电平波形(+1,0,-1)的编码,一个由1组成的长序列产生输出信号的最高频率,此时信号不断重复1、0、-1、0模式,这种模式的周期长度为四分之一时钟频率,所以降低了信号跳变的频率。一般情况下,这样的结果是将传输信号的能量集中在30 MHz以下,所以减少了由于干扰而产生的问题。

100Base-FX的传输介质是光纤,其网段的最大长度在半双工模式下为412 m,在全双工模式下可达到2 000 m。百兆以太网100Base-FX用的是4B/5B编码与NRZI编码组合方式。

人们对以太网速度的追求从未停止过,从1998年开始陆续发布了吉位(千兆位)以太网1 000Base系列,2002年开始陆续发布了万兆以太网10GBase系列。在对网速要求较高的场合已大量使用千兆以太网。千兆以太网物理层支持的介质种类也很多,使用4对5类线的1 000Base-TX,长波长光纤的1 000Base-CX,短波长光纤的100Base-SX以及使用高质量屏蔽双绞线的1 000Base-LX等。

现在的工业以太网技术都是基于快速以太网技术开发的,在工业控制网络的应用领域,常采用的是百兆以太网。PROFINET使用的是100Base-TX和100Base-FX。

## 7.2.2　以太网的数据链路层

### 1. 介质访问控制方式

以太网的数据链路层分为媒体访问控制(MAC)和逻辑链路控制(LLC)两个子层。这种分解主要是为了使数据链路功能中与硬件有关的部分和与硬件无关的部分分开,降低不同类型数据通信设备的研制成本。MAC子层是与硬件相关的部分,与LLC子层之间通过MAC服务访问点相连接。MAC子层的主要功能包括数据帧的封装/卸载、帧的寻址和识别、帧的寻址和识别、帧的接收与发送、链路的管理、帧的差错控制等。MAC子层非常重要的一项功能是仲裁介质的使用权,即解决网络上的所有的节点共享一个信道所带来的信道争用问题。LLC子层的主要工作是控制信号交换、控制数据流量、解释上层通信协议传来的命令并产生响应,以及克服数据在传送的过程中所可能发生的种种问题。

在IEEE 802.3以太网MAC层中,媒体的访问控制采用了载波监听多路访问/冲突检测(CSMA/CD)协议。CSMA/CD的主要思想可用"先听后说,边听边说"来形象地表示。

"先听后说"是指在发送数据之前先监听总线的状态。在以太网上,每个设备可以在任何时候发送数据。发送站在发送数据之前先要检测通信信道中的载波信号,如果没有检测到载波信号,说明没有其他站在发送数据,或者说信道上没有数据,该站可以发送。否则,说明信道上有数据,等待一个随机的时间后再重复检测,直到能够发送数据为止。当信号在传送时,每个站均检查数据帧中的目的地址字段,并以此判定是接收该帧还是忽略该帧。

由于数据在网上的传播有一定的时延,总线上可能会出现两个或两个以上的站点监听到总线上没有数据而发送数据帧,因此就会发生冲突。"边听边说"是指在发送数据的过程的同时检测总线上的冲突。冲突检测最基本的思想是一边将信息输送到传输媒体上,一边从传输媒体上接收信息,然后将发送出去的信息和接收的信息进行按位比较。如果两者一致,则说明没有冲突;如果两者不一致,则说明总线上发生了冲突。一旦检出冲突,不必把数据帧全部发完,就立即停止数据帧的发送,并向总线发送一串阻塞信号,让总线上其他各站均能感知冲突已经发生。总线上各站点"听"到阻塞信号以后,均等待一段随机时间,然后再重发受冲突影响的数据帧。这一段随机时间的长度通常由网卡中的某个算法来决定。

CSMA/CD 的优势就在于站点无须依靠集中控制就能进行数据发送。当网络通信量较小的时候,冲突很少发生,这种媒体访问控制方式是快速而有效的。当网络负载较重的时候,就容易出现冲突,网络性能也相应降低。

### 2. 以太网帧格式

目前,主要有两种格式的以太网帧:Ethernet Ⅱ(DIX 2.0)和 IEEE 802.3。人们常接触的 IP、ARP、EAP 和 QICQ 协议使用 Ethernet Ⅱ 帧结构,而 STP 协议则使用 IEEE 802.3 帧结构。

Ethernet Ⅱ 是由 Xerox 与 DEC、Intel(DIX)在 1982 年制定的以太网标准帧格式,后来被定义在 RFC(Request For Comments)894 中。IEEE 802.3 是 IEEE 802 委员会在 1985 年公布的以太网标准封装结构,RFC1042 规定了该标准。

IEEE 802.3 以太网帧中的所有域与普通以太网帧(即 Ethernet Ⅱ)格式几乎是完全相同的。历史上,网络设计者和用户一般都把类型域和长度域使用上的差别作为这两种帧格式的主要差别。普通以太网不使用 LLC,而是使用类型域支持向上复用协议;IEEE 802.3 需要 LLC 实现向上复用,因为它用长度域取代了类型域。

以太网帧由 7 个域组成:前导码、帧前定界码、目的地址、源地址、协议数据单元的长度/类型、数据域以及循环冗余校验 CRC 域。对于 IEEE 802.3,以太网与普通以太网,它们的帧结构略有区别。图 7.5 分别表示了它们的帧结构形式,它们之间的区别主要在对类型/长度域的规定上。

Ethernet II帧

| 前导码<br>(8字节) | 目的地址<br>(6字节) | 源地址<br>(6字节) | 类型<br>(2字节) | 数据域(包括填充段)<br>(46~1 500字节) | CRC<br>(4字节) |
|---|---|---|---|---|---|

以太网(RFC894)帧结构

IEEE 802.3帧

| 前导码<br>(7字节) | 帧前定界码<br>(1字节) | 目的地址<br>(6字节) | 源地址<br>(6字节) | 长度<br>(2字节) | 数据域(包括填充段)<br>(46~1 500字节) | CRC<br>(4字节) |
|---|---|---|---|---|---|---|

IEEE 802.3以太网(RFC1024)帧结构

**图 7.5　以太网的帧结构**

**(1)前导码**

前导码为 IEEE 802.3 以太网帧结构的第一个域,用来表示数据流的开始。它包含了7字节(56 位),在这个域中全是二进制“1”与“0”的交替代码,即 7 字节均为 10101010,通知接收端有数据帧到来,使接收端能够利用编码(如曼彻斯特编码)的信号跳变来同步时钟。

**(2)帧前定界码**

帧前定界码是 IEEE 802.3 以太网帧结构的第二个域,它只有 1 字节,“10101011”,表示这一帧的实际内容即将开始,通知接收方后面紧接着的是协议数据单元的内容。

Ethernet Ⅱ 帧不使用帧前定界码,它把前 8 字节作为一个整体,作为前导码用于同步。前 8 字节在功能上对 Ethernet Ⅱ 帧和 802.3 的“前导码(7 字节)＋帧前定界码(1 字节)”标准帧是没有区别的,只是所使用的名称不同。

**（3）目的地址**

目的地址 DA 域为 6 字节,标记了目的节点的地址(即接收方的 MAC 地址)。如果它的最高位为 0,则表示目的节点为单一地址;如果最高位为 1,则表示目的节点为多地址,即有一组目的节点;如果目的地址 DA 域为全 1,则表示该帧为广播帧,可为所有节点同时接收。

**（4）源地址**

源地址 SA 域同样也是 6 字节,表示发送该帧的源节点地址(即发送方的 MAC 地址)。这个源节点可以是发送数据包的节点,也可以是最近的接收并转发数据包的路由器地址。

**（5）类型/长度**

类型/长度域为 2 字节。在 RFC 894 中规定这两个字节用于表示上层协议的类型,而 IEEE 802.3 以太网中原先规定这两个字节用于表示数据域的字节长度,其值就是数据域中包含的字节数。1997 年后又修订为当这两个字节的值小于 1 536(0x0600)时表示数据域的字节长度,而当它的值大于 1 536 时,其值表示所传输的是哪种协议的数据,即高层所使用的协议类型。比如说 IP 协议的代码是 0x0800,IPX 协议的代码是 0x8137,ARP 协议的代码是 0x0806。

**（6）数据域**

数据域的长度为 46~1 500 字节不等。46 字节是数据域的最小长度,这样规定是为了让局域网上所有站点都能检测到该帧。如果数据段小于 46 字节,则由高层的有关软件把数据域填充到 46 字节。因此,一个完整的以太网帧的最小长度应该是 46+18+8 字节。

**（7）CRC 码**

循环冗余校验码 CRC 即帧校验序列,是以太网帧的最后一个域,共 4 个字节。循环冗余检验的范围从目的地址域开始一直到数据域结束。发送节点在发送时就边发送边进行 CRC 校验,形成这个 32 位的循环冗余校验码。接收节点也从目的地址域开始,边接收边进行 CRC 校验,得到的结果如果与收到的 CRC 域的数据相同,则说明该帧传输无误,否则表明出错。

CRC 校验中采用的生成多项式 $G(x)$ 为 CRC32,即

$$G(x) = x^{32} + x^{25} + x^{23} + x^{22} + x^{16} + x^{12} + x^{11} + x^{10} + x^8 + x^7 + x^5 + x^4 + x^2 + x + 1$$

以太网对接收的数据帧不提供任何确认响应机制,如需确认则必须在高层完成。

## 7.2.3　以太网的通信帧结构与工业数据封装

图 7.6 所示为以太网的帧结构与封装过程。从图 7.6 中可以看到,在应用程序中产生的需要在网络中传输的用户数据,将分层逐一添加上各层的首部信息,即用户数据在应用层加上应用首部成为应用数据送往传输层,在传输层加上 TCP 或 UDP 首部成为 TCP 或 UDP 数据段送往网络层;在网络层加上 IP 首部成为 IP 数据报;最后再加上以太网的帧头帧尾,封装成以太网的数据帧。在传输媒介上,帧转换为比特流,并采用数字编码和时钟方案进行可靠传输。

以 TCP/UDP/IP 协议为基础,把 I/O 等工业数据封装在 TCP 和 UDP 数据包中,这种技术被称为 Tunneling(隧道)技术。为了使工业数据能够以 TCP/IP 数据包在以太网上传送数据,首先应将一个工业数据包按 TCP/IP 的格式封装;然后将这个 TCP 数据包发送到以太网上,通过以太网传送到与控制网络相连的网络连接设备(如网关)上。该网络连接设备收到数据包以后,打开 TCP/IP 封装,把数据发送到控制网段上。图 7.7 为按 TCP/IP 封装的工业数

据包的结构。

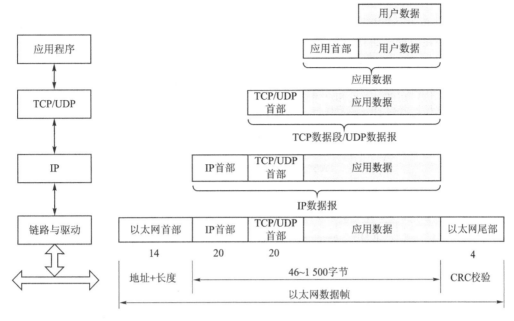

图 7.6　以太网的帧结构与封装过程

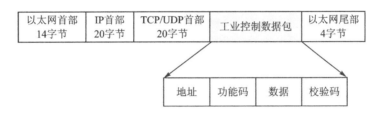

图 7.7　TCP/IP 封装的工业控制数据包

工业以太网中通常利用 TCP/IP 协议来发送非实时数据,而用 UDP/IP 来发送实时数据。非实时数据的特点是数据包的大小经常变化,且发送时间不定。实时数据的特点是数据包短,需要定时或周期性通信。TCP/IP 一般用来传输组态和诊断信息,UDP/IP 用来传输实时 I/O 数据。

在现场总线控制网络与以太网结合,用以太网作为现场总线上层(高速)网段的场合,通常会采用 TCP/IP 和 UDP/IP 协议来包装现场总线数据,让现场总线网段的数据借助以太网通道传送到管理层,以至通过 Internet 借船出海,远程传送到异地的另一现场总线网段上。

# 7.3　TCP/IP 协议族

将以太网引入控制网络意味着它已经进入工业控制过程。IEEE 802.3 的数据链路层在保证网络之间数据的可靠传输方面存在问题,协议 TCP/IP 提供了该功能,没有它们,使用 Ethernet 是困难的。鉴于 Internet 的巨大影响力以及它在控制网络中应用的潜力,大部分工业以太网也选用了 TCP/IP 协议族,因为它们能支持 Internet 功能。

## 7.3.1　TCP/IP 协议族的构成

TCP/IP(Transmission Control Protocol/Internet Protocol,传输控制协议/网际协议)族指包括 IP、TCP 在内的一组协议。图 7.8 所示为 TCP/IP 协议组的分层。

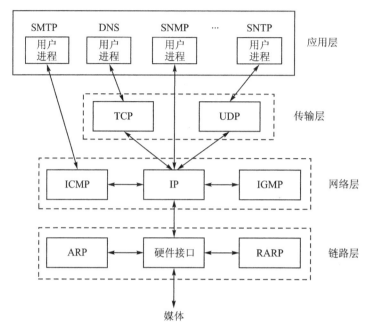

**图 7.8　TCP/IP 协议族**

在 TCP/IP 协议族中,属于网络层的协议有网际互连协议 IP、地址解析协议 ARP(Address Resolution Protocol)和反向地址解析协议 RARP、网际控制报文协议 ICMP(Internet Control Message Protocol)与网际组管理协议 IGMP(Internet Group Management Protocol)。IP 协议是网络层的主要协议,它的主要功能是提供无连接的数据报传送和数据报的路由选择。ARP 的功能是将 IP 地址转换成网络连接设备的物理地址,而 RARP 则相反,它将网络连接设备的物理地址转换为 IP 地址。ICMP 负责因路由问题引起的差错报告和控制。IGMP 则是多目标传送设备之间的信息交换协议。

传输层包括传输控制协议 TCP 和用户数据报协议 UDP(User Datagram Protocol)。在不同的情况下,应用程序之间对通信质量的要求是不一样的。TCP 提供了高可靠性的端到端数据通信协议,可以简化应用程序的设计。而 UDP 则为应用层提供一种非常简单的服务,它只是把称为数据报的分组从一台主机发送到另一台主机,但并不保证数据报能正确到达目的端,通信的可靠性必须由应用程序来提供。用户在自己开发应用程序时可根据实际情况,使用系统提供的有关接口函数,方便地选择是使用 TCP 还是 UDP 进行数据传输。

应用层的协议内容十分丰富,包括域名服务 DNS、文件传输协议 FTP、简单网络管理协议 SNMP(Simple Network Management Protocol )、简单邮件传输协议 SMTP、简单网络定时协议 SNTP、超文本传输协议 HTTP 等。它们称为 TCP/IP 协议族的高层协议。要注意有些应用层协议是基于 TCP 协议的(如 FTP 和 HTTP 等),有些应用层协议是基于 UDP 协议的(如 SNMP 等)。

## 7.3.2　IP 协议

IP 协议以包的形式传输数据,这种包被称为数据报。每个包都将独立传输。数据报可能通过不同的路径传输,因此有可能在到达目的地的时候次序发生颠倒,或者出现重复。IP 并不追踪传输路径,也没有任何机制来对报文重新排序,由于 IP 是一个无连接的服务,因此它并不为传输创建虚电路,也并不存在一个呼叫建立过程来通知接收者将有包要到来。

IP 协议是网络层的主要协议,它的主要功能是提供无连接的数据报传送和数据报的路由选择。这种无连接的服务不提供确认响应信息,不知道传送结果正确与否,因而它通常都与 TCP 协议一起使用。

### 1. IP 数据报格式

IP 层中的包被称为数据报,其格式如图 7.9 所示。

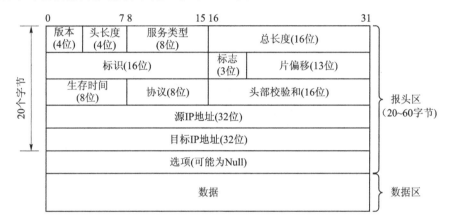

**图 7.9　IP 数据报的格式**

一个包可以是一个数据报,也可以是数据报的一部分。数据报是一个可变长度的包(可以长达 65 536 字节),包含有两个部分:报文头和数据。报文头为 20～60 字节,包括那些对路由和传输来说相当重要的信息。

IP 数据报中的每一个域包含了 IP 报文所携带的一些信息,正是用这些信息来完成 IP 协议功能的,现说明如下:

**(1)版　本**

第一个域定义了 IP 的版本号,占 4 位二进制数,表示该 IP 数据报使用的是哪个版本的 IP 协议。目前的版本是 IPv4,它的二进制数表示为 0100。下一个 IP 协议的版本号为 6,即 IPv6。

**(2)头长度**

头长度用 4 位二进制数表示,此域指出整个报头的长度(包括选项),这四位可以表示从 0～15 的数字。它以 4 字节为一个单位。接收端通过此域可以计算出报文头在何处结束及何处开始读数据。将报文头长度域的数乘以 4,就得到报文头的长度值。普通 IP 数据报(没有任何选项)该字段的值是 5(即 20 字节的长度)。报文头长度最大为 60 字节。

**(3)服务类型(Type of Service,TOS)**

服务类型域用 8 位二进制数表示,定义数据报应该如何被处理。它包括数据报的优先级,也包括发送者所希望的服务类型。这里的服务类型包括吞吐量的层次、可靠性以及延时。

**(4) 总长度**

总长度用 16 位二进制数表示,定义整个 IP 数据报的总长度,以字节为单位。它能定义的长度最长可达 65 536 字节。利用头部长度字段和总长度字段,就可以计算出 IP 数据报中数据内容的起始位置和长度。

**(5) 标　识**

标识字段用 16 位二进制数表示,唯一地标识主机发送的每一份数据报。通常每发送一份报文它的值就会加 1。一个数据报在通过不同网络的时候,可能需要分片(Fragmentation)以适应网络帧的大小。这时,该标识字段所含的唯一值(即序列号)在数据报分片时被复制到每个片(Fragment)中,可用于识别分片。

**(6) 标　志**

标志字段用 3 位二进制数表示,目前只定义了后 2 位,在处理分片中用于表示数据可以或不可以被分片,是属于第一个片、中间片还是最后一个片等。

标志字段的最低位称为后续位(More Fragment,记作 MF),用于数据的分片和重装,1 表示它是一个大的数据报的一片,0 表示无分片(第一或唯一的一片数据片)或它是最后的一片;标志字段的中间位称为不分片位(Don't Fragment,记作 DF),置位时禁止分片,如果已知目的地没有重装数据片的能力,那么这个位所起的作用就非常重要了。但是,如果不分片位被置位,那么假如某个数据报超出了途径的某个网络的最大传输单元(Maximum Transmission Unit,MTU),这个数据就会被丢弃。接收主机在重组数据时需要用到这些位。

**(7) 片偏移**

片偏移字段用 13 位二进制数表示,指的是该片偏移原始数据报开始处的位置。

**(8) 生存时间(Time To Live,TTL)**

生存时间用 8 位二进制数表示,它指定了数据报可以在网络中传输的最长时间。在实际应用中为了简化处理过程,把生存时间字段设置成了数据报可以经过的最大路由器数。TTL的初始值由源主机设置(通常为 32、64、128 或者 256),一旦经过一个处理它的路由器,它的值就减 1。当该字段的值减为 0 时,数据报就被丢弃,并发送 ICMP 报文通知源主机,这样可以防止进入一个循环回路时,数据报无休止地传输。

**(9) 协　议**

协议字段用 8 位二进制数表示,用来告知上层协议(如 TCP、UDP 等协议)接收到的数据字段由它使用。IP 协议可以承载多种上层协议,目的端根据协议标识,就可以把收到的 IP 数据报送至 TCP 或 UDP 等处理此报文的上层协议。

**(10) 头部校验和**

头部校验和用 16 位二进制数表示,这个域用于报文头数据有效性的校验,可以保证 IP 报头区在传输时的正确性和完整性。头部校验和字段是根据 IP 报文头部计算出的校验和码,它不对头部后面的数据进行计算。

**(11) 源 IP 地址**

源 IP 地址是用 32 位二进制数表示的发送端 IP 地址。

**(12) 目的 IP 地址**

目的 IP 地址是用 32 位二进制数表示的目的端 IP 地址。

**(13) 选　项**

选项字段,是数据报中的一个可变长的可选信息,比如安全和处理限制(用于军事领域)、记录路径(让每个路由器都记下它的 IP 地址)、时间戳(让每个路由器都记下它的 IP 地址和时间)、宽松的源站选路(为数据报指定一系列必须经过的 IP 地址)、严格的源站选路(与宽松的源站选路类似,但是要求只能经过指定的这些地址,不能经过其他的地址)等。目前这些任选项很少被使用,并非所有的主机和路由器都支持这些选项。

选项字段一直都是以 32 位作为界限,在必要的时候插入值为 0 的填充字节。这样就保证 IP 头部始终是 32 位的整数倍(这是头部长度字段所要求的)。

### 2. IP 地址

IP 地址有别于计算机网卡、路由器的 MAC 地址,是用于在互联网上表示源地址和目标地址的一种逻辑编号。MAC 地址是在数据链路层中为通信提供便利的,而 IP 地址是为网际间的通信提供便利的,而且必须被确认。由于源和目的计算机位于不同网络,故源和目标地址要由网络号和主机号组成。如果局域网不与 Internet 相连,则可以自定义 IP 地址。如果局域网要连接到 Internet,就必须向有关部门申请,网络中的主机和路由器必须采用全球唯一的 IP 地址。

IP 完成源和目的的编址,最常用的编址规范是 IPv4,它使用 32 位编址,而新规范 IPv6 使用 128 位编址。新规范是考虑到迅猛发展的 Internet 会把 32 位地址用尽而发展出来的。尽管 IPv6 是建立在 IPv4 基础上的,但由于 IPv6 会对理解简单的 32 位 IP 地址编址方法造成较大混乱,这里就不讨论了,感兴趣的可以查阅文档 RFC2460(IPv6 的整体规范)和 RFC2373(IPv6 的寻址结构)。

IP 地址为一个 32 位的二进制数串,用 4 个 8 位二进制数表示,以每 8 位为一个字节,每个字节分别用十进制表示,取值范围为 0～255,用点分隔。因此,IP 地址通常用 XXX.XXX. XXX.XXX 来表示。也可以用二进制数或十六进制数来表示,但十进制的形式更为普遍。IP 地址的编址范围为 0.0.0.0～255.255.255.255。

这个表示 IP 地址的 32 位数串被分成 3 个域:类型、网络标识和主机标识。Internet 指导委员会将 IP 地址划分为 5 类,即 A、B、C、D、E,适用于不同规模的网络。IP 地址的格式如图 7.10 所示。

**图 7.10　IP 地址的格式**

从图 7.10 中可以看到,每个 IP 地址都由网络标识号和主机标识号组成。不同类型 IP 地址中网络标识号和主机标识号的长度各不相同,它们可能容纳的网络数目及每个网络可能容纳的主机数目区别很大。

A 类地址：首位为 0，网络标识号占 7 位，主机标识号占 24 位，即最多允许 $2^7=128$ 个网络，每个网络中可接入多达 $2^{24}=16\ 277\ 216$ 个主机，所以 A 类地址范围为 0.0.0.0～127.255.255.255。

B 类地址：首 2 位规定为 10，网络标识号占 14 位，主机标识号占 16 位，即最多允许 $2^{14}$ 个网络，每个网络中可接入多达 $2^{16}$ 个主机，所以 B 类地址范围为 128.0.0.0～191.255.255.255。

C 类地址：规定前 3 位为 110，网络标识号占用 21 位，主机标识号占 8 位，即最多允许 $2^{21}$ 个网络，每个网络中可接入 $2^8$ 个主机。所以 C 类地址的范围为 192.0.0.0～223.255.255.255。

D 类地址：规定前 4 位为 1110，主要定义多点广播地址，即信息可以从一台主机发给多台主机。D 类地址的范围为 224.0.0.0～239.255.255.255。

E 类地址：规定前 5 位为 11110，保留给将来用。

实际上，每类地址并非准确地拥有它所在范围内的所有 IP 地址，其中有些地址要留作特殊用途。比如网络标识号首字节规定不能是 127、255 或 0，主机标识号的各位不能同时为 0 或 1。这样的话，A 类地址实际上最多就只有 126 个网络标识号，每个 A 类网络最多可接入 $2^{24}-2$ 个主机。

### 3. 子网与子网掩码

使用 A 类地址或 B 类地址的单位可以把他们的网络划分成几个部分，称为子网。每个子网对应一个部门或一个地理范围。这样会给管理和维护带来许多方便。子网的划分方法很多，常见的方法是用主机号的高位来标识子网号，其余位表示主机号。

以 166.166.0.0 为例，它是一个 B 类网络。比如选取第三字节的最高两位用于标识子网号，则可在 166.166.0.0 底下产生 166.166.0.0、166.166.64.0、166.166.128.0、166.166.192.0 四个子网。假如把第三字节全部用于标识子网号，这样就会在 166.166.0.0 底下产生 166.166.0.0～166.166.255.0 这么多子网。

一个网络被划分为若干个子网之后，就存在一个识别子网的问题。一种方法是由原来的 IP 地址＝网络号＋主机号，改为 IP 地址＝网络号＋子网号＋主机号。然而，由于子网划定是各单位的内部作法，无统一的规定，如何来判别描述一个 IP 地址属于哪个子网？子网掩码就是为解决这一问题而采取的措施。

子网掩码也是一个 32 位的数字。把 IP 地址中的网络地址域和子网域都写成 1，把 IP 地址中的主机地址域都写成 0，以便形成该子网的子网掩码。将子网掩码和 IP 地址进行相"与"运算，得到的结果表明该 IP 地址所属的子网号，若结果与该子网号不一致，则可判断出是远程 IP 地址。

以 166.166 这个网络为例，若选用第三字节的最高两位标识子网号，这样该网络的子网掩码即是由 18 个 1 和 14 个 0 组成，即 255.255.192.0。设有一个 IP 地址为 166.166.89.4，它与上述掩码相"与"之后的结果为 166.166.64.0，即 166.166.89.4 属于 166.166.64.0 这一子网。当然子网地址占据了 IP 地址中主机地址的位置，会减少主机地址的数量。

如果一个网络不设置子网，将网络号各位全写为 1，主机号的各位全写为 0，则这样得到的掩码称为默认子网掩码。A 类网络的默认子网掩码为：255.0.0.0；B 类网络的默认子网掩码为：255.255.0.0；C 类网络的默认子网掩码为：255.255.255.0。

#### 4. 路由选择

IP 协议是一个网络层协议，它所面对的是由多个路由器和物理网络所组成的网络。每个路由器可能连接许多网络，每个物理网络中可能连接若干台主机，IP 协议的任务则是提供一个虚构网络，找到下一个路由器和物理网络，但 IP 数据报从源主机无连接地、逐步地转送到目标主机，这就是 IP 协议的路由选择。路由选择是 IP 协议的主要功能之一。

在进行路由选择时要用到路由表，它有两个字段，目标网络号和路由器 IP 地址，指明到达目的主机的路由信息。每个路由器都有一个路由表，路由器通过查找路由表为数据报选择一条到达目的主机的路由。这个路由并非一定是一个完整的端到端的链路，通常只要知道下一步传给哪个路由器(站点)接收就可以了。网络中两个节点之间的路径是动态变化的，它与网络配置的改变和网络内的数据流量等情况等有关。路由表的内容可以手工改变也可以由动态路由协议自动改变。

### 7.3.3　用户数据报协议 UDP

UDP 为应用层的过程提供无连接服务。因此从本质上说，UDP 是不可靠的服务，它无法保证不会出现传递和重复的差错。但是这种协议的开销很小，其低成本和执行的快速性对工业控制网络充满了吸引力。另外，UDP 中使用的端口号，对应用层来说极其有用。

用户数据报协议 UDP 是一个无连接的端到端的传输层协议，仅仅为来自上层的数据增加端口地址、校验和以及长度信息。UDP 报文由 UDP 报文头和数据组成。报文头共有 4 个字段，分别为源端口、目的端口、长度、校验和，每个字段的长度都为 16 位。UDP 数据报的格式如图 7.11 所示。

| 0　　　　　　　　　　16 | 　　　　　　31 |
|---|---|
| 源端口地址16位 | 目的端口地址16位 |
| 数据报报文长度16位 | 校验和16位 |
| 数据区 | |

**图 7.11　UDP 的报文格式**

各个域的简要用途描述如下：

**(1) 源端口地址**

源端口地址是创建报文应用程序的地址。

**(2) 目的端口地址**

目的端口地址是接收报文应用程序的地址。

**(3) 总长度**

总长度定义整个 UDP 报文的总长度，包括报文头和数据，以字节为单位。

**(4) 校验和**

校验和是用于差错控制的 16 位域。校验和字段用来检验报文头及数据的有效性，使用的算法与 IP 中的一样。对于 UDP，检验和字段应用于整个报文段，而 IP 中的检验和仅仅用于 IP 头，并不负责数据字段。

UDP 仅仅提供一些在端到端传输中所必需的基本功能，并不提供任何顺序或重新排序的功能。因此，当它报告一个错误的时候，它不能指出损坏的包，它必须和 ICMP 配合使用。UDP 发现有一个错误发生了 ICMP 接着可以通知发送者有一个用户数据报被损坏或丢弃了。

它们都没有能力指出是哪一个包丢失了。UDP 仅仅包含一个校验和,并不包含 ID 或顺序编号。

UDP 报文头和来自应用层的数据被打包于 IP 的数据字段。提供站地址的 IP 头放在 UDP 报文的前面,整个 IP 数据报都被打包于数据链路层中,送到目的站并反向解包。UDP 提供的只是应用层使用的端口号的分配。使用 UDP,发送者无法得知数据是否被接收,数据的完整性是否受到丢失包、错误顺序包以及重复接收包的影响,因为 UDP 不提供这种服务。

UDP 引入了端口号的概念。当一个端接收到 UDP 数据时,它就将端口号提供给应用层,应用层会为收到的数据分配一个缓冲区。端口号分为 3 种类型:分配的、注册的、动态的。端口号的重要性在于它可以标识一个特殊的应用。如果有多个端口号,那么同一个站就能同时支持几种不同的应用。

端口号及 IP 地址通常被称为蜂窝(Socket),用〈网络号,主机号,端口号〉表示。只要有端口的分配,蜂窝的分配就变成整个 IP 网络上应用层的特定的表示方法。

## 7.3.4　传输控制协议 TCP

传输控制协议为应用程序提供完整的传输层服务。TCP 是一个可靠的面向连接的端到端协议。通信两端在传输数据之前必须先建立连接。TCP 通过创建连接,在发送者和接收者之间建立起一条虚电路,这条虚电路在整个传输过程中都是有效的。TCP 通知接收者即将有数据到达来开始一次传输,同时通过连接中断来结束连接。通过这种方法,使接收者知道这是一次完整的传输过程,而不仅仅是一个包。

IP 和 UDP 把属于一次传输的多个数据报看作是完全独立的单元,相互之间没有一点联系。因此,在目标地,每个数据报的到来是一个独立的事件,是接收者所无法预期的,TCP 则不同,它负责可靠地传输比特流,这些比特流被包含在由应用程序所生成的数据单元中。可靠性是通过提供差错检测和重传被破坏的帧来实现的。在传输被确认之后,虚电路才能被放弃。

在每个传输的发送端,TCP 将长传输划分为更小的数据单元,同时将每个数据单元包装入被称为段的帧中。每个段都包括一个用来在接收后重新排序的顺序号、确认 ID 编号、用于滑动窗口的窗口大小域。段将包含在 IP 数据报中,通过网络链路传输。在接收端,TCP 收集每个到来的数据报,然后基于顺序编号对传输直接排序。

### 1. TCP 报文段的格式

TCP 报文段(常称为段)与 UDP 数据报,也是封装在 IP 中进行传输的。与 UDP 数据报相比,TCP 建立连接、确认的过程都需要花费时间,它通过牺牲时间来换取通信的可靠性。UDP 则由于无连接过程,帧短,比 TCP 更快,但 UDP 的可靠性差。TCP 报文段由 TCP 报文头和数据字段组成,其报文格式如图 7.12 所示。TCP 的报文头比 UDP 的大,而且是可变的,长度范围为 20～60 字节,但它与 UDP 有相同的源和目的端字段。

对 TCP 报文中每个域的简要描述如下:

**(1) 源端口地址**

源端口地址为 16 位,定义源计算机上的应用程序地址,即用于标识发送方通信进程的端口。目的端在收到 TCP 报文段后,可以用源端口地址和源 IP 地址标识报文的返回地址。

**(2) 目的端口地址**

目的端口地址为 16 位,定义目标计算机上的应用程序地址,即用于标识接收方通信进行的端口。源端口地址和 IP 头部中的源端 IP 地址,目的端口地址与目的端 IP 地址,这 4 个数

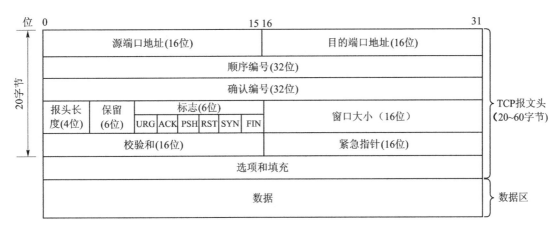

**图 7.12  TCP 的报文格式**

就可以唯一确定从源端到目的端的一对 TCP 连接。

**(3) 顺序编号**

顺序编号(即序列号)为 32 位,用于标识 TCP 发送端向 TCP 接收端发送数据字节流的序号,显示数据在原始数据流中的位置。从应用程序来的数据流可以被划分为两个或更多的 TCP 段。顺序号保证了数据流发送的顺序性,是 TCP 提供的可靠性保证措施之一。

**(4) 确认编号**

32 位的确认编号是用来确认接收到其他通信设备的数据。这个编号只有在控制域中的 ACK 位设置之后才有效。这时,它指出下一个期望到来的段的顺序编号。

**(5) 报文头长度**

4 位的报文头长度域指出 TCP 报文头的长度,这里以 32 位(4 字节)为一个单位。4 比特可以定义的值最多为 15,这个数字乘以 4 后就得到报文头中总共的字节数目。因此,报文头中最多可以是 60 字节。TCP 报文头长度一般为 20 字节,因此通常它的值为 5。由于报文头最少需要 20 字节来表达,那么还有 40 字节可以保留给选项域使用。报文头长度主要用来标识 TCP 数据区的开始位置,因此又称为数据偏移。

**(6) 保  留**

6 位的保留域保留给将来使用。该域必须置 0,准备为将来定义 TCP 新功能时使用。

**(7) 标  志**

标志域长度为 6 位,每一位标志可以打开或关闭一个控制功能,这些控制功能与连接的管理和数据传输控制有关,或者定义为某个段的用途,或者作为其他域的有效标记。标志域的内容如下:

① URG:紧急指针标志,置 1 时紧急指针有效。这个位和指针一起指明了段中的数据是紧急的。

② ACK:确认字段标志,置 1 时确认字段有效。如果 ACK 为 0,那么 TCP 报文头部包含的确认字段应被忽略。

③ 以 PSH:Push 操作标志,置 1 时表示要对数据进行 Push 操作。Push 操作的功能是:在一般情况下,TCP 要等待到缓冲区满时才能把数据发送出去,而当 TCP 软件收到一个 Push 操作时,则表明该数据要立即进行传输,因此 TCP 协议层首先把 TCP 头部中的标志域 PSH 置 1,并不等缓冲区满就把数据立即发送出去;同样,接收端在收到 PSH 标志为 1 的数据时,

也立即将收到的数据传输给应用程序。

④ RST：连接复位标志，表示由于主机崩溃或其他原因而出现错误时的连接。可以用它来表示非法的数据段或拒绝连接请求。一般情况下，产生并发送一个 RST 置位的 TCP 报文段的一端总是发生了某种错误或操作无法正常进行下去。

⑤ SYN：顺序号同步标志，用来发起一个连接的建立。也就是说，只有在连接建立的过程中 SYN 才被置 1。

⑥ FIN：连接终止标志。当一端发送 FIN 标志置 1 的报文时，告诉另一端已无数据可发送，即已完成了数据发送任务，但它还可以继续接收数据。

**（8）窗口大小**

窗口大小字段长度为 16 位，它是接收端的流量控制措施，用来告诉另一端它的数据接收能力。连接的每一端把可以接收的最大数据长度（其本质为接收端 TCP 可用的缓冲区大小）通过 TCP 发送报文段中的窗口字段通知对方，对方发送数据的总长度不能超过窗口大小。窗口的大小用字节数表示，它起始于确认号字段指明的值，窗口最大长度为 65 535 字节。通过 TCP 报文段头部的窗口刻度选项，它的值可以按比例变化，以提供更大的窗口。

**（9）校验和**

校验和字段长度为 16 位，用于进行差错校验。校验和覆盖了整个的 TCP 报文段的头部和数据区。

**（10）紧急指针**

紧急指针字段长度为 16 位，只有当 URG 标志置 1 时紧急指针才有效，它的值指向紧急数据最后一个字节的位置（如果把它的值与 TCP 头部中的顺序号相加，则表示紧急数据最后一个字节的序号，在有些实现中指向最后一个字节的下一个字节）。如果 URG 标志没有被设置，则紧急指针域用 0 填充。

**（11）选项和填充**

TCP 报文头中剩余部分定义了可选域，长度不固定，可以利用它们来为接收者传送额外信息，或者用于定位。

填充字段的长度不定，用于填充以保证 TCP 头部的长度为 32 位的整数倍，值全为 0。

## 2. TCP 连接的建立与关闭

TCP 是一个面向连接的协议，TCP 协议的高可靠性是通过发送数据前先建立连接，结束数据传输时关闭连接，在数据传输过程中进行超时重发、流量控制和数据确认，对乱序数据进行重排以及校验和等机制来实现的。

TCP 在 IP 之上工作，IP 本身是一个无连接的协议，在无连接的协议之上要建立连接。这里的连接是指在源端和目的端之间建立的一种逻辑连接，使源端和目的端在进行数据传输时彼此达成某种共识，相互可以识别对方及其传输的数据。连接的 TCP 协议层的内部表现为一些缓冲区和一组协议控制机制，外部表现为比无连接的数据传输具有更高的可靠性。

**（1）建立连接**

在互联网中两台要进行通信的主机，在一般情况下，总是其中的一台主动提出通信的请求（客户机），另一台被动地响应（服务器）。如果传输层使用 TCP 协议，则在通信之前要求通信的双方首先要建立一条连接。

TCP 连接的建立和关闭过程如图 7.13 所示，该图是通信双方正常工作时的情况。关闭连接时，图 7.13 中的 $u$ 表示服务器已收到的数据的序列号，$v$ 表示客户机已收到的数据的序列号。

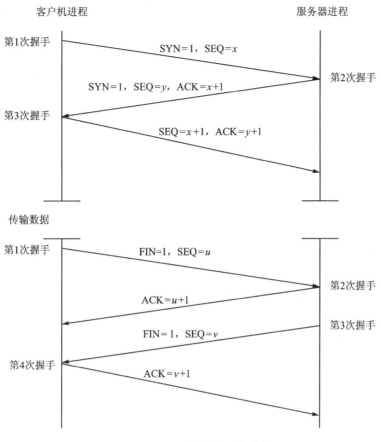

**图 7.13　TCP 连接的建立与关闭**

　　TCP 使用"3 次握手"(3 - way Handshake)法来建立一条连接。所谓 3 次握手,就是指在建立一条连接时通信双方交换 3 次报文。具体过程如下:

　　1) 第 1 次握手

　　由客户机的应用层进程向其传输层 TCP 协议发出建立连接的命令,则客户机 TCP 向服务器上提供某特定服务的端口发送一个请求建立连接的报文段,该报文段中 SYN 被置 1,同时包含一个初始序列号 $x$(系统保持着一个随时间变化的计数器,建立连接时该计数器的值即为初始序列号,因此不同的连接初始序列号不同)。

　　2) 第 2 次握手

　　服务器收到建立连接的请求报文段后,发送一个包含服务器初始序号 $y$,SYN 被置 1,确认号置为 $x+1$ 的报文段作为应答。确认号加 1 是为了说明服务器已正确收到一个客户连接请求报文段,因此从逻辑上来说,一个连接请求占用了一个序号。

　　3) 第 3 次握手

　　客户机收到服务器的应答报文段后,也必须向服务器发送确认号为 $y+1$ 的报文段进行确认。同时客户机的 TCP 协议层通知应用层进程,连接已建立,可以进行数据传输了。

　　通过以上 3 次握手,两台要通信的主机之间就建立了一条连接,相互知道对方的哪个进程在与自己进行通信,通信时对方传输数据的顺序号应该是多少。连接建立后,通信的双方可以相互传输数据,并且双方的地位是平等的。如果在建立连接的过程中握手报文段丢失,则可以通过重发机制进行解决。如果服务器端关机,客户端收不到服务端的确认,那么客户端在按某种机制重发建立连接的请求报文段若干次后,就会通知应用进程,连接不能建立(超时)。还有一种情况是当客户请求的服务在服务器端没有对应的端口提供时,服务器端以一个复位报文应答(RST=1),该连接也不能建立。最后要说明一点,在建立连接的 TCP 报文段中只有报文头(无选项时长度为 20 字节),没有数据区。

**(2) 关闭连接**

由于 TCP 是一个全双工协议,因此,在通信过程中两台主机都可以独立地发送数据,完成数据发送的任何一方都可以提出关闭连接的请求。关闭连接时,由于在每个传输方向既要发送一个关闭连接的报文段,又要接收对方的确认报文段,因此关闭一个连接要经过 4 次握手。具体过程如下(下面设客户机首先提出关闭连接的请求):

1) 第 1 次握手

由客户机的应用进程向其 TCP 协议层发出终止连接的命令,则客户 TCP 协议层向服务器 TCP 协议层发送一个 FIN 被置 1 的关闭连接的 TCP 报文段。

2) 第 2 次握手

服务器的 TCP 协议层收到关闭连接的报文段后就发出确认,确认号为已收到的最后一个字节的序列号加 1,同时把关闭的连接通知其应用进程,告诉它客户机已经终止了数据传送。在发送完确认后,服务器如果有数据要发送,则客户机仍然可以继续接收数据,因此把这种状态称为半关闭(Half‐close)状态。因为服务器仍然可以发送数据,并且可以收到客户机的确认,只是客户方已无数据发向服务器了。

3) 第 3 次握手

如果服务器应用进程也没有要发送给客户方的数据了,就通告其 TCP 协议层关闭连接。这时服务器的 TCP 协议层向客户机的 TCP 协议层发送一个 FIN 置 1 的报文段,要求关闭连接。

4) 第 4 次握手

同样,客户机收到关闭连接的报文段后,向服务器发送一个确认,确认号为已收到数据的序列号加 1。当服务器收到确认后,整个连接被完全关闭。

# 7.4　PROFINET

PROFINET 成功地实现了工业以太网和实时以太网技术的统一,并在应用层使用大量的软件新技术,如 Microsoft 公司的 COM 技术、OPC、XML、TCP/IP、ActiveX 等。由于 PROFINET 能够完全透明地兼容各种传统的现场工业控制网络和办公室以太网,因此,通过使用 PROFINET 可以在整个工厂内实现统一的网络架构,实现"一网到底"。

## 7.4.1　PROFINET 概述

1999 年,PROFIBUS 国际组织 PI 开始研发工业以太网技术——PROFINET,由于其背后强大的自动化设备制造商的支持和 POFIBUS 的成功运行,2000 年底,PROFINET 作为第 10 种现场总线列入了 IEC 61158 标准中。

PROFINET 是自动化领域开放的工业以太网标准,它基于工业以太网技术、TCP/IP 和

IT 标准,是一种实时以太网技术,同时它无缝地集成了现有的现场总线系统(不仅仅包含PROFIBUS),从而使现在对于现场总线技术的投资(制造者和用户)得到保护。PROFINET和 PROFIBUS 是完全不同的两种技术,没有什么太大的关联。PROFIBUS 属于传统的现场总线技术,在工业自动化领域得到了极为成功和普遍的应用。而 PROFINET 属于实时工业以太网技术,在工业自动化领域刚刚开始使用。之所以这两种技术经常被一起提及,是因为它们都是 PI 推出的现场总线技术,而且兼容性好。在相当长的时间里,它们会并存下去。

　　PROFINET 是为制造业和过程自动化领域而设计的集成的、综合的实时工业以太网标准,它的应用从工业网络的底层(现场层)到高层(管理层),从标准控制到高端的运动控制。在PROFINET 中,还集成了工业安全和网络安全功能。PROFINET 可以满足自动化工程的所有需求,为基于 IT 技术的工业通信网络系统提供各种各样的解决方案,各种和自动化工程有关的技术都可以集成到 PROFINET 中。

　　表 7.2 列出了对两者在某些功能和技术指标方面进行的简单比较,并不能代表在工业自动化领域使用时,两种技术孰优孰劣。从表 7.2 中可以看出,PROFINET 在通信速率、传输数据等方面远超过 PROFIBUS,但在过去 10 多年的实践中,PROFIBUS 完全能够满足绝大部分工业自动化实际应用的需要。所以通信速率或数据量等并不是 PROFINET 超越 PROFIBUS的理由。反而在工业应用中倡导的通信速率"够用就好"的原则得到了很好的发挥和验证。

表 7.2　PROFINET 和 PROFIBUS 的比较

| 项　　目 | PROFINET | PROFIBUS |
|---|---|---|
| 最大传输速率/(Mb·s$^{-1}$) | 100 | 12 |
| 数据传输方式 | 全双工 | 半双工 |
| 典型拓扑方式 | 星形 | 线形 |
| 一致性数据范围/字节 | 254 | 32 |
| 用户数据区长度 | 最大 1 440 字节 | 最大 244 字节 |
| 网段长度 | 100 m | 12 Mb/s 时 100 m |
| 诊断功能及实现 | 有极强大的诊断功能,对整个网络的诊断实现简单 | 诊断功能不强,对整个网络诊断的实现困难 |
| 主站个数 | 任意数量的控制器可以在网络中运行,多个控制器不会影响 I/O 的响应时间 | DP 网络中一般只有一个主站,多主站系统会导致循环周期过长 |
| 网络位置 | 可以通过拓扑信息确定设备的网络位置 | 不能确定设备的网络位置 |
| 运动控制 | 响应速度快 | 响应速度慢 |
| 使用成本 | 高 | 低 |

　　PROFINET 技术主要由 PROFINET I/O 和 CBA 两大部分组成,它们基于不同实时等级的通信模式和标准的 WEB 及 IT 技术,实现所有自动化领域的应用。

　　PROFINET I/O 主要用于完成制造业自动化中分布式 I/O 系统的控制。通俗地讲,PROFINET I/O 完成的是对分散式(Decentrial Periphery)现场设备 I/O 的控制,它做的工作就是 PROFIBUS - DP 做的工作,只不过把过去设备上的 PROFIBUS - DP 接口更换成PROFINET 接口就行了。带 PROFINET 接口的智能化设备可以直接连接到网络中,而简单的设备和传感器可以集中连接到远程 I/O 模块上,通过 I/O 模块连接到网络中。PROFINET I/O 基于实时通信(RT)和等时同步通信(IRT),PROFINET I/O 可以实现快速数据交换,实现控制器(相当于 PROFIBUS 中的主站)和设备(相当于从站)之间的数据交换,以及组态和诊断功能。总线的数据交换周期在毫秒范围内,在运动控制系统中,其抖动时间可控制在 1 μs 之内。

　　PROFINET 基于组件的自动化(Component‐Based Automation,CBA)适用于基于组件的机器对机器的通信,通过 TCP/IP 协议和实时通信满足在模块化的设备制造中的实时要求。CBA 技术是一种实现分布式装置、机器模块、局部总线等设备级智能模块自动化应用的概念。做一个比较的话,就会马上对 CBA 有一个初步的认识。PROFINET I/O 的控制对象是工业现场分布式 I/O 点,这些 I/O 点之间进行的是简单的数据交换;而 CBA 的控制对象是一个整体的装置、智能机器或系统,它的 I/O 之间的数据交换在它们内部完成,这些智能化的大型模块之间通过标准的接口相连,进而组成大型系统。PROFINET CBA(非实时)的通信循环周期为 50~100 ms,但在 RT 通道上达到毫秒级也是可能的。

## 7.4.2　PROFINET 的网络连接

　　PROFINET 的网络拓扑形式可为星形、树形、总线型、环形(冗余)以及混合型等各种形式,但以 Switch(交换机)支持下的星形分段以太网为主,如图 7.14 所示。

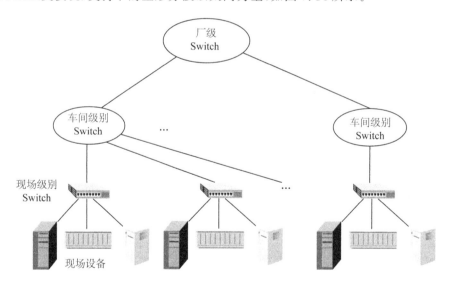

**图 7.14　PROFINET 的基本网络结构**

　　PROFINET 的现场层布线要求类似于 PROFIBUS 对电缆的布线要求,通常使用线形结构。当要求更高的可靠性时,可使用带冗余功能的环形结构。由于传输电缆要兼顾传输数据和提供 24 V 电源,所以一般使用混合布线结构。

### 1. PROFINET 的电缆

　　PROFINET 标准中规定的混合电缆包含了用于传输信号和对设备供电的导线,一般使用 Cu/Cu 型铜芯电缆或 Cu/FO 铜缆/光缆两种。Cu/Cu 型铜芯电缆 4 芯用于数据传输,4 芯用于供电。在实践中大多采用铜芯电缆,它等同于 100 Mb/s 快速以太网中所用的屏蔽双绞线。其横截面符合 AWG22 要求。采用 RJ‐45 或 M12 插头连接器。设备连接采用插座的形式,在连接电缆(设备连接电缆、终端电缆)的两端装上连接器。每段电缆的最大长度不超过

100 m。

PROFINET 中可使用多模或单模光纤,依照 100Base-FX 协议,光纤接口遵从 ISO/IEC 9314-3(多模)规范和 ISO/IEC 9314-4(单模)规范。

光纤导体对工业现场的电磁干扰不敏感,因此它可以允许构造比铜缆更大范围的网络。对于多模光纤,每个网段的长度最多可达 2 km,而对于单模光纤则可达 14 km。一般使用 Cu/FO 类混合光缆,其中的 2 芯光纤芯用于数据传输,另外的 4 芯铜芯用于供电。

RJ-45 连接器按照工业防护性能等级又分为 IP20 和 IP67 两种,其外观如图 7.15 示。

IP20 RJ-45　　　　　　　IP67 RJ-45　　　　　　　混合连接器

**图 7.15　具有工业防护性能的 RJ45 连接器和混合连接器**

具有 IP20 防护等级的 RJ-45 一般用在办公室网络,而在 PROFINET 中大多安装在开关柜内。IP65/IP67 防护等级的 RJ-45 用于条件恶劣的场所,它带有推挽式锁定。特殊条件下可要求达到 IP68 的防护等级。

在防护等级要求较高的环境中,使用达到 IP67 防护等级要求的 M12 连接器是必须的。M12 连接器的防护等级高,但安装使用不便,占用空间多。M12 连接器如图 7.16 所示。

M12(4芯)　　　　　　　　　　　M12(8芯)

**图 7.16　M12 连接器**

### 2. PROFINET 的 Switch

Switch 属于 PROFINET 的网络连接设备,通常称为交换机,在 PROFINET 网络中扮演着重要的角色。Switch 将快速以太网分成不会发生传输冲突的单个网段,并实现全双工传输,即在一个端口可以同时接收和发送数据。因此避免了大量传输冲突。

在只传输非实时数据包的 PROFINET 中,其 Switch 与一般以太网中的普通交换机相同,可直接使用。但是,在需要传输实时数据的场合,如具有 IRT 实时控制要求的运动控制系统,必须使用装备了专用 ASIC 的交换机设备。这种通信芯片能够对 IRT 应用提供"预定义时间槽"(pre-defined time slots),用于传输实时数据。

为了确保与原有系统或个别的原有终端或集线器兼容,Switch 的部分接口也支持运行 10Base-TX。

## 7.4.3　I/O 设备模型及其数据交换

针对工业现场中具有不同功能的现场设备,PROFINET 定义了 2 种数据交换方式,分散式 I/O 设备(PROFINET I/O)和分散式自动化(PROFINET CBA)方式。前者适合用于具有简单 I/O 接口的现场设备的数据通信,后者适用于具有可编程功能的智能现场设备和自动化设备,以便对 PROFINET 网络中各种设备的交换数据进行组态、定义、集成和控制。

PROFINET I/O 中的数据交换方式与 PROFIBUS - DP 中的远程 I/O 方式相似,现场设备的 I/O 数据将以过程映像的方式周期性地传输给控制主站。PROFINET I/O 设备模型由槽、通道和模块组成。现场设备的特性通过基于 XML 的 GSD (General Station Description) 文件来描述。

### 1. PROFINET I/O 的设备模型和描述

如图 7.17 所示,PROFINET I/O 使用槽(Slot)、通道(Channel)和模块(Module)的概念来构成数据模型,其中 Module 可以插入 Slot 中,而 Slot 是由多个 Channel 组成的。

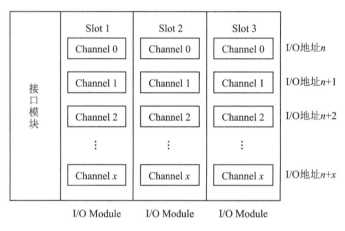

**图 7.17　PROFINET I/O 设备的数据模型**

与 PROFIBUS - DP 中 GSD 设备描述文件一样,PROFINET I/O 现场设备的特性也是在相应的 GSD 中描述的,它包含下列信息:

> ➢ I/O 设备的特性(例如:通信参数);
> ➢ 插入模块的数量及类型;
> ➢ 各个模块的组态数据;
> ➢ 模块参数值(例如:4 mA);
> ➢ 用于诊断的出错信息文本(例如:电缆断开,短路)。

GSD 文件是 XML(eXtensible Markup Language,可扩展标记语言)格式的文本。XML 是一种简单的数据存储语言,它使用一系列简单的标记描述数据,而这些标记可以用简便的方式建立。XML 易于掌握和使用,在工业以太网中得到了广泛的应用。事实上,XML 是一种开放的、被普遍应用和接受的描述数据的标准格式,具有如下特点:

> ➢ 通过标准工具实现其创建和确认;
> ➢ 能集成多种语言;
> ➢ 采用分层结构。

GSD 的结构符合 ISO 15745,它由与设备中各模块相关的组态数据以及和设备相关的参数组成,另外还包含有传输速度和连接系统的通信参数等。

每个 I/O 设备都被指定一个 PROFINET I/O 框架内的唯一的设备 ID,该 32 位设备标识号(Device‐Ident‐Number)又分成 16 位制造商标识符(Manufacturer ID)和 16 位设备标识符(Device ID)两部分,制造商标识符由 PI 分配,而设备标识符可由制造商根据自己的产品指定。例如,Siemens 公司的 ID 为 002A,ET200S 系列设备的 ID 为 0301;WAGO 公司的 ID 为 011D,WAGO‐I/O‐SYSTEM 750/753 系列设备的 ID 为 02EE 等。

GSD 文件的命名规则如下:

GSDML‐[GSD schema version]‐[manufacture name]‐[name of device family]‐[date].xml

其中:

GSD schema version 为所使用的 GSD 纲要版本号;

manufacture name 为制造商名字;

name of device family 为 GSD 中所描述的设备族;

date 为 GSD 发布的日期,格式为 yyyymmdd。

### 2. PROFINET I/O 设备的分类

PROFINET 中的设备分成如下 3 类:

**(1) I/O Controller 控制器**

一般如一台 PLC 等的具有智能的设备,可以执行一个事先编制好的程序。从功能的角度看,它与 PROFIBUS 的 1 类主站相似。

**(2) I/O Supervisor 监视器**

具有 HMI 功能的编程设备,可以是一个 PC,能运行诊断和检测程序。从功能的角度看,它与 PROFIBUS 的 2 类主站相似。

**(3) I/O 设备**

I/O 设备指系统连接的传感器、执行器等设备。从功能的角度看,它与 PROFIBUS 中的从站相似。

在 PROFINET I/O 的一个子系统中可以包含至少一个 I/O 控制器和若干个 I/O 设备。一个 I/O 设备能够与多个 I/O 控制器交换数据。I/O 监视器通常仅参与系统组态定义和查询故障、执行报警等任务。图 7.18 表示了这种关系,图中的实线表示实时协议,虚线表示标准 TCP/IP 协议。

I/O 控制器收集来自 I/O 设备的数据(输入)并为控制过程提供数据(输出),控制程序也在 I/O 控制器上运行。从用户的角度,PROFINET I/O 控制器与 PROFIBUS 中的 1 类主站控制器没有区别,因为所有的交换数据都被保存在过程映像(Process Image)中。

I/O 控制器的任务包括:

➢ 报警任务的处理;

➢ 用户数据的周期性交换(从 I/O 设备到主机的 I/O 区域);

➢ 非周期性服务,如系统初始化参数的分配,配方(Recipes)传送、所属 I/O 设备的用户参数分配、对所属 I/O 设备的诊断等;

➢ 与 I/O 设备建立上载下载任务关系;

➢ 负责网络地址分配。

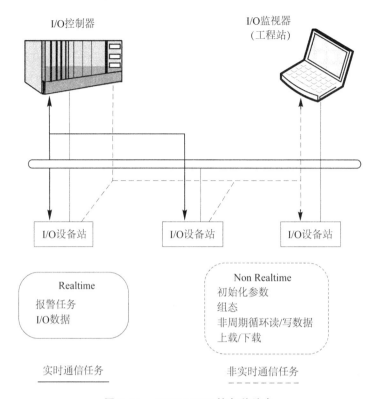

**图 7.18   PROFINET 的各种站点**

所有需要交换的数据包,其地址中都要包含用于寻址的 Module、Slot 和 Channel 号。参考 GSD 文件中的定义,由设备制造商负责在 GSD 文件中说明设备特性,将设备功能映射到 PROFINET I/O 设备模型中。

### 3. 设备的组态和数据交换

每个 PROFINET I/O 现场设备通过一个基于 XML 描述标准 GSDML 的设备数据库文件 GSD 来描述,该 GSD 由制造商随着设备提供给用户。每个设备在组态工具中表现为一个图标,用户可使用"拖/放"操作来构建 PROFINET 的总线拓扑结构。

此过程在 SIMATIC 中执行起来完全类似于 PROFIBUS 系统的组态过程,所不同的是,设备的地址分配需由 I/O 控制站使用 DCP 或 DHCP 协议进行分配。

在组态期间,组态工程师在 I/O 监视站上对每个设备进行组态。在系统组态完成后,将组态数据下载到 I/O 控制器(类似 DP 中的主站)。PROFINET 的(主)控制器自动地对 I/O 设备(类似 DP 中的从站)进行参数化和组态,然后进入数据交换状态。

图 7.19 中带圈的 3 个数字表示如下 3 个过程:

① 通过 GSD 文件,将各设备的参数输入到工程组态设计工具中。

② 进行网络和设备组态,并下载到网络中的 I/O 控制器。

③ 控制器与 I/O 设备之间的数据交换开始。

当出现差错时,有故障的 I/O 设备在控制器内生成一个诊断报警。诊断信息中包含发生故障设备的槽号(Slot)、通道号(Channel)、通道类型(输入/输出)、故障的原因编码(例如电缆断开、短路)和附加的制造商特定信息。

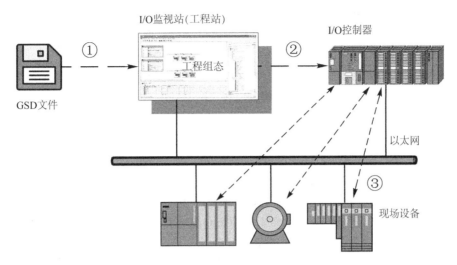

图 7.19　组态和数据交换

## 4. I/O 设备的数据通信过程

PROFINET 中的 I/O 设备对过程数据（输入）进行采样，提供给 I/O 控制器，并将作为控制量的数据输出到设备。在 PROFINET 中为了在站之间交换数据，应先定义且建立应用关系 AR(Application Relation)，并在 AR 内建立通信关系 CR (Communication Relation)。

PROFINET 可在通信设备间建立多个应用关系。一个 I/O 设备应能支持建立 3 个应用关系，分别用于与 I/O Controller 控制器、I/O Supervisor 监视器以及冗余控制器的通信，但一般情况下仅需建立如图 7.20 所示的两个 AR。

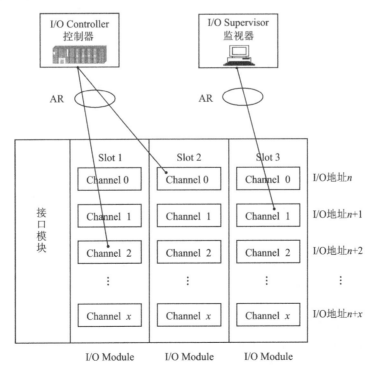

图 7.20　PROFINET 中的应用关系

I/O 设备是被动的,它等待控制器或监视器与之建立通信。I/O 控制器或 I/O 监视器可使用应用关系 AR 与 I/O 设备进行联系,建立和执行各种不同的数据通信关系 CR。

**(1) 建立应用关系 AR**

在系统初始化和组态期间,I/O 控制器或 I/O 监视器使用一个连接帧来建立 AR。它将下列数据以数据块的方式传送给 I/O 设备。

① AR 的通用通信参数;

② 要建立的 I/O 通信关系(CR)及其参数;

③ 设备模型;

④ 要建立的报警通信关系及其参数。

数据交换以设备对"Connect - Call"的正确确认开始。此时,因为尚缺少 I/O 设备的初始化参数分配,因此数据仍然可被视为无效。在"Connect - Call"之后 I/O 控制器通过记录数据 CR 将初始化参数分配数据传送给 I/O 设备。I/O 控制器传送一个"Write - Call"给每一个已组态子模块的 I/O 设备。I/O 控制器用"End of Parameterization (DControl)"发出初始化参数分配的结束信号。

I/O 设备用"Application Ready"发出初始化参数分配被正确接收的信号。此后,AR 就建立了。

**(2) 通信关系 CR 的建立**

在一个应用关系(AR)内可建立多个通信关系(CR)。这些 CR 通过 Frame ID 和 Ether Type 被引用。图 7.21 所示为在一个 AR 内可存在的 3 种类型的通信关系 CR。它们分别是:

① I/O CR　执行周期性的 I/O 数据读/写,用于 I/O 数据的周期性发送。

② Acyclic CR　执行非周期的读/写数据,用于初始化参数的传输、诊断等。

③ Alarm CR　接收报警(事件),用于报警的非周期发送。

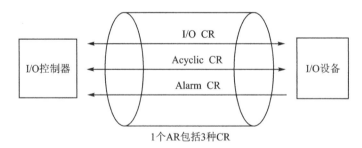

**图 7.21　AR 中的 3 种通信关系**

## 5. I/O 数据通信的种类

PROFINET I/O 的数据通信分为实时部分 RT(Real Time)和非实时部分 NRT (Non Real Time)。实时部分又分为周期性通信和非周期性通信,用以完成高级别实时数据的传输、事件的非周期性传递,以及如初始化、设备参数赋值和人机通信等没有严格时间要求的数据传输。I/O 数据通信的种类如下:

**(1) 非实时(NRT)通信**

一般有如下数据通过 NRT 方式通信:

➢ 通信关系中上下关系的管理/建立,如在初始化期间建立一个通信关系 CR、初始化期间的参数分配等。

> 非实时信息的自发交换,如读诊断信息、交换设备信息、读/修改设备参数、下载/读与过程有关的信息、读并修改一般通信参数等。

**(2) 实时(RT)通信**

指定下列数据通过实时通道:

> 发送 I/O 数据值。
> 通信关系 CR 的监视。当重要的通信关系发生问题时,必须迅速将进程切换至安全状态。

**(3) 非周期服务**

非周期数据也使用实时通道来发送,这些数据包括:

> 报警(重要诊断事件)。
> 通用管理功能,如名称分配、标识和 IP 参数的设置等。
> 时间同步。
> 邻居识别,即各站给其毗邻的邻居发送一个帧,将自己的 MAC 地址、设备名称和发送此帧的端口号告诉其邻居。
> 网络组件内介质冗余的管理信息。

**(4) 其　他**

通常包含在 IP 栈中的其他种类的 I/O 数据(用户协议数据):

> DHCP(Dynamic Host Configuration Protocol),当相应的下部结构可以使用时,用于分配 IP 地址和有关参数。
> DNS(Domain Name Service),域名服务,用于管理逻辑名称。
> SNMP(Simple Network Management Protocol),简单网络管理,用于读出状态、统计信息和检测通信差错。
> ARP(Address Resolution Protocol),地址解析,用于将 IP 地址转换成以太网地址。
> ICMP(Internet Control Message Protocol),用于传递差错信息。

除了实时协议外,其他协议属于标准协议。

## 7.4.4　组件模型及其数据交换

随着现场设备智能程度的不断提高,自动化控制系统分散程度也越来越高。工业控制系统正由分散式自动化向分布式自动化演进,网络中的各种复杂的智能设备愈来愈多。因此基于组件自动化(Component Based Automation,CBA)的数据交换成为新兴趋势,这种方式也被称为组件模型(Component Model)。

从整个生产车间的角度看,一个生产线可以看成是由多个具备可编程功能的智能现场设备和自动化设备组成的。基于这样的观点,PROFINET 提供了 CBA 数据交换和控制方式。它将工厂中相关机械部件、电气/电子部件和应用软件等具有独立工作能力的技术功能模块抽象成为一个封装好的组件,各组件间使用 PROFINET 连接。可通过 SIMATIC iMap 等软件,采用图形化组态方式实现各组件间通信配置,不需另外编程,因而简化了系统组态及调试过程。同时这种基于技术功能模块而开发的分布式自动化系统,实现了装备和机器的模块化设计,使原有设计可大量重用,从而节约了工程设计成本。

### 1. 技术功能模块

在 PROFINET 设计中,设定制造过程自动化装备的功能是通过所定义的机械、电气/电

子设备和控制逻辑/软件的互操作来实现的。因此,PROFINET 定义了与生产过程有关、包括以下几个方面内容的模块:

① 机械特性;

② 电气/电子特性;

③ 控制逻辑或软件特性。

由这些技术要素构成的一个紧密单元,被称为"工艺技术模块"或"技术功能模块"(Technology Module)。

**(1) 技术功能模块的构成**

技术功能模块代表一个系统中的某个特定部分。在定义技术功能模块时,必须周密地考虑它们在不同装备中的可再用性,有关成本以及实用性。应依据模块化原理定义各个组件,以便尽可能容易地将它们组合成整个系统。功能分得过细、过多将使得系统难于管理。因为这样将导致需定义过多的输入/输出参数,会相应加大工程设计成本。另一方面,功能划分得过于粗略又将降低复用程度,也会加大实现成本。

**(2) 技术功能模块与组件**

从用户的角度出发,组件(Component)可表示出技术功能模块上的输入/输出数据,且可以通过软件接口对组件从外部进行操作。一个组件可由一个或多个物理设备上的技术功能模块组成。

每个 PROFINET 组件都有一个接口,它包含有能够与其他组件交换或用其他组件激活的变量。PROFINET 组件接口遵照 IEC 61499 的规定。PROFINET CBA 定义了对组件接口的访问机制,但它并不关心应用程序如何处理该组件中的输入数据以及使用哪个逻辑操作来激活该组件的输出。

PROFINET 组件接口采用标准的 COM/DCOM,它允许对预组装组件的应用开发。可以由用户灵活地将这些组件组合为所需要的块,并可以在不同装备内部独立地实现或重复使用。

## 2. 组件的描述

如前所述,PROFINET CBA 的核心思想是将一个生产线上的各个设备的逻辑功能按照机械、电气和控制功能的不同分割成技术功能模块,每个模块由机械、电气/电子和相应的应用软件组成,然后封装成组件,再进行组态。

在 PROFINET CBA 中,每一个设备站点被定义为一个"工程模块",可为它定义一系列(包括机械、电子和软件 3 个方面)属性。对外可把这些属性按照功能分块封装为多个 PROFINET 组件,每个 PROFINET 组件都有一个接口,所包含的工艺技术变量可通过接口与其他组件交换数据。可以通过一个连接编辑器(Connection Editor)工具定义网络上各个组件间的通信关系,并通过 TCP/IP 数据包下载到各个站点。

PROFINET CBA 组件的描述采用 PROFINET 设备描述(PCD),PCD 通常在创建用户软件(项目)后由系统设计工程师用开发工具来创建,PROFINET 组件描述(PCD)采用 XML 文件,运用 XML 可以使描述数据与制造商和平台格式无关。关于 PROFINET XML 文件的详细描述,请参阅 PROFINET 体系结构描述和规范(PROFINET Architecture Description and Specification)。所有 PROFINET 工程工具都理解此 XML 格式。

PCD 的 XML 文件可以采用制造商专用工具来创建,该工具(例如,Siemens 公司的 STEP 7 Simatic Manager)应该有一个"Create Component"的组件生成器。PCD 文件也可使用独立于制造商的 PROFINET 组件编辑器来创建,此编辑器可以通过网站(www. profinet. com)下载。PCD 文件中包含有 PROFINET 组件的功能和对象信息,这些信息包括:

① 作为库元素的组件描述　组件标识符,组件名称;

② 硬件描述　IP 地址,对诊断数据的访问,互连(信息)的下载;

③ 软件功能描述　软件对于硬件的分配,组件接口,变量的特性,例如它们的技术功能模块名称、数据类型和方向(输入或输出);

④ 组件项目的缓存器。

PROFINET 的组件实际上可被看成是一个被封装的可再使用的软件单元,如同一个 面向对象的软件技术中采用的"类"的概念。各个组件可以通过它们的接口进行组合并可以与具体应用互连,建立与其他组件的关系。因为 PROFINET 中定义了统一的访问组件接口的机制,因此组件可以像搭积木那样灵活地组合,而且易于重复使用,用户无需考虑它们内部的具体实现。

组件由机器或设备的生产制造商创建。成功的组件设计可降低工程设计和硬件的成本,并对自动化系统中与时间有关的特性有着重要影响。组件库形成后可重复使用。在组件定义期间,应考虑到组件使用的灵活性,使得能方便地采用模块化原理将组件组合成完整的系统。组件的大小可从单台设备伸展到具有多台设备的成套装置。

### 3. 组件互连和组态

使用 PROFINET 组件编辑器时,只需简单地在"系统视图"下建立组件,将已经创建的 PROFINET 组件从库内取出,并将它们在"网络视图"下互连,便可构成一个应用系统。

这种使用简单图形组态的互连方法代替了以前的编程式组态。原有的编程式组态需要用户具备对设备内部通信功能集成与顺序的详细知识,要求熟悉设备是否能够彼此通信,何时发生通信,以及通信在哪个总线系统上发生等情况。而利用 PROFINET 组件编辑器在组态期间就不必深入了解每一组件的具体通信功能。

组件编辑器将贯穿整个系统的各个分布式应用,它可组态任何厂商的 PROFINET 组件。互连这些组件后,单击鼠标就可将连接信息、代码以及这些组件的组态数据下载到 PROFINET 设备。每台设备根据组态数据了解有关的通信对象、通信关系和可交换的信息,从而执行该分布式应用任务。

## 7.4.5　PROFINET 通信的实时性

PROFINET 通信标准的关键特性包括以下方面:

① 在一个网段上同时存在实时通信和基于 TCP/IP 的标准以太网通信。

② 实时协议适用于所有应用,包括分布式系统中组件之间的通信以及控制器与分散式现场设备之间的通信。

③ 从一般性能到高性能时间同步的实时通信。

针对现场控制应用对象的不同,PROFINET 中设计有 3 种不同时间性能等级的通信,这 3 种性能等级的 PROFINET 通信可以覆盖自动化应用的全部范围。

① 采用 TCP/UDP/IP 标准通信传输没有严格时间要求的数据,如对参数赋值和组态。

② 采用软实时(SRT)方式传输有实时要求的过程数据,用于一般工厂自动化领域。

③ 采用等时同步实时(IRT)方式传输对时间要求特别严格的数据,如用于运动控制等。

这种可根据应用需求而变化的通信是 PROFINET 的重要优势之一,它确保了自动化过程的快速响应时间,也可适应企业管理层的网络管理。图 7.22 所示为 3 种通信方式实时性变化的大概情况。

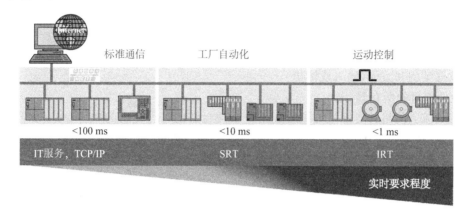

**图 7.22　3 种不同通信方式的实时性**

PROFINET 中的通信采用的是提供者和消费者方式,数据生产者(比如现场的传感器等)把信号传送给消费者(比如 PLC),然后消费者根据控制程序对数据进行处理,再把输出数据返给现场的消费者(比如执行器),数据更新的过程如图 7.23 所示。图 7.23 中的 $T_1$ 是数据在提供者处检测采集和在消费者处进行处理的时间,属于循环时间的范围,这段时间与通信协议无关;$T_2$ 是数据通过数据提供者一端的通信栈进行编码和消费者一端通信栈进行解码所需要的时间;$T_3$ 是数据在介质上传输所需要的时间。一般来说,对于 100 Mb/s 的以太网,$T_3$ 这段时间几乎可以忽略不计。因此,解决工业以太网实时性的关键技术就是减少数据通过通信栈所占时间。

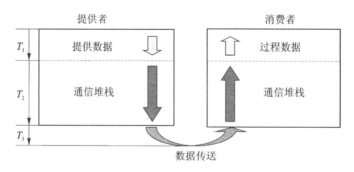

**图 7.23　PROFINET 中数据更新过程**

针对影响实时性的关键因素,在实时通信中,PROFINET 对通信协议栈进行了改造。在 PROFINET 中使用以太网和 TCP/UDP/IP 协议作为通信的构造基础,对来自应用层的不同数据定义了标准通道和实时通道,图 7.24 所示为 PROFINET 中的通信通道。

标准通道使用的是标准的 IT 应用层协议,如 HTTP、SMTP、DHCP 等应用层协议,就像一个普通以太网的应用,它可以传输设备的初始化参数、出错诊断数据、组件互连关系的定义、用户数据链路建立时的交互信息等。这些应用对传输的实时性没有特别的要求。

实时通道中分 2 个部分,其中的 SRT(Soft Real Time)软实时通道是一个基于以太网第 2 层的实时通道,它能减少通信协议栈处理实时数据所占用的运行时间,提高过程数据刷新的实时性能。

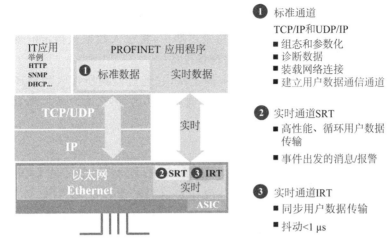

**图 7.24　PROFINET 中的通信通道模型**

　　对于时间要求更为苛刻的运动控制来说，PROFINET 采用等时同步实时通信 IRT（Isochronous Real Time）。等时同步 IRT 通道使用了一种独特数据传输方式，它为关键数据定义专用时间槽，在此时间间隔内可以传输有严格实时要求的关键数据。图 7.25 所示为 PROFINET 中的时间槽分配。

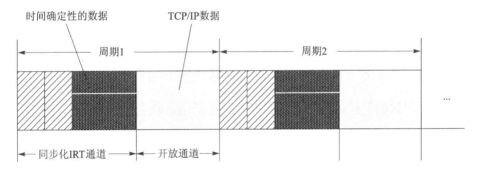

**图 7.25　PROFINET 中的时间槽分配**

　　PROFINET 中的通信传输周期被分成两个部分，即时间确定性部分和开放性部分。有实时性要求的报文帧在时间确定性实时通道中传输，而一般应用则采用 TCP/IP 报文在开放的标准通道中传输。

　　将实时通道细分成为 SRT 和 IRT 方式，较好地解决了一般实时通道 RT 不能满足某些运动控制的高精度时间要求的问题。IRT 等时同步数据传输的实现是在专用的通信 ASIC 基础上实现的。被称为 ERTEC ASIC 的芯片装在 PROFINET 交换机的端口，负责处理实时数据的同步和保留专用时间槽。这种基于硬件的实现方法能够获得 IRT 所要求的时间同步精度，同时也减轻了交换机的宿主 MPU 处理器对 PROFINET 通信任务的管理负担。

　　下面就 PROFINET 的两种数据交换方式来具体讨论标准通道和实时通道。

### 1. PROFINET I/O 的通信实时性

　　对于 PROFINET I/O，在建立时可以调用基于 UDP/IP 的 RPC（远程协助）功能来完成分散式现场设备的参数复制和诊断,进行设备之间的数据交换等。

在典型的 PROFINET I/O 组态中,I/O 控制器通过预先定义的通信关系与若干台分散式现场设备(I/O 设备)交换周期性数据。在每个周期中,将输入数据从指定的现场设备发送给 I/O 控制器,而输出数据则被回送给相应的现场设备。

此时的 I/O 控制器如同 PROFIBUS 中的主站,它通过监视所接收的循环报文来监控每一个 I/O 设备(从站)。如果输入帧不能在 3 个周期内到达,那么 I/O 控制器就判断出相应的 I/O 设备已发生故障。

### 2. PROFINET CBA 组件之间的通信

在 PROFINET CBA 组件之间的数据交换方式中,DCOM(分布式 COM)被规定作为 PROFINET 组件之间基于 TCP/IP 的公共应用协议。基于标准化 RPC 协议的 DCOM 是 COM(组件对象模型)的扩展,用于网络中的对象分发和它们之间的互操作。PROFINET 中采用 DCOM 来进行设备参数赋值、读取诊断数据、建立组态和交换用户数据等。注意此时它使用标准通道。

TCP/IP 和 DCOM 已经形成了标准的公共"语言",这种语言在任何情况下都可用来启动建立设备之间的通信。但是,TCP/IP 和 UDP 并不能满足某些机器模块之间的实时通信要求。因此,此时的数据通信不一定必须采用 DCOM 在 PROFINET 组件之间进行数据交换,还可以采用实时通道进行交换。用户数据是通过 DCOM 交换还是通过实时通道交换是由用户在工程设计中组态时决定的。当启动通信时,通信设备的双方必须确认是否有必要使用一种有实时能力的协议。

PROFINET 实时通道用于传输对时间有严格要求的实时数据。在组态工具中,用户可选择是否按变化设置通信(即这些值是在整个运行期间都在组件之间传输,还是只在这些值发生变化时才传输)。在数据变化率高的情况下,选择周期性传输更佳。

## 7.4.6 PROFINET 与其他现场总线系统的集成

PROFINET 提供了与 PROFIBUS 以及其他现场总线系统集成的方法,以便 PROFINET 能与其他现场总线系统方便地集成为混合网络,实现现场总线系统向 PROFINET 的技术转移。

PROFINET 为连接现场总线提供了以下两种方法,即基于代理设备的集成和基于组件的集成。

### 1. 基于代理设备的集成

代理设备 Proxy 负责将 PROFIBUS 网段、以太网设备以及其他现场总线、DCS 等集成到 PROFINET 系统之中,由代理设备完成 COM 对象之间的交互。代理设备将所挂接的设备抽象成为 COM 服务器,设备之间的数据交互变成 COM 服务器之间的相互调用。这种方法的最大优点就是可扩展性好,只要设备能够提供符合 PROFINET 标准的 COM 服务器,该设备就可以在 PROFINET 系统中正常运行。这种方法可通过网络实现设备之间的透明通信(无需开辟协议通道),确保对原有现场总线中设备数据的透明访问。图 7.26 表示 PROFINET 通过代理设备 Proxy 与其他现场总线的网络集成。

在 PROFINET 网络中,代理设备是一个与 PROFINET 连接的以太网站点设备,对 PROFIBUS - DP 等现场总线网段来说,代理设备可以是 PLC、基于 PC 的控制器或是一个简

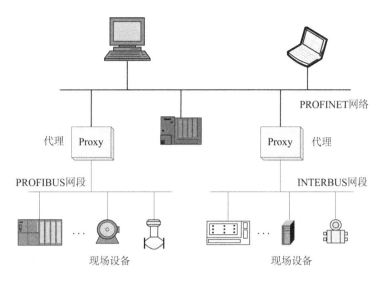

图 7.26　基于 Proxy 的网络集成

单的网关。

### 2. 基于组件的集成

在这种集成方式下,原有的整个现场总线网段可以作为一个"大组件"集成到 PROFINET 中,在组件内部采用原有的现场总线通信机制(例如 PROFIBUS – DP),而在该组件的外部则采用 PROFINET 机制。为了使现有的设备能够与 PROFINET 通信,组件内部的现场总线主站必须具备 PROFINET 功能。

可以采用上述方案集成多种现场总线系统,如 PROFIBUS、FF、DeviceNet、InterBus、CC – Link 等。其做法是,定义一个总线专用的组件接口(用于该总线的数据传输)映像,并将它保存在代理设备中。这种方法方便了原有各种现场总线与 PROFINET 的连接,能够较好地保护用户对现有现场总线系统的投资。

## 7.4.7　PROFINET 的 IP 地址管理与数据集成

许多与 Internet 相关的技术可以容易地实现。本节将简述 PROFINET 中的 IP 地址管理以及借助 Web 或 OPC 的数据集成方式。

### 1. IP 地址的管理

PROFINET 中对网络用户(PROFINET 设备)分配 IP 地址的方法如下:

**(1) 使用制造商专用的组态工具分配 IP 地址**

当在网络上不能使用网络管理系统来分配地址的情况下可以用此方案。PROFINET 定义了专门的 DCP(发现和基本配置)协议,该协议允许使用制造商专用的组态/编程工具给 IP 参数赋值,或者使用工程设计工具(例如 PROFINET 连接编辑器)给 IP 参数赋值。

**(2) 使用 DHCP 自动分配地址**

目前动态主机配置协议(DHCP)已经成为事实上的局域网中地址分配的标准协议,普遍用在办公环境中的网络管理系统对网络内站点分配和管理 IP 地址。PROFINET 也可采用该协议进行地址分配。为此,PROFINET 中还定义描述了如何能在 PROFINET 环境下优化使用 DHCP。

在 PROFINET 设备中实现 DHCP 是一种可选方案。

## 2. Web 服务

PROFINET 的一个优点是可以充分利用基于互联网的各种标准技术,例如 HTTP、XML、HTML,或使用 URL 编址的 Web 客户机访问 PROFINET 组件等。此时,数据以标准化的形式(HTML、XML)传输,可以在支持多媒体的各种 MIS 系统中进行 PROFINET 组件的数据集成。可以使用浏览器作为统一的用户接口,从 Internet 上直接访问各客户机——现场设备上的信息。

在基于组件的 Web 实现中可以使用统一的接口和访问机制无缝地集成 PROFINET 专用的信息,组件的创建者能通过该 Web 快速获得工艺技术数据。

PROFINET 自动化系统的系统体系结构都支持 Web 集成,特别是通过代理服务器可将各种类型的现场总线连接起来,PROFINET 规范包括了相应的对象模型,这些模型描述了 PROFINET 组件、现有 Web 组件以及 PROFINET Web 集成的元素之间的相互关系。Web 集成功能对于 PROFINET 是可选的。

## 3. OPC 和 PROFINET

OPC 是指 OLE for Process Control,译为用于过程控制的对象链接嵌入(Object Linking and Embedding,OLE)技术。它是自动化控制业界与 Microsoft 公司合作开发的一套数据交换接口的工业标准。OPC 以 OLE/COM+技术为基础,统一了从不同地点、厂商、类型的数据源获得数据的方式。

OPC 是自动化技术中应用程序之间进行数据交换的一种应用广泛的数据交换接口技术。OPC 支持多制造商设备间的灵活性选择,并支持设备之间无需编程的数据交换。OPC - DX 不同于 PROFINET,PROFINET 是面向对象的,而 OPC - DX 是面向标签的,也就是说,此时的自动化对象不是 COM 对象而是标签。它使得 PROFINET 系统的不同部分之间的数据通信成为可能。图 7.27 所示为 OPC - DA 和 OPC - DX 的数据交换。

下面详细解释 PROFINET 中的两种 OPC 的实现方式。

**(1) OPC - DA**

OPC - DA(数据访问)是一种工业标准,它定义了一套应用接口,使得测量和控制设备数据的访问、查找 OPC 服务器和浏览 OPC 服务器成为一个标准过程。

**(2) OPC - DX**

OPC - DX 是 OPC - DA 规范的扩展,它定义了一组标准化的接口,用于数据交换和以太网上服务器与服务器之间的通信。OPC - DX(数据交换)定义了不同厂商的设备和不同类型控制系统之间没有严格时间要求的用户数据的高层交换,例如 PROFINET 和 EtherNet/IP 之间的数据交换。但是,OPC - DX 不允许直接访问不同系统的现场层。

OPC - DX 特别适合用于以下场合:

① 在需要集成不同制造商的设备、控制系统和软件的场合,通过 OPO - DX 对多制造商设备组成的系统,使用相同的数据访问方式。

② 用于制造商根据开放的工业标准制造具备互操作性和数据交换能力的产品。

开发 OPC - DX 的目的是使各种现场总线系统与以太网的通信具有最低限度的互操作性,它在技术上表现为如下两个方面:

① 每个 PROFINET 节点可编址为一个 OPC 服务器,基本性能以 PROFINET 运行期间

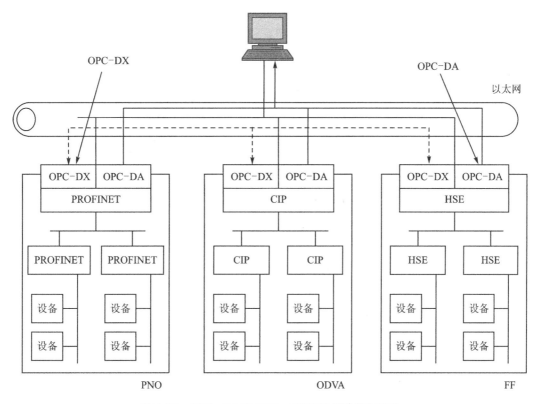

图 7. 27 OPC‐DA 和 OPC‐DX 跨网络的数据交换

实现的形式而存在。

② 每个 OPC 服务器可通过一个标准的适配器作为 PROFINET 节点运行。这是通过 OPC Objective（组件软件）实现的，该软件以 PC 中的一个 OPC 服务器为基础实现 PROFI-NET 设备。此组件只需实现一次，此后可用于所有的 QPC 服务器。

# 7.5 EtherNet/IP

EtherNet/IP 网络是使用商业以太网通信芯片和物理介质，采用星形拓扑结构，利用以太网交换机实现各设备间的点对点连接的工业以太网技术。能同时支持 10M 和 100M 以太网的商业产品。它的一个数据包最多可达 1 500 字节，数据传输速率可达 10 Mb/s 或 100 Mb/s，因而采用 EtherNet/IP 便于实现大量数据的高速传输。

## 7.5.1 EtherNet/IP 的通信参考模型

图 7.28 所示为 EtherNet/IP 与 OSI 模型的参照比较。它由 IEEE 802.3 物理层和数据链路层标准、TCP/IP 协议组、控制与信息协议 CIP(Control Information Protocol) 3 个部分组成。前面两部分即为上面介绍的以太网、TCP/IP 技术，其特色部分就是被称为控制和信息协议的 CIP 部分。它在 1999 年发布，其开发目的是提高设备间的互操作性。CIP 一方面提供实时 I/O 通信，另一方面实现信息的对等传输；其控制部分用来实现实时 I/O 通信，信息部分用来实现非实时的信息交换。

CIP 除了作为 EtherNet/IP 的应用层协议外，还可以作为 ControlNet、DeviceNet 的应用

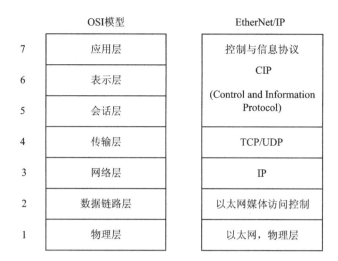

图 7.28 EtherNet/IP 的分层模型

层协议。

图 7.29 所示为 CIP 在互联参考模型分层中的位置与细节。

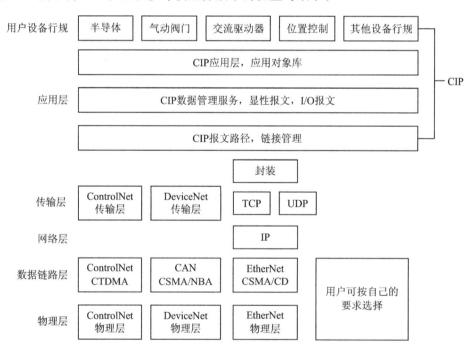

图 7.29 控制网络中的 CIP

## 7.5.2 CIP 的对象与标识

控制与信息协议 CIP 均属于应用层协议,已用于 EtherNet/IP、ControlNet、DeviceNet 等网络系统中。

CIP 采用面向对象的设计方法,为操作控制设备和访问控制设备中的数据提供服务集。它运用对象来描述控制设备中的通信信息、服务、节点的外部特征和行为等。

可以把对象看作是对设备中一个特定组件的抽象来描述。每个对象都有自己的属性（Attribute），并提供一系列的服务（Service）来完成各种任务，在响应外部事件时具备一定的行为（Behavior）特征。作为控制网络节点的自控设备可以被描述成各种对象的集合。CIP 把一系列标准的、自定义的对象集合在一起，形成对象库。

具有相同属性集（属性值不一定相同）、服务和行为的对象被归纳成一类对象，类（Class）实际上是指对象的集合，而类中的某一个对象称为该类的一个实例（Instance）。对象模型是设备通信功能的完整定义集。

CIP 的对象模型如图 7.30 所示。

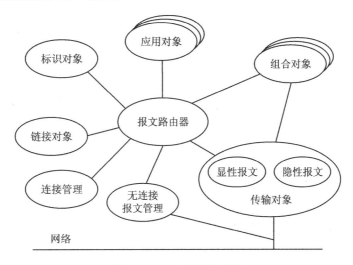

图 7.30　CIP 的对象模型

图 7.30 中的对象可以分成两种，预定义对象和自定义对象。预定义对象由规范规定，主要描述所有节点必须具备的共同特性和服务，例如链接对象、报文路由对象等；自定义对象指应用对象，它描述每个设备特定的功能，由各生产厂商来规定其中的细节。

在传统的软件设计中运用数据结构、函数与过程等概念，而 CIP 应用层软件设计采用对象的属性、服务和行为来描述。构成一个设备需要不同的功能子集，也需要不同类型的对象。

每个对象类都有唯一的一个对象类标识 Class ID，它的取值范围是 0～65 535；每个对象类中的对象实例也都被赋予一个唯一的实例标识 Instance ID，取值范围是 0～65 535；属性标识 Attribute ID 用于唯一标识每个类或对象中的具体属性，取值范围是 0～255；服务代码 Service Code 用于唯一标识每个类或对象所提供的具体服务，取值范围是 0～255。用户正是通过这些标识代码来识别对象、理解通信数据包的意义。

## 7.5.3　EtherNet/IP 的报文种类

在 EtherNet/IP 控制网络中，设备之间在 TCP/UDP/IP 基础上通过 CIP 协议来实现通信。CIP 采用控制协议来实现实时 I/O 报文传输或者内部报文传输，采用信息协议来实现信息报文交换或者外部报文传输。CIP 把报文分为 I/O 数据报文、信息报文与网络维护报文3 种。

### 1. I/O 数据报文

I/O 数据报文是指实时性要求较高的测量控制数据，它通常是小数据包。I/O 数据交换通常属于一个数据源和多个目标设备之间的长期的内部连接。I/O 数据报文利用 UDP 的高速吞吐能力,采用 UDP/IP 协议传输。

I/O 数据报文又称为隐性报文,隐性报文中包含应用对象的 I/O 数据,没有协议信息,数据接收者知道数据的含义。这种隐性报文仅能以面向连接的方式传送,面向连接意味着数据传送前需要建立和维护通信连接。

**2. 信息报文**

信息报文通常指实时性要求较低的组态、诊断、趋势数据等,一般为比 I/O 数据报文大得多的数据包。信息报文交换是一个数据源和一个目标设备之间短时间内的链接;信息报文包采用 TCP/IP 协议,并利用 TCP 的数据处理特性。

信息报文属于显性报文,需要根据协议及代码的相关规定来理解报文的意义,或者说,显性报文传递的是协议信息。可以采用面向连接的通信方式,也可以采用非连接的通信方式来传送显性报文。非连接的通信方式不需要建立或维护链路连接。

**3. 网络维护报文**

网络维护报文指在一个生产者与任意多个消费者之间起网络维护作用的报文。在系统专门指定的维护时间内,由地址最低的节点在此时间段内发送时钟同步和一些重要的网络参数,以使网络中各节点同步时钟,调整与网络运行相关的参数。网络维护报文一般采用广播方式发送。

## 7.5.4 EtherNet/IP 的技术特点

由于 EtherNet/IP 建立在以太网与 TCP/IP 协议的基础上,因而继承了它们的优点,具有高速率传输大量数据的能力。每个数据包最多可容纳 1 500 字节,传输速率为 10 Mb/s 或 100 Mb/s。

EtherNet/IP 网络上典型的设备有主机、PLC 控制器、机器人、HMI、I/O 设备等,典型的 EtherNet/IP 网络使用星形拓扑结构,多组设备连接到一个交换机上实现点对点通信。星形拓扑结构的好处是同时支持 10 Mb/s 和 100 Mb/s 产品并可混合使用,因为多数以太网交换机都具有 10 Mb/s 或 100 Mb/s 的自适应能力。星形拓扑易于连线、检错和维护。

EtherNet/IP 现场设备的另一突出特点在于它具有内置的 Web Server 功能,不仅能提供 WWW 服务,还能提供诸如电子邮件等众多的网络服务,其模块、网络和系统的数据信息可以通过网络浏览器获得。

EtherNet/IP 的现有产品已经能够通过 HTTP 提供诸如读/写数据、读诊断、发送电子邮件、编辑组态数据等能力。

# 7.6 高速以太网 HSE

## 7.6.1 HSE 的系统结构

HSE(High Speed Ethernet)是现场总线基金会对 H1 的高速网段提出的解决方案。HSE 的规范于 2000 年 3 月 29 日发布,并于同年 12 月 14 日发布了 alpha 版本的 HSE 测试工具包(HTK)。HTK 的发布表明了 HSE 技术已经进入了实用阶段。

　　HSE 是现场总线基金会在摒弃了原有高速总线 H2 之后的新作。在 H1 公布时对 H2 的构想是传输速率为 1 Mb/s 和 2.5 Mb/s,传输距离为 500 m 和 750 m。后来由于技术的快速发展,互联网技术在控制网络的渗透,H2 还未正式出台就已经显得不适应应用需求而遭淘汰。

　　现场总线基金会将 HSE 定位于将控制网络集成到世界通信系统 Internet 的技术中。HSE 采用链接设备将远程 H1 网段的信息传送到以太网主干上。这些信息可以通过以太网输送到主控制室,并进一步输送到企业的 ERP 和管理系统。操作员在主控制室可以直接使用网络浏览器等工具查看现场的操作情况,也可以通过同样的网络途径将操作控制信息输送到现场。

　　图 7.31 所示为 HSE 通信模型的分层结构,图 7.32 所示为 HSE 通信模型的模块结构。像 EtherNet/IP 那样,它的物理层与数据链路层采用以太网规范,不过这里指的是 100 Mb/s 以太网;网络层采用 IP 协议;传输层采用 TCP/UDP 协议;而应用层是具有 HSE 特色的现场设备访问 FDA(Field Device Access)。它也像 H1 那样在标准的 7 层模型之上增加了用户层,并按 H1 的惯例,HSE 把从数据链路层到应用层的相关软件功能集成为通信栈,称为 HSE Stack。用户层包括功能块、设备描述、网络与系统管理等。

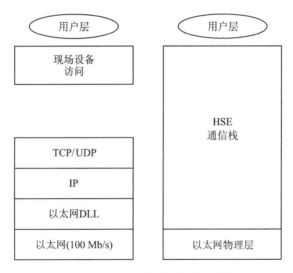

**图 7.31　HSE 通信模型的分层结构**

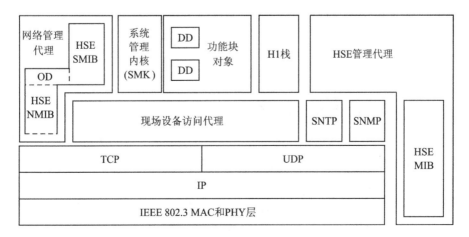

**图 7.32　HSE 通信模型的模块结构**

简而言之,可以把 HSE 看作是工业以太网与 H1 技术的结合体。

## 7.6.2　HSE 与现场设备间的通信

在 HSE 中,封装工作是由链接设备(Linking Device)完成的。一方面,它负责从所挂接的 H1 网段收集现场总线信息,然后把 H1 地址转换成 IPv4 或者 IPv6 的地址,这样 H1 网段的数据就可以在 TCP/UDP/IP 网络上进行传送。另一方面,接收到 TCP/UDP/IP 信息的链接设备可以将 IPv4/IPv6 地址转换为 H1 地址,将发往 H1 网段的信息放到现场的目的网段中进行传送。这样,通过链接设备就可以实现跨 H1 网段的组态,甚至可以把 H1 与 PLC 等其他控制系统集成起来。跨网段组态在 H1 技术下是无法实现的,HSE 还能使远距离被控对象的闭环实时控制成为可能。

图 7.33 所示为 HSE 的网络系统与设备类型。链接设备是网络连接的核心,链接设备的一端是用交换机连接起来的高速以太网;另一端是 H1 控制网络。某些具有以太网通信接口功能的控制设备、PLC 等也可直接挂接在 HSE 网段的交换机上。

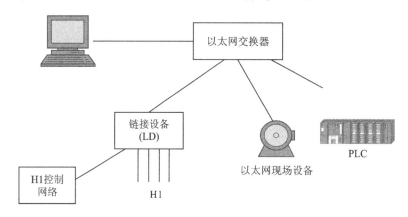

**图 7.33　HSE 的网络系统与设备类型**

企业管理网络中的计算机同样可以挂接在这个以太网上,可以与现场仪表通过 TCP/IP 等标准网络协议进行通信。同时新的以太网现场设备可以以网页的形式发布现场信息,Internet 上任何一个拥有访问权限的用户都可以远程查看设备的当前信息,甚至可以远程修改设备的工作状态,而不再需要通过监控工作站进行现场信息的中转,大大加强了现场控制层与企业管理层和 Internet 之间的信息集成。这种远程监视和控制的方法非常灵活,不需要用户自己编写软件实现,很大程度上扩展了设备的功能,使现场设备直接成为 Internet 上的一个节点,能够被本地和远程用户通过多种手段进行访问,为控制网络信息与 Internet 的沟通,为现场设备的跨网络应用提供了良好的条件。

## 7.6.3　HSE 的柔性功能块

FF 技术的最大特点就是功能块。将传统上运行于控制器中的功能块下放到设备当中,使设备真正成为智能仪表而不是简单的传感器和执行器,一旦组态信息下装后就可以脱离工作站独立运行。当然,网络中应该有链路主设备存在。

同样,HSE 也使用标准的 FF 功能块,例如 AI、AO 和 PID,这样就保证了控制网络所有层次上数据表达的统一。在这个基础上,HSE 又增加了柔性功能块,并允许 H1 设备与 HSE 设备之间的混合组态运行。

柔性功能块(Flexible Function Block,FFB)是 HSE 技术的另外一个独有的特点。柔性功能块包括为高级过程控制,离散控制,间歇过程控制,连续、离散、间歇的混合系统控制等而开发的功能模块。柔性功能块能把远程 I/O 和子系统集成起来。尽管它是作为 HSE 的一个部分开发的,它也能够在 H1 系统中使用。

柔性功能块包括多输入、输出(MIO)的柔性功能块,还包括为实现特定控制策略而包装定制的柔性功能块。柔性功能块的开发提高了现场控制功能,在增强过程控制功能的同时,又弥补了 H1 系统用于离散或间歇控制应用领域时的不足。

将控制功能放置在 HSE 链接设备中,利用 HSE 链接设备和现场设备可以组成由控制网络传递数据信息的控制系统,用于现场的过程控制、批量控制和逻辑控制。链接设备可以被置于距离生产现场很近的通信交汇点,可距阀门或者其他测量执行单元很近,以构成彻底分散在现场的控制系统。这样,当监控系统出现故障时,对生产现场控制作用的影响可降到最低。

HSE 支持对交换机、链接设备的冗余配量与接线,也能支持危险环境下的本质安全(IS)。HSE 理想的传输介质是光纤,可以用一根光纤将距离危险区很近的 HSE 链接设备连接到以太网上。由于链接设备可以处理现场的单元和批量控制,用户可以减少安装在架上的 I/O 设备和控制器的数量,进一步简化现场设备和布线。

## 7.6.4　HSE 的链接设备

HSE 技术的核心部分就是链接设备,链接设备是 HSE 体系结构中将 H1(31.25 kb/s)设备连接到 100 Mb/s 的 HSE 主干网的关键组成部分。基于以太网的主机系统能够对链接设备上面挂接的子系统和基于 HSE 的设备进行组态和监视,HSE 链接设备同时具有网桥和网关的功能,它的网桥功能能够用来连接多个 H1 总线网段,并且能够使不同 H1 网段上面的 H1 设备之间进行对等通信而无需主机系统的干预。同时 HSE 主机可以与所有的链接设备和链接设备上挂接的设备进行通信,把现场数据传送到远端实现监控和报表功能。网络中的时间发布和链路活动调度器 LAS 都可以由链接设备承担,一旦组态信息下装到设备当中,即使主机断开,链接设备也可以让整个 HSE 系统正常工作。

链接设备的网关功能允许将 HSE 网络连接到其他的工厂控制网络和信息网络中,HSE 链接设备不需要为 H1 子系统做报文解释工作,它将来自 H1 网段的报文集合起来,并且将 H1 地址转化成为 IPv4 或者 IPv6 地址;把其他网络参数、监视和控制参数直接映射到标准的基金会功能块或者"柔性功能块"中。

# 本章小结

从目前国际、国内工业以太网技术的发展来看,目前工业以太网在制造执行层已得到广泛应用,并成为事实上的标准。未来工业以太网将在工业企业综合自动化系统中的现场设备之间的互连和信息集成中发挥越来越重要的作用。

本章首先介绍以太网的产生、工业以太网的概念、工业以太网通信模型、实时以太网以及工业以太网的特色技术;然后描述了以太网的物理层、数据链路层以及以太网的通信帧结构与工业数据封装,详细讨论了 TCP/IP 协议族;最后介绍 PROFINET、EtherNet/IP、HSE 等流行的几种工业以太网。

# 思考题

1. 与普通以太网相比,工业以太网有什么特点?

2. 什么是工业以太网? 什么是实时工业以太网?

3. 简述 IEEE 802.3 以太网帧的结构组成。

4. 简述 TCP/IP 协议族的组成。

5. 试简述 IP、TCP、UDP 的作用和特点。

6. IP 地址由哪些部分组成? IP 地址是如何分类的?

7. 为什么要使用子网掩码?

8. 如何建立 TCP 连接?

9. PROFINET 与 PROFIBUS 的主要区别有哪些?

10. PROFINET I/O 的主要设备类型有哪些?

11. PROFINET 的通信等级是如何划分的?

12. 对 PROFINET 数据更新速度影响最大的因素是什么? PROFINET 采用了什么措施来解决该问题?

13. EtherNet/IP 的报文种类有哪几种? EtherNet/IP 的技术特点有哪些?

14. HSE 的柔性功能块有什么作用?

# 参考文献

[1] 李正军,李潇然.现场总线及其应用技术.2 版.北京:机械工业出版社,2016.

[2] 王永华,Verwer A.现场总线技术及应用教程.2 版.北京:机械工业出版社,2012.

[3] 孙汉卿,吴海波.现场总线技术.北京:国防工业出版社,2014.

[4] 李正军.现场总线与工业以太网及其应用技术.北京:机械工业出版社,2011.

[5] 阳宪惠.现场总线技术及其应用.2 版.北京:清华大学出版社,2008.

[6] 张凤登.现场总线技术与应用.北京:科学出版社,2008.

[7] 郭其一,黄世泽,薛吉,等.现场总线与工业以太网应用.北京:科学出版社,2016.

[8] 廖常初.S7 – 300/400 PLC 应用技术.4 版.北京:机械工业出版社,2016.

[9] 牛跃听,周立功,方舟,等.CAN 总线嵌入式开发——从入门到实战.2 版.北京:北京航空航天大学出版社,2016.

[10] 牛跃听,周立功,高宏伟,等.CAN 总线应用层协议实例解析.2 版.北京:北京航空航天大学出版社,2018.

[11] 廖常初.Siemens 工业通信网络组态编程与故障诊断.北京:机械工业出版社,2009.

[12] 姜建芳.Siemens 工业通信工程应用技术.北京:机械工业出版社,2015.

[13] 于玲.现场总线技术及实训.北京:化学工业出版社,2018.

[14] 郑长山.现场总线与 PLC 网络通信图解项目化教程.北京:电子工业出版社,2016.